21世纪高等学校电子信息工程规划教材

电子技术基础

（第二版）

李 洁 编著

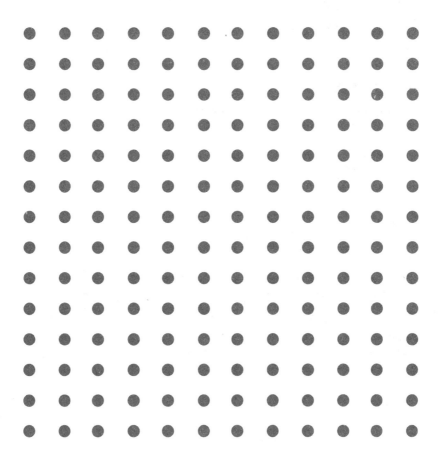

清华大学出版社

北京

内 容 简 介

为适应计算机的普及和通信技术的广泛应用,满足对高等工科院校学生的知识结构要求,作者结合多年的教学改革实践编写了这本《电子技术基础》。全书包括三部分:第一部分电路分析基础,介绍电路的基本概念、定律和分析方法,正弦交流电路;第二部分模拟电子技术,介绍二极管、三极管和场效应管的结构以及工作特性和应用,基本放大电路以及反馈和运算放大器;第三部分数字电子技术,介绍数字逻辑基本概念、组合逻辑电路的分析与设计、时序逻辑电路的分析与设计、数模转换和模数转换等。

本书所选内容与现代科技的发展相结合,突出新技术、新器件。概念阐述准确,语言简明扼要,避免繁复的公式推导,适合作为应用类理工科大学教材,也可以供相关科技工作者和自学者参考。

图书在版编目(CIP)数据

电子技术基础/李洁编著. --2 版. --北京:清华大学出版社,2012.5 (2025.1重印)
(21 世纪高等学校电子信息工程规划教材)
ISBN 978-7-302-28038-5

Ⅰ. ①电… Ⅱ. ①李… Ⅲ. ①电子技术-高等学校-教材 Ⅳ. ①TN

中国版本图书馆 CIP 数据核字(2012)第 023129 号

责任编辑:魏江江 赵晓宁
封面设计:常雪影
责任校对:焦丽丽
责任印制:曹婉颖

出版发行:清华大学出版社
      网 址:https://www.tup.com.cn,https://www.wqxuetang.com
      地 址:北京清华大学学研大厦 A 座 邮 编:100084
      社 总 机:010-83470000 邮 购:010-62786544
      投稿与读者服务:010-62776969,c-service@tup.tsinghua.edu.cn
      质量反馈:010-62772015,zhiliang@tup.tsinghua.edu.cn
      课件下载:https://www.tup.com.cn,010-83470236
印 装 者:三河市铭诚印务有限公司
经 销:全国新华书店
开 本:185mm×260mm 印 张:18.25 字 数:432 千字
版 次:2008 年 1 月第 1 版 2012 年 5 月第 2 版 印 次:2025 年 1 月第 14 次印刷
印 数:24501~25500
定 价:29.50 元

产品编号:043535-01

出 版 说 明

随着我国高等教育规模的扩大和产业结构调整的进一步完善,社会对高层次应用型人才的需求将更加迫切。各地高校紧密结合地方经济建设发展需要,科学运用市场调节机制,合理调整和配置教育资源,在改革和改造传统学科专业的基础上,加强工程型和应用型学科专业建设,积极设置主要面向地方支柱产业、高新技术产业、服务业的工程型和应用型学科专业,积极为地方经济建设输送各类应用型人才。各高校加大了使用信息科学等现代科学技术提升、改造传统学科专业的力度,从而实现传统学科专业向工程型和应用型学科专业的发展与转变。在发挥传统学科专业师资力量强、办学经验丰富、教学资源充裕等优势的同时,不断更新其教学内容、改革课程体系,使工程型和应用型学科专业教育与经济建设相适应。

为了配合高校工程型和应用型学科专业的建设和发展,急需出版一批内容新、体系新、方法新、手段新的高水平电子信息类专业课程教材。目前,工程型和应用型学科专业电子信息类专业课程教材的建设工作仍滞后于教学改革的实践,如现有的电子信息类专业教材中有不少内容陈旧(依然用传统专业电子信息教材代替工程型和应用型学科专业教材),重理论、轻实践,不能满足新的教学计划、课程设置的需要;一些课程的教材可供选择的品种太少;一些基础课的教材虽然品种较多,但低水平重复严重;有些教材内容庞杂,书越编越厚;专业课教材、教学辅助教材及教学参考书短缺,等等,都不利于学生能力的提高和素质的培养。为此,在教育部相关教学指导委员会专家的指导和建议下,清华大学出版社组织出版本系列教材,以满足工程型和应用型电子信息类专业课程教学的需要。本系列教材在规划过程中体现了如下一些基本原则和特点:

(1) 系列教材主要是电子信息学科基础课程教材,面向工程技术应用培养。本系列教材在内容上坚持基本理论适度,反映基本理论和原理的综合应用,强调工程实践和应用环节。电子信息学科历经了一个多世纪的发展,已经形成了一个完整、科学的理论体系,这些理论是这一领域技术发展的强大源泉,基于理论的技术创新、开发与应用显得更为重要。

(2) 系列教材体现了电子信息学科使用新的分析方法和手段解决工程实际问题。利用计算机强大功能和仿真设计软件,使得电子信息领域中大量复杂的理论计算、变换分析等变得快速简单。教材充分体现了利用计算机解决理论分析与解算实际工程电路的途径与方法。

(3) 系列教材体现了新技术、新器件的开发应用实践。电子信息产业中仪器、设备、产品都已使用高集成化的模块,且不仅仅由硬件来实现,而是大量使用软件和硬件相结合方法,使得产品性价比很高,如何使学生掌握这些先进的技术、创造性地开发应用新技术是本系列教材的一个重要特点。

(4) 以学生知识、能力、素质协调发展为宗旨,系列教材编写内容充分注意了学生创新能力和实践能力的培养,加强了实验实践环节,各门课程均配有独立的实验课程和课程设计。

(5) 21世纪是信息时代,学生获取知识可以是多种媒体形式和多种渠道的,而不再局限于课堂上,因而传授知识不再以教师为中心,以教材为唯一依托,而应该多为学生提供各类学习资料(如网络教材、CAI课件、学习指导书等)。应创造一种新的学习环境(如讨论、自学、设计制作竞赛等),让学生成为学习主体。该系列教材以计算机、网络和实验室为载体,配有多种辅助学习资料,提高学生学习兴趣。

繁荣教材出版事业,提高教材质量的关键是教师。建立一支高水平的以老带新的教材编写队伍才能保证教材的编写质量和建设力度,希望有志于教材建设的教师能够加入到我们的编写队伍中来。

21世纪高等学校电子信息工程规划教材编委会
联系人: 魏江江　weijj@tup. tsinghua. edu. cn

前　言

　　本教材自 2008 年 1 月第 1 版出版以来,笔者收到来自全国各地教师和读者来信,在肯定本教材成绩的同时也提出了许多不足和建议。应读者要求笔者与出版社协商决定,对教材进行修改和补充,一是对实验部分进行了调整,这些实验做起来比较顺利,学生收获很大;二是对大部分习题提供题解,这也能对读者的学习有帮助。此外,对教材中的文字叙述、符号等也进行统一和提炼,无论教材本身还是习题解答,尽可能做到突出基本概念和基本方法。笔者希望教给学生扎实的基础知识,为的是在今后的工作中遇到新知识、新问题有能力解决。相信第 2 版的出版能收到预期的效果,同时欢迎使用本教材的教师和同学、读者提出宝贵意见。

编　者

2012 年 2 月于北京大学信息科学技术学院

第 1 版前言

随着电子科学技术的迅速发展和计算机技术的广泛应用,"电子技术基础"已经成为一门重要的技术基础课。

本书在选材和内容安排上注意基础知识和实际应用技术相结合,并按照"器件-模拟-数字-数/模转换和模/数转换"的体系编排。本教材由三部分组成,第 1、2 章为电路分析基础部分,讨论了直流和交流电路的基础概念、基本定律和基本分析计算方法。第 3、4、5 章为模拟电路部分,分别讨论了半导体基础知识、放大电路基础、反馈和集成运算放大器,直流电源可以被看作是前几章内容的综合应用,因此将它编排在反馈和集成运算放大器这一章内。对半导体器件内部工作原理的讨论,力求概念清楚,避免繁复的数学推导,对各类模拟集成电路,重点是介绍集成元件的外部特性以及它们的实际应用。

第 6、7、8、9 章为数字电路部分,第 6 章数字电路讨论了数制与编码、逻辑代数基础、逻辑代数的化简以及逻辑门电路。第 7、8 章分别讨论了组合逻辑电路和时序逻辑电路的分析与设计,并特别介绍了利用中、大规模集成电路进行逻辑设计的技术和方法。此外,还介绍了利用 555 定时器构成的脉冲信号的产生与整形电路以及数/模转换和模/数转换方面的有关内容。

本书注重精选内容,突出重点,加强学生对基本概念和基本原理的理解,并注重实际应用能力方面的训练。每章后的习题有助于学生自我检查,附录中的实验内容为有条件的学校提供实验参考内容,随本教材同时出版的电子课件丰富了教师的课堂教学。

本书适合作为大学本科非电类有关专业"电子技术基础"课程的教材,也可以作为高等教育自学考试、大专、职业专科学校的相应教材。建议前 5 章学时数为 50 学时,后 4 章学时数为 40 学时,实验课 20 学时。

本书由清华大学刘宝琴教授审阅,编者对刘教授给予的宝贵意见表示衷心感谢。由于水平有限,书中一定存在不少缺点和错误,恳请读者和使用本书的教师批评、指正。

编　者

2007 年 10 月于北京大学信息科学技术学院

目　录

第1章 电路的基本概念、定律和分析方法

1.1 电路中的电流、电压、电动势及功率

1.1.1 电路和电路模型

电路即传导电流的通路,一般由电源、负载、连接导线和控制设备所组成。电路的功能可分为两大类:一类是实现电能的传输与转换,如电力系统,力求传输和转换效率高,电能损失小;另一类是实现信号的传递和处理,如扩音器、有线或无线的电话电视系统,力求信号失真小。若电路处理的信号是随时间连续变化的,则属于模拟电路;若电路处理的信号在时间和数值上是离散的,则属于数字电路。

电源是将非电能转换成电能的装置,非电能有化学能、机械能、原子能、太阳能等。

负载又称为用电器,它吸收并转换电能为其他能。生活中常见的负载有电灯、电热器、电动机、家电等各类设备。

控制设备包括控制开关,或者复杂的接收、发送、检测、放大电路等环节。

实际电路中使用的元件多多少少会同时具有电、磁、热效应,为了简化分析,突出主要特性而忽略次要特性,用理想元件近似地替代实际元件所得到的电路称做实际电路的电路模型,本书后面的讨论都是针对电路模型进行的。典型的理想元件如表 1-1 所示。

表 1-1 典型的理想元件

名 称	电路图形	参 数	u、i 关系	性 质
电阻	$\xrightarrow{i}$ R $+\ u\ -$	R	$u=i \cdot R$	吸收电能并转换成热、光、声、机械等形式的能
电感	$\xrightarrow{i}$ L $+\ u\ -$	L	$u=L\dfrac{\mathrm{d}i}{\mathrm{d}t}$	将电能转换成磁场能量储存起来
电容	$\xrightarrow{i}$ C $+\ u\ -$	C	$u = \dfrac{1}{C}\displaystyle\int i \cdot \mathrm{d}t$	将电能转移到电容上储存起来
恒压源	u_S $\bigcirc$ U_S	U_S 或 u_S	U_S 或 u_S 与 i 无关	将化学能、原子能、太阳能、水、风等其他形式的能转换成电能
恒流源	u $\bigcirc$ $I_\mathrm{S},i_\mathrm{S}$	I_S 或 i_S	I_S 或 i_S 与 u 无关	

图 1-1(a)所示是手电筒电路的电路模型,干电池是电源,用一个恒压源 U_S 和一个低值内阻 R_0 的串联表示,小灯泡是负载,用电阻 R_L 表示。图 1-1 所示分别表示电路的三个基

本工作状态：通路、开路和短路。通路是指负载上有正常的电流通过；开路表示电路中没有电流；短路是指用导线在电源两端或负载两端直接碰接。若是电源短路，由于电源中的内阻 R_0 很小，电源被短路时的电流 I_d 很大，电源极易被烧毁；若是负载短路，造成负载上没有电流而无法使用，所以要避免短路。

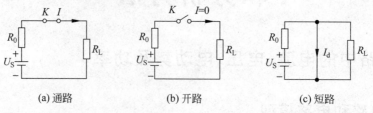

(a) 通路　　　　　　　　(b) 开路　　　　　　　　(c) 短路

图 1-1　电路的三个基本工作状态

1.1.2　电流

电荷在电场的作用下做有规则的定向运动形成了电流。图 1-2 表示一段导体中，带有正电荷的自由电子受电场力的作用从正极 a 移动到负极 b 形成电流 I，其效果如同等量的负电荷从负极 b 点移动到正极 a 所形成的电流。习惯上把正电荷的运动方向作为电流的实际方向。

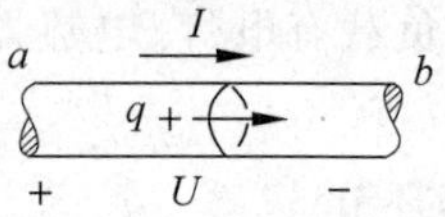

图 1-2　导体中的电流

衡量电流大小的物理量称为电流强度。电流强度在数值上等于单位时间内通过导体横截面的电荷量。任一瞬间，通过导体截面电荷量的大小和方向不随时间变化，称其为直流，用大写字母 I 表示：

$$I = \frac{Q}{T} \tag{1-1}$$

如果电荷量的大小和运动方向随时间变化，则称其为变化的电流，变化的电流用小写字母 i 表示。设在极短时间 dt 内通过导体截面 S 的电流为 dq，则电流 i 为

$$i = \frac{dq}{dt} \tag{1-2}$$

国际单位制中，电流强度的基本单位为安(A)，当 1 秒时间内通过导体横截面的电荷量为 1 库仑时，电流强度为 1 安培。计量电流强度的其他单位及它们的换算关系是

$$1 千安(kA) = 10^3 安(A),$$
$$1 安(A) = 10^3 毫安(mA) = 10^6 微安(\mu A)$$

1.1.3　电压与电动势、电位与参考点

1.　电压与电动势

电场力驱动电荷移动一段距离表明电场力对电荷做功，功的大小仅与电荷的多少以及移动的起点和终点在电场中的位置有关，与路径无关。衡量电场力对电荷做功的能力用电压来表示。以图 1-3 电路为例，电源极板上的正、负电荷形成一定大小的电

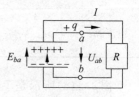

图 1-3　电荷移动

场,只要 ab 两点间接入电阻 R 形成通路,便将导致电荷移动产生电流 I。大小和方向不变的电压称为直流电压,用大写字母 U 表示。ab 两点间的电压 U_{ab} 在数值上等于电场力把单位正电荷(Q)从 a 点移到 b 点所做的功(W)

$$U_{ab} = \frac{W}{Q} \tag{1-3}$$

U_{ab} 的实际方向是由正极 a 指向负极 b。

随时间变化的电压用小写字母 u 表示,如

$$u_{ab} = \frac{dw}{dq} \tag{1-4}$$

为了维持电流源源不断地流经负载做功,势必通过电源装置将局外力(包括化学能、机械能、太阳能等形式)转换为电场力。局外力把单位正电荷从负极 b 点经电源内部移到正极 a 点所做的功与此电荷量的比值称为电动势 E_{ba},即

$$E_{ba} = \frac{W}{Q} \quad 或 \quad e_{ba} = \frac{dw}{dq} \tag{1-5}$$

用大写字母 E 表示直流电动势,用小写字母 e 表示变化的电动势。当电路断开时,局外力和电场力对正电荷做功的能力大小相同、方向相反,故

$$E_{ba} = -U_{ab} \quad 或 \quad E_{ab} = U_{ab} \tag{1-6}$$

当电路接通时,由局外力所做的功转换为电场能量,一部分消耗在电源内部,用电源内阻表示;另一部分消耗在外电路中。

在国际单位制中,电压和电动势的单位相同,基本单位是伏(V)。电场把 1 库仑的正电荷从 a 点移动到 b 点所做的功是 1 焦耳时,U_{ab} 为 1 伏。常用的电压单位及其换算关系如下:

$$1 千伏(kV) = 10^3 伏(V)$$
$$1 伏(V) = 10^3 毫伏(mV) = 10^6 微伏(\mu V)$$

2. 电位与参考点

为了简化电路图,常常用电位来表示正电荷在电场中某一点的电位能。选择电路的某一点作为参考点并用接地符号 ⊥ 表示,规定参考点的电压为 0 伏。任意一点到参考点的电压就是这一点的电位。任意两点之间的电位差就是这两点之间的电压。电位具有单值性,一旦参考点确定下来,电路中各点的电位就被唯一地确定下来;参考点改变,各点电位也随之改变,但任意两点之间的电位差不变。一个电路只能有一个参考点,在科学实验和电气维修中用到示波器、信号源等多种仪器时,应将所有仪器与电路的接地线连在一起,以保证共用同一个参考点。

图 1-4 所示是电子线路的常用画法,它将 a 与 b 之间的电源 U_S 去掉,在图 1-4(a)中设 b 点作为参考点,a 点的电位 $U_a = 10V$,c 点的电位 $U_c = 5V$;在图 1-4(b)中设 c 点为参考点,则 $U_a = 5V$,$U_b = -5V$,无论参考点选在何处,ab 之间的电压不变:$U_{ab} = U_a - U_b = 10V$。

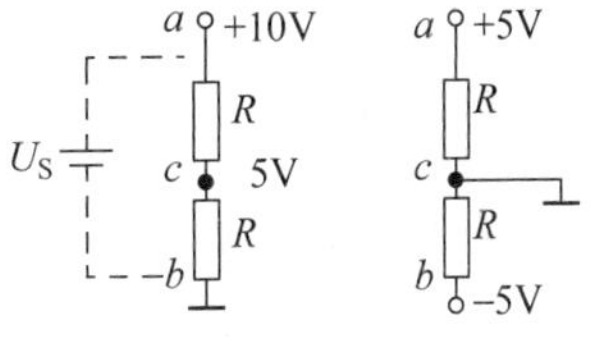

(a)以 b 为参考点　(b)以 c 为参考点

图 1-4　电位与参考点

1.1.4　电流、电压的参考方向

分析电路中电能的分配与转换离不开电流、电压的大小和方向。复杂电路中电流、电压的真实方向却不易判断,怎么办呢? 解决的办法是:为每条线路上的电压和电流假定一个正方向,该假定正方向又称做参考方向。按照参考方向计算出来的电压或电流是一个大于零的正数,说明参考方向与实际方向相同;若计算出来的电压或电流是一个小于零的负数,说明参考方向与实际方向相反。参考方向可以用双下标、箭头或极性表示。图 1-5 中双下标表示的 U_{ab}、I_{ab} 应和箭头或极性表示一致,都是由 a 指向 b。

同一元件上的电压参考方向与电流参考方向相同时称做关联参考方向,如图 1-5(a)所示;否则,是非关联参考方向,如图 1-5(b)所示。

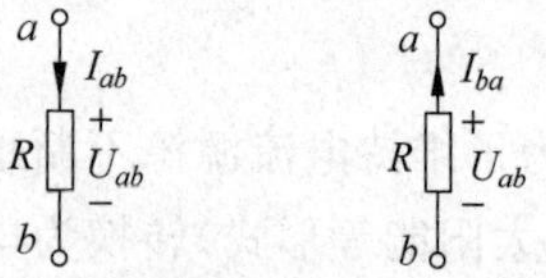

(a) 关联参考方向　　(b) 非关联参考方向

图 1-5　参考方向

1.1.5　电功率、电能及焦耳-楞次定律

1. 电功率

在图 1-3 直流电路中,电流 I 在电压 U_{ab} 驱动下通过电阻,使电阻吸收(或消耗了)电能。单位时间内电阻吸收的电能称为电功率,简称功率。用大写符号 P 表示:

$$P = U_{ab} \times I \tag{1-7}$$

充电电池在充电时吸收电能,其作用是负载;充电电池接上负载时放出电能,其作用是电源。计算一个器件、一个电源或一部分电路吸收的电功率仅仅由该部分的电压、电流确定:

$$\left.\begin{array}{ll} 当 U、I 方向相同时 & P = U \times I \\ U、I 方向相反时 & P = -U \times I \end{array}\right\} \tag{1-8}$$

当 $P>0$,表明器件吸收电功率;$P<0$,表明器件发出电功率。

在变化的电压、电流电路中,用小写字母 p 表示瞬时功率:

$$\left.\begin{array}{ll} u、i 方向相同时 & p = u \times i \\ u、i 方向相反时 & p = -u \times i \end{array}\right\} \tag{1-9}$$

国际单位制中,功率的基本单位是瓦特(W),简称瓦。器件两端电压为 1V、通过的电流为 1A,则器件吸收的电功率是 1W。常用的功率单位及它们的换算关系是:

$$1 千瓦(kW) = 10^3 瓦(W)$$

$$1 瓦(W) = 10^3 毫瓦(mW)$$

2. 电能与热量

负载在 t 时间内消耗的电能 W 是功率和时间之乘积

$$W = P \times t = U \times I \times t \tag{1-10}$$

国际单位制中,电能 W 的单位是焦耳。当功率是 1 瓦,持续 1 秒时间,消耗的电能是 1 焦耳。市场上用 1 度电作为计价收费的单位,1 度电=1 千瓦·时(kWh)。

热量 Q_R 与电能 W 的换算关系由焦耳-楞次定律确定：

$$Q_R = 0.239UIt \quad 单位：卡 \tag{1-11}$$

1.1.6　电气设备的额定值

电气设备都有一个产品铭牌或者说明书,它告诉用户该设备的使用条件和方法,其中额定值是为保证电气设备正常使用而规定的允许值。如额定电压 U_N、额定电流 I_N、额定功率 P_N 等。虽然额定值有一个富裕量,但是如果电压超过额定值太多会导致电气设备击穿,电流太大会使设备发热损坏绝缘而烧毁设备;电压低于额定值太多,设备不能启动或者不能发挥正常作用。例如,一台变压器的额定值是 220V/50Hz,容量为 2kVA,大约能提供 45A的电流。因此,用户接入负载时的总电流不应超过这个限制。为了保证电气设备安全可靠和延长寿命,应视使用场合的重要性而降额使用,常温下电流不应超过额定电流的 90%。

1.2　欧姆定律、电阻与电导

电阻用来表示吸收电能且转换成热、光、声、机械能等不可逆转过程的电路元件,常见的白炽灯、电炉、扬声器等都可以表示成一个电阻。此外,用各种材料制作的电阻器是最常用的电子器件之一,电阻器在电路中起到限流、分压、分流、电流-电压变换等作用。用 R 代表电阻的符号和参数,线性电阻的图形符号以及伏安特性曲线如图 1-6(a)所示。

线性电阻的伏安特性是一条通过原点的直线,非线性电阻的伏安特性是一条过原点的曲线,如图 1-6(b)所示。在线性电阻上同方向的电压与电流之比定义了电阻的大小,这一结论就是欧姆定律：

$$\left. \begin{aligned} R &= \frac{U}{I} \\ U &= RI \\ I &= \frac{U}{R} \end{aligned} \right\} \tag{1-12}$$

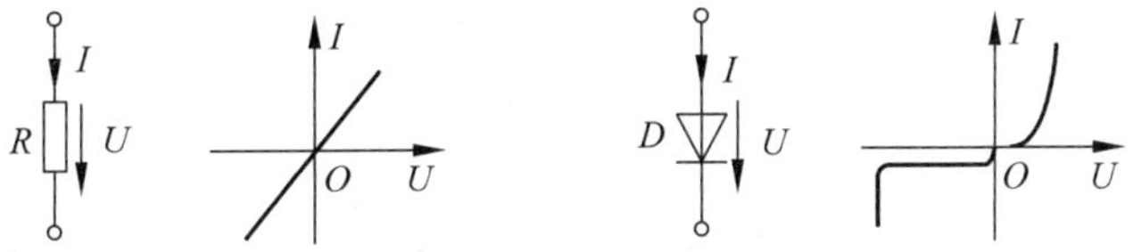

或

或

(a) 线性电阻的符号和伏安特性　　(b) 非线性电阻的符号和伏安特性

图 1-6　伏安特性

如果 U、I 是不同的参考方向,等式前要加负号"−",如：

$$\left. \begin{aligned} R &= -\frac{U}{I} \\ U &= -RI \\ I &= -\frac{U}{R} \end{aligned} \right\} \tag{1-13}$$

或

或

在国际单位制中,电阻的基本单位是欧(Ω)。当电阻两端电压是1V,流过的电流是1A时,该电阻为1Ω。计算大电阻可以用千欧(kΩ)和兆欧(MΩ),它们的换算关系是:

$$1\ 千欧(k\Omega) = 10^3\ 欧(\Omega)$$
$$1\ 兆欧(M\Omega) = 10^6\ 欧(\Omega)$$

电阻的倒数称为电导,用 G 表示:

$$G = \frac{1}{R} \tag{1-14}$$

在国际单位制中,电导的单位是西(S)。

1.3 基尔霍夫定律

基尔霍夫定律包含两个内容:一个是基尔霍夫电流定律,它总结了连接在同一节点上各支路中电流的分配关系;另一个是基尔霍夫电压定律,它归纳了回路中各部分电压的分配关系。在介绍这两个定律之前,下面结合图 1-7 对定律中提到的名词加以说明。

支路:由一个或多个二端元件串联组成不分岔并且通过同一电流的一段电路称做支路。图 1-7 中有 3 条支路:ac、abc、$adec$。

节点:三条或三条以上支路的连接点称做节点,图 1-7 中有两个节点(a、c)。

回路:任一闭合路径称做回路,图 1-7 中有三个回路:$aceda$、$abca$、$abceda$。

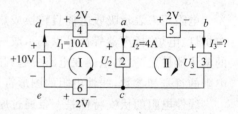

图 1-7 具有两个节点和三条支路的电路

网孔:内部不含其他支路的回路称做网孔。图中 $aceda$ 是网孔Ⅰ,$abca$ 是网孔Ⅱ。

1.3.1 基尔霍夫电流定律

基尔霍夫电流定律(Kirchhoff's current law,KCL)指出:任一瞬间,流入任一节点的电流总和等于流出该节点的电流总和。对图 1-7 电路中的 a 点列 KCL 方程:

$$I_1 = I_2 + I_3 \tag{1-15}$$

或

$$I_1 - I_2 - I_3 = 0 \quad 即 \quad \sum I = 0 \tag{1-16}$$

式(1-16)是 KCL 的另一种描述:任一时刻,流入任一节点电流的代数和等于零。如果规定流入节点的电流取正值,则流出节点的电流就应取负值。

KCL 的应用可以推广到电路中任意假想的封闭面。在图 1-8 中,将虚线包围的封闭面看成广义节点,对该广义节点列 KCL 方程,有

$$I_3 = -I_1 - I_2 = -(-4) - 1 = 3(A)$$

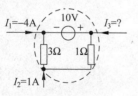

图 1-8 广义节点

需要说明的是:KCL 不适用于天线,只适用于电路尺寸 $L \ll \lambda$ 的集中参数电路(波长 $\lambda = C/f$,$C = 3 \times 10^8$ 是光速、f 是信号频

率)。在集中参数电路中,基尔霍夫电流定律揭示了电流连续性和电荷守恒这一客观规律,流入节点的电荷等于流出该节点的电荷,在任一节点上不会有电荷的产生、积累和消失。

1.3.2 基尔霍夫电压定律

基尔霍夫电压定律(Kirchhoff's voltage law,KVL)指出:任一时刻,任一回路中沿绕行方向各元件上的电压降之和等于电压升之和。或任一时刻,电路中任一回路内沿绕行方向各段电压降的代数和等于零,即 $\sum U = 0$。

列回路电压方程的步骤是:

第一步,规定回路中每个元件上的电压参考方向、画出回路的绕形方向(是顺时针或逆时针方向)。绕形方向代表电压降落的方向。

第二步,列回路电压方程。元件上的电压参考方向与绕形方向一致时,此电压前面取正号;电压参考方向与绕形方向相反时,此电压前面取负号。

例 1-1 在图 1-7 中,回路 I 的电压方程为:

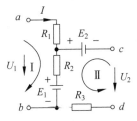

图 1-9 求开口电压 U_2

因为　　　$U_4 + U_2 - U_6 - U_1 = 0$

所以　　　$U_2 = U_6 + U_1 - U_4 = 2 + 10 - 2 = 10(\text{V})$

回路 II 的电压方程为:

因为　　　$U_5 + U_3 - U_2 = 0$

所以　　　$U_3 = U_2 - U_5 = 10 - 2 = 8(\text{V})$

KVL 还可以推广应用于开口电路,如图 1-9 中,回路 I 是输入回路,从 a 端有电流输入;回路 II 是输出回路,c、d 端口是断开的,没有输出电流但仍然有输出电压。

例 1-2 在图 1-9 中,$U_1 = 10\text{V}$,$E_1 = 4\text{V}$,$E_2 = 2\text{V}$,$R_1 = 2\Omega$,$R_2 = 4\Omega$,$R_3 = 5\Omega$,求开路电压 $U_2 = ?$

解:分析题意,由于 c、d 端处于开路状态,故 R_3 上无电流。而 R_1 和 R_2 流过同一电流 I,开路电压 U_2 为输出回路中 E_2、R_2、E_1 三部分电压之和。先对回路 I 列 KVL 方程求出电流 I。因为

$$U_1 = I \times (R_1 + R_2) + E_1$$

所以

$$I = \frac{U_1 - E_1}{R_1 + R_2} = \frac{10 - 4}{2 + 4} = 1(\text{A})$$

故

$$U_2 = -E_2 + I \times R_2 + E_1 = -2 + 1 \times 4 + 4 = 6(\text{V})$$

1.4 电阻的串联、并联和混联

1.4.1 电阻的串联

两个或多个电阻一个接一个顺序连接并且通过同一电流的连接方式称为电阻的串联,如图 1-10 所示。根据 KVL,串联电阻的总电压等于各个电阻上的电压的代数和。

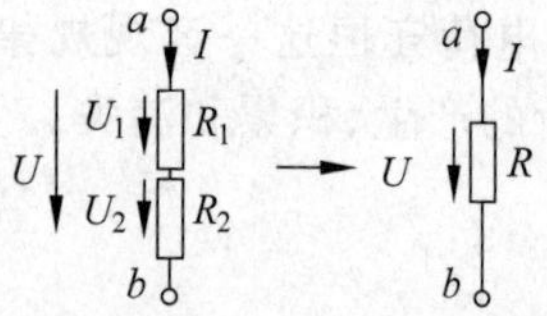

图 1-10　电阻的串联

参照图 1-10 列电压方程:

$$U = U_1 + U_2 = I(R_1 + R_2) = IR$$

式中 $R = R_1 + R_2$ 是两个电阻串联的等效电阻。

n 个电阻串联的等效电阻是

$$R = R_1 + R_2 + \cdots + R_n \tag{1-17}$$

注意:

① 等效的原则是等效前、后电路在 ab 端口上的电压和电流保持不变。

② 等效电路对外等效对内不等效。解释是,等效电路只能用来求解等效电路以外电路的电压、电流,而不能求解等效电路以内各部分的电压和电流。因为,在等效电路内部已经找不到 R_1、R_2,要想计算 R_1 或 R_2 上的电压,应该回到等效之前的电路中去计算。

在电路中串联电阻可以起到限流和分压作用。图 1-10 中两个电阻串联的分压公式是

$$\left.\begin{aligned} U_1 &= IR_1 = \frac{R_1}{R_1 + R_2} \times U = K_1 \times U \\ U_2 &= IR_2 = \frac{R_2}{R_1 + R_2} \times U = K_2 \times U \end{aligned}\right\} \tag{1-18}$$

分压系数 $\qquad K_1 = \dfrac{R_1}{R_1 + R_2}, \quad K_2 = \dfrac{R_2}{R_1 + R_2} \tag{1-19}$

1.4.2　电阻的并联

两个或多个电阻连接在公共的两个节点之间承受同一电压的连接方式称为并联。在图 1-11 中,根据 KCL,总电流 I 等于各并联电阻中电流的代数和,对节点列电流方程:

$$I = \left(\frac{1}{R_1} + \frac{1}{R_2}\right) \times U = (G_1 + G_2) \times U$$

$$= G \times U = \frac{U}{R}$$

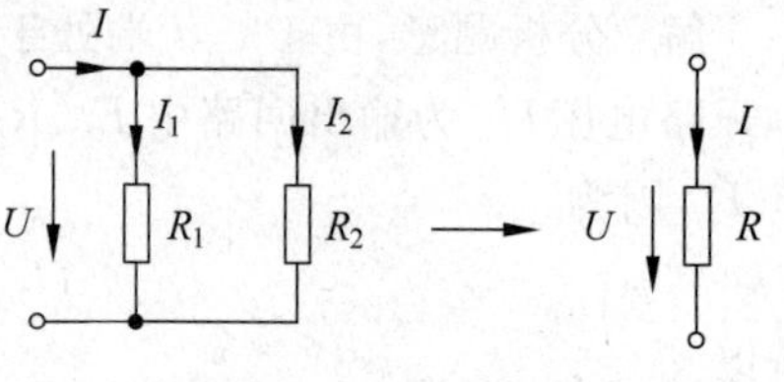

图 1-11　电阻的并联

式中: $G = G_1 + G_2 = \dfrac{1}{R_1} + \dfrac{1}{R_2} = \dfrac{1}{R}$

等效电阻 $\qquad R = R_1 /\!/ R_2 = \dfrac{1}{\dfrac{1}{R_1} + \dfrac{1}{R_2}} = \dfrac{R_1 \times R_2}{R_1 + R_2} \tag{1-20}$

式中, $/\!/$ 是并联符号。并联的电阻越多,等效电阻就越小,等效电导就越多。n 个电导并联的等效电导是:

$$G = G_1 + G_2 + \cdots + G_n \tag{1-21}$$

并联电路常常用作分流电路,电阻值越小的支路分流越多。两个电阻并联的分流公式是:

$$\left.\begin{aligned} I_1 &= \frac{R_2}{R_1 + R_2} \times I = K_1 \times I \\ I_2 &= \frac{R_1}{R_1 + R_2} \times I = K_2 \times I \end{aligned}\right\} \tag{1-22}$$

分流系数 $$K_1 = \frac{R_2}{R_1 + R_2}, \quad K_2 = \frac{R_1}{R_1 + R_2} \tag{1-23}$$

例 1-3　分析图 1-12 中的用于扩大电流表量程的分流电路。

图 1-12(a)所示是一个可以测量 $50\mu\text{A}$ 的电流表,内阻 $R_0 = 1.8\text{k}\Omega$。今欲测量 $500\mu\text{A}$ 的电流,应如图 1-12(b)那样并联一个电阻 R_1,使得表头上流过的电流 I_0 小于 $50\mu\text{A}$。从图 1-12(b) 中分析,可以确定电阻 R_1 的大小为:

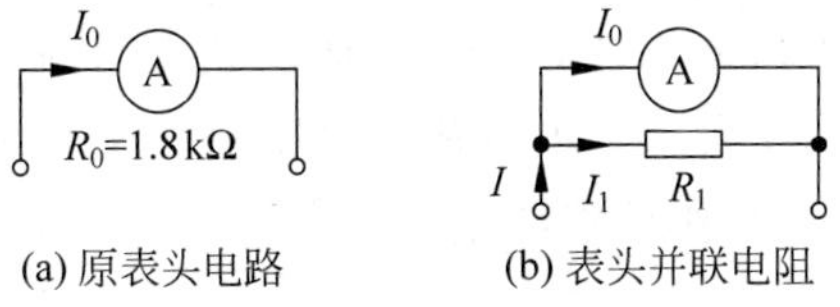

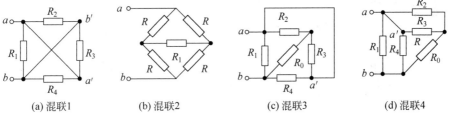

(a) 原表头电路　　(b) 表头并联电阻

图 1-12　电流表表头并联电阻可以扩大量程

因为

$$I_1 = I - I_0 = 500 - 50 = 450(\mu\text{A}) \quad \text{以及} \quad I_0 R_0 = I_1 R_1$$

所以

$$R_1 = \frac{I_0 R_0}{I_1} = \frac{50 \times 1.8 \times 10^3}{450} = 200(\Omega)$$

1.4.3　电阻的混联

一些简单的电阻的混联可以看成是串联和并联的组合,对它们进行适当的整理和变形可以化成简单电路来计算。必须指出,比较复杂的混联电路需要列 KCL、KVL 方程联立才能求解。

例 1-4　求图 1-13 电路的等效电阻 R_{ab}。

(a) 混联1　　　(b) 混联2　　　(c) 混联3　　　(d) 混联4

图 1-13　电阻的混联

解:在图 1-13(a)中将 a-a',b-b'短路线收紧,可以看出 4 个电阻是并联的,即
$$R_{ab} = R_1 \mathbin{/\mkern-5mu/} R_2 \mathbin{/\mkern-5mu/} R_3 \mathbin{/\mkern-5mu/} R_4$$

图 1-13(b),由于电路对称,R_1 两端电位相等,故 R_1 上无电流,将 R_1 开路或短路效果不变,故
$$R_{ab} = (R + R) \mathbin{/\mkern-5mu/} (R + R) = (R \mathbin{/\mkern-5mu/} R) + (R \mathbin{/\mkern-5mu/} R) = R$$

在图 1-13(c)中收紧 a-a'的短路线,a-a'便重合为同一点,得到图 1-13(d)的变形电路。
$$R_{ab} = R_1 \mathbin{/\mkern-5mu/} R_4 \mathbin{/\mkern-5mu/} (R_3 \mathbin{/\mkern-5mu/} R_2 + R_0) \quad \text{(括号内并联运算优先于求和运算)}$$

1.5　等效电源定理

1.5.1　电压源与电流源

任何一个电源,如发电机、电池或信号源都可以用恒压源 U_s 和内阻 R_0 的串联来表示

成电压源电路,其伏安特性如图 1-14 所示。从伏安特性来看,随着负载电阻 R_L 的减小,电流 I 增大,内阻 R_0 上的压降也增大,使得负载两端的电压减小。因此,电压源内阻越小越好。内阻越小,输出电压变化就小,带负载能力就越强。内阻为零的电压源称做理想电压源,又称恒压源,其伏安特性是输出电压不变的一条直线,输出电流由外电路决定,如图 1-15 所示。虽然理想电压源实际上并不存在,但只要 $R_0 \ll R_L$,就可以近似地将一个实际电压源看作理想电压源。

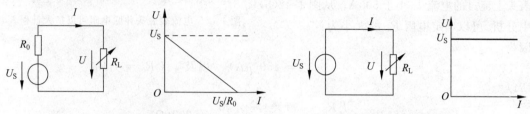

图 1-14　电压源电路及伏安特性　　　　　　图 1-15　恒压源电路及伏安特性

电源又可以表示成电流源形式:用一个恒流源 I_S 和一个内阻 R_0 的并联表示。图 1-16 所示是电流源电路及其伏安特性。负载开路时 $I=0$,$U=I_S R_0$;负载短路时 $I=I_S$,$U=0$;接入负载电阻后使电源两端电压 U 变小。对于电流源,希望内阻越大越好。内阻越大,内阻上分流就越少,消耗的电能就越小,这样可以把大部分电流输出到负载。内阻为无穷大的电流源是理想电流源,又称恒流源。恒流源的伏安特性是输出电流不变,而两端电压由外电路决定,如图 1-17 所示。

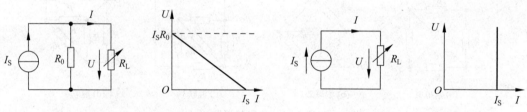

图 1-16　电流源电路及伏安特性　　　　　　图 1-17　恒流源电路及伏安特性

根据等效的原则:若两个二端电路端口上的伏安特性一致,这两个电路是相互等效的。恒压源与恒流源不可以等效转换;而电压源与电流源可以转换,转换条件是满足下式,如图 1-18 所示。

$$\left. \begin{aligned} U_S &= I_S \times R_0 \\ I_S &= \frac{U_S}{R_0}, \quad R_0 = \frac{U_S}{I_S} \end{aligned} \right\} \tag{1-24}$$

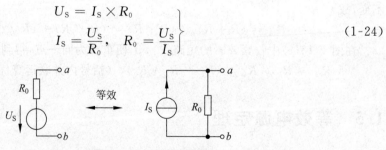

图 1-18　电压源与电流源的等效转换

特别说明:后面讨论的恒压源或恒流源并非仅仅指输出电压或电流是恒定不变的直流电源,还包括电压或电流按照某一规律变化的电源,如正弦交流电。

为了叙述简便,本书后面将电压源和恒压源统称为电压源,电流源和恒流源统称为电流源,不再刻意区分,图 1-19 给出了电源转换中的几个特例。

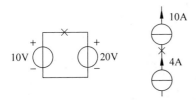

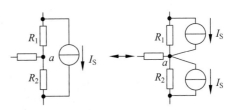

(a) 大小与方向不同的恒压源不能并联,因不满足KVL
大小与方向不同的恒流源不能串联,因不满足KCL

(b) 恒流源I_S流入a点又流出a点,
与不经a点等效,满足KCL

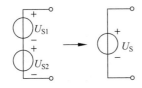

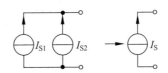

(c) 同方向的两个恒压源串联$U_S=U_{S1}+U_{S2}$

(d) 同方向的两个恒流源并联$I_S=I_{S1}+I_{S2}$

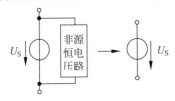

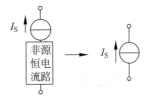

(e) 非恒压源电路与恒压源并联等效为恒压源

(f) 非恒流源电路与恒流源串联等效为恒流源

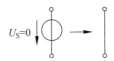

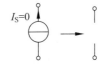

(g) 恒压源除源后视为短路

(h) 恒流源除源后视为开路

图 1-19　电源转换中的几个特例

1.5.2　戴维南定理

戴维南定理指出:任何一个线性有源二端网络可以用一个恒压源 U_S 和一个内阻 R_0 的串联电路来等效,恒压源的电压 U_S 等于有源二端网络的开路电压,串联内阻 R_0 等于有源二端网络除源后的等效电阻。除源,即令恒压源电压或恒流源电流为 0,但要保留电源内阻。

例 1-5　利用戴维南定理求解图 1-20(a)电路中流过 3Ω 电阻的电流 I。

解:第一步,在图 1-20(c)中求开路电压 U_S,它是 10V 电压源和 2Ω 电阻上的压降

$$U_S = 10 - 2 = 8(\text{V})$$

第二步,在图 1-20(d)中求等效内阻　$R_0 = 2(\Omega)$。

第三步,回到图 1-20(b)的戴维南等效电路求 3Ω 电阻上的电流 I。

$$I = \frac{U_S}{R_0 + 3} = \frac{8}{2+3} = 1.6(\text{A})$$

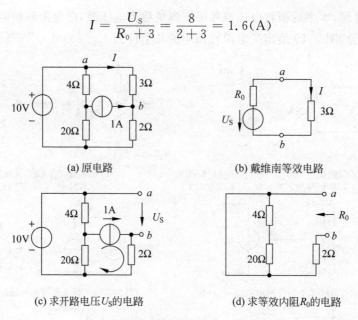

(a) 原电路   (b) 戴维南等效电路

(c) 求开路电压U_S的电路   (d) 求等效内阻R_0的电路

图 1-20 用戴维南定理计算复杂电路

1.5.3 诺顿定理

诺顿定理指出：任何一个线性的有源二端网络可以用一个恒流源I_S和一个内阻R_0并联的电路来等效,恒流源的电流I_S等于有源二端网络的短路电流,串联内阻R_0等于有源二端网络除源后的等效电阻。

戴维南定理和诺顿定理统称做等效发电机定理,主要用于计算复杂电路中的某一个元件上的电压或电流时,可以把除这个元件以外的部分等效为一个电压源电路或一个电流源电路,形成简单的电路后再求解。

例 1-6 利用诺顿定理求解图 1-21(a)电路中流过 5Ω 电阻的电流。

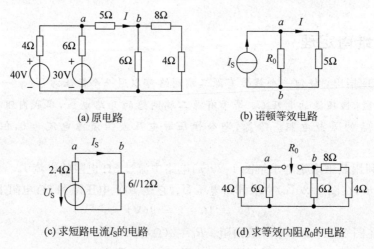

(a) 原电路   (b) 诺顿等效电路

(c) 求短路电流I_S的电路   (d) 求等效内阻R_0的电路

图 1-21 例 1-6 用图

解：第一步，将 5Ω 电阻两边分别作戴维南等效电路且将 5Ω 电阻短路，得到图 1-21(c)，在图 1-21(c)中求短路电流 I_s。其中

$$U_s = \left(\frac{40}{4} + \frac{30}{6}\right) \times \frac{4 \times 6}{4 + 6} = 15 \times 2.4 = 36(V)$$

$$I_s = \frac{U_s}{2.4 + 6 \,/\!/\, 12} = \frac{36}{6.4} \approx 5.6(A)$$

第二步，在图 1-21(d)中求等效内阻 R_0

$$R_0 = 4 \,/\!/\, 6 + 6 \,/\!/\, 12 = 6.4(\Omega)$$

第三步，在图 1-21(b)诺顿等效电路中求流过 5Ω 电阻的电流。

$$I = \frac{R_0}{R_0 + 5} \times I_s = \frac{6.4}{6.4 + 5} \times 5.6 \approx 3.1(A)$$

1.5.4　负载获得最大功率传输的条件

从戴维南等效电路中求负载电阻 R_L 上获得的功率为

$$P_L = I_L^2 \times R_L = \left(\frac{U_s}{R_0 + R_L}\right)^2 \times R_L \tag{1-25}$$

当 $R_L = 0$ 或 $R_L = \infty$ 时，$P_L = 0$。在 $R_L = 0 \sim \infty$ 变化期间，负载功率的变化曲线如图 1-22 所示，上面必有一点 P_L 为最大。通过对式(1-25)求变化率，找出这一点。

$$\frac{dP_L}{dR_L} = U_S^2 \times \frac{(R_0 + R_L)^2 - 2(R_0 + R_L) \times R_L}{(R_0 + R_L)^4} = U_S^2 \times \frac{R_0 - R_L}{(R_0 + R_L)^3}$$

当 $\dfrac{dP_L}{dR_L} = 0$ 时，出现 $P_L = P_{Lmax}$。因此，负载获得最大功率传输的条件是 $R_L = R_0$。负载获得最大功率又称做阻抗匹配或功率匹配，此时的传输效率为：$\eta = P_L / P_E = 50\%$。负载获得的最大功率为：

$$P_{Lmax} = \frac{U_S^2}{4R_L} = \frac{U_S^2}{4R_0} \tag{1-26}$$

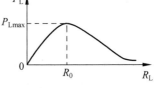

从诺顿等效电路中求负载电阻 R_L 上获得的最大功率为

$$P_{Lmax} = \frac{1}{4}I_S^2 R_L = \frac{1}{4}I_S^2 R_0 \tag{1-27}$$

图 1-22　负载功率变化曲线

1.6　节点电压法

节点电压法是以电路中的节点为待求量的分析方法，特别适合于分析多支路少节点电路。对于图 1-23(a)电路，只要计算出节点电压 U_a，就很容易地求出各支路的电流。

通过电源转换的方法得到图 1-23(b)，计算出

$$U_a = \frac{\dfrac{U_{S1}}{R_1} + I_S - \dfrac{U_{S2}}{R_2}}{\dfrac{1}{R_1} + \dfrac{1}{R_2} + \dfrac{1}{R_3}} = \frac{\sum I_S}{\sum G} \tag{1-28}$$

式中：$\sum I_S$ 代表图 1-23(b) 中有源支路流入节点 a 的电流代数和,流入为正,流出为负；

$\qquad \sum G$ 代表电路除源后连接在节点 a 与地之间各支路的电导之和,各项均为正。

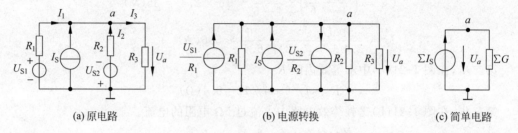

$\qquad\qquad$ (a)原电路 $\qquad\qquad\qquad\qquad$ (b)电源转换 $\qquad\qquad\qquad\qquad$ (c)简单电路

图 1-23　具有两个节点的复杂电路

例 1-7　设图 1-23(a)电路参数为：$U_{S1}=8V,U_{S2}=2V,I_S=2A,R_1=R_2=2\Omega,R_3=4\Omega$。求 U_a、I_1、I_2、I_3。

解：

$$U_a = \frac{\dfrac{8}{2}+2-\dfrac{2}{2}}{\dfrac{1}{2}+\dfrac{1}{2}+\dfrac{1}{4}} = 4(V)$$

$$I_1 = \frac{U_{S1}-U_a}{R_1} = \frac{8-4}{2} = 2(A)$$

$$I_2 = \frac{-U_{S2}-U_a}{R_2} = \frac{-2-4}{2} = -3(A)$$

$$I_3 = \frac{U_a}{R_3} = \frac{4}{4} = 1(A)$$

1.7　叠加原理

对于线性电路,任何一个元件上的电流(或电压)等于电路中各个独立电源单独作用时在该元件上产生的电流(或电压)的代数和。这就是叠加原理。

利用叠加原理分析电路的步骤和注意事项如下：

第一步,在给出的电路中规定各元件上电压、电流的参考方向。

第二步,画出各个电源单独作用时的分量电路,规定分量电路各元件上分量电压、分量电流的参考方向,如 I'、I''、U'、U''等；求解这些分量。恒压源不作用时相当于短路；恒流源不作用时相当于开路。

第三步,求各元件的总电压和总电流,各元件的总电压和总电流等于各分量的代数和,当分量的参考方向与总量参考方向相同时,分量取"＋"号；分量的参考方向与总量参考方向相反时,分量取"－"号。为了避免混淆,建议分量电压、电流参考方向与总量电压、电流的参考方向一致,这样,总量等于各分量相加。

注意：不能用叠加原理计算总功率。

例 1-8　利用叠加原理求解图 1-24(a)电路中 2Ω 电阻上的电流并计算 5A 电流源的功率,说明其是电源还是负载。

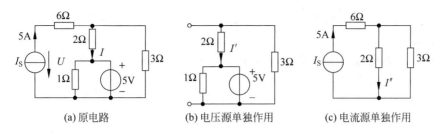

(a) 原电路   (b) 电压源单独作用   (c) 电流源单独作用

图 1-24 利用叠加原理分析电路

解：第一步，规定原电路 5A 恒流源两端电压 U 和 2Ω 电阻上电流 I 的参考方向。

第二步，分别画出电压源单独作用时的电路(见图 1-24(b))和恒流源单独作用时的电路(如图 1-24(c)所示)，规定电流分量 I' 和 I'' 的参考方向与总电流 I 方向一致，求解 I' 和 I''。

$$I' = -\frac{5}{2+3} = -1(\text{A}), \quad I'' = \frac{3}{2+3} \times 5 = 3(\text{A})$$

第三步，回到原电路中求总电流 I、总电压 U 和 5A 电流源的功率 P_{IS}

$$I = I' + I'' = -1 + 3 = 2(\text{A})$$
$$U = I_\text{s} \times 6 + I \times 2 + 5 = 5 \times 6 + 2 \times 2 + 5 = 39(\text{V})$$
$$P_{IS} = -U \times I_\text{s} = -39 \times 5 = -195(\text{W})$$

由于 $P_{IS} < 0$，故 5A 恒流源是电源。

1.8 受控源与二端口网络

与前面介绍的独立电压源和独立电流源不同，受控源的输出电压或电流受电路中其他部分的电压或电流的控制。实际上，受控源代表着变压器、晶体管、放大器等电工、电子器件的电路。分析受控源电路，关键是任何时候都要保留控制量的存在，所有在独立源电路中使用的定律、规则和分析方法在受控源电路中仍适用。

受控源有"二对"端口(4 个端口)，分别是控制端口(又称输入端口)和受控源端口(又称输出端口)。受控源有以下 4 类，如图 1-25 所示。

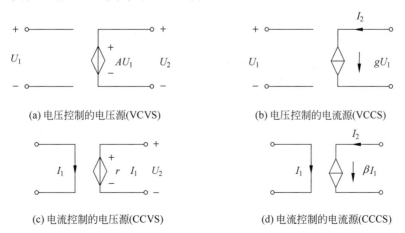

(a) 电压控制的电压源(VCVS)   (b) 电压控制的电流源(VCCS)

(c) 电流控制的电压源(CCVS)   (d) 电流控制的电流源(CCCS)

图 1-25 4 种受控源电路

被控制量与控制量之间关系由控制系数确定,在不同的受控源中,控制系数具有不同的单位,讨论如下:

(1) 电压控制的电压源(voltage controlled voltage source,VCVS)

$$U_2 = A U_1, \quad A = \frac{U_2}{U_1}, \quad 电压放大倍数 A 无单位。$$

(2) 电压控制的电流源(voltage controlled current source,VCCS)

$$I_2 = g U_1, \quad g = \frac{I_2}{U_1}, \quad 转移电导 g 具有电导单位:s。$$

(3) 电流控制的电压源(current controlled voltage source,CCVS)

$$U_2 = r I_1, \quad r = \frac{U_2}{I_1}, \quad 转移电阻 r 具有电阻单位:\Omega。$$

(4) 电流控制的电流源(current controlled current source,CCCS)

$$I_2 = \beta I_1, \quad \beta = \frac{I_2}{I_1} \quad 电流放大倍数 \beta 无单位。$$

例 1-9　用电压源与电流源等效转换法求如图 1-26 所示的电路中的电流 I 和电压 U。

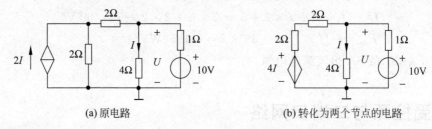

(a) 原电路　　　　　　　　(b) 转化为两个节点的电路

图 1-26　分析受控源电路

解:在保留控制量 I 所在支路的前提下,先将图 1-26(a)中受控电流源 $2I$ 与 2Ω 电阻并联的诺顿等效电路转换成戴维南等效电路,如图 1-26(b)所示,利用节点电压法求出电压 U 及电流 I。

$$U = \frac{\dfrac{4I}{4} + \dfrac{10}{1}}{\dfrac{1}{4} + \dfrac{1}{4} + 1} = \frac{2I + 20}{3}$$

将 $I = \dfrac{U}{4}$ 代入,整理后得到 $U = 8\text{V}, I = 2\text{A}$。

例 1-10　求图 1-27 电路端口 ab 看进去的等效电路。

解:ab 间施加电压 U,就有电流 I,对 e 点列节点电流方程:

$$I = I_e + I_b + \beta \cdot I_b = \frac{U}{R_E} + (1+\beta) \frac{U}{r_{be}}$$

$$R_{ab} = \frac{U}{I} = \frac{1}{\dfrac{1}{R_E} + \dfrac{1+\beta}{r_{be}}} = R_E \mathbin{/\mkern-5mu/} \frac{r_{be}}{1+\beta}$$

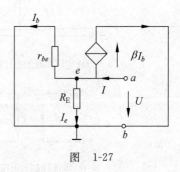

图　1-27

可见,不含独立电源的电路相当于一个电阻。

习　题　1

1-1　什么是电路？什么是电路模型？电路分析的任务是什么？

1-2　电路分析为什么要首先规定电压、电流的参考方向？不规定参考方向行不行？什么是关联参考方向？关联的或非关联的参考方向在电路分析中有什么区别？

1-3　电压源与恒压源的区别是什么？电流源与恒流源的区别是什么？电压源与电流源可以相互转换？恒压源与恒流源可以相互转换吗？若能，说明转换的条件；若不能，说明原因。

1-4　什么是等效电路？为什么说等效电路只对外部等效对内部不等效？除源的含义是什么？

1-5　为什么不能用叠加原理计算功率？

1-6　求图 1-28 中三个电路的电流 I。

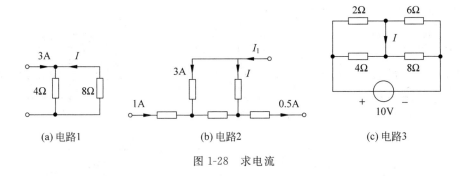

图 1-28　求电流

1-7　求图 1-29 中各电路的 U_{AB}。

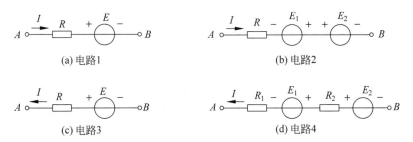

图 1-29　求 U_{AB}

1-8　列出图 1-30 网孔 A 和网孔 B 的电压方程。

1-9　求图 1-31 中电路的 U_{AB}、U_{BC}。

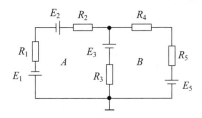

图 1-30　两网孔电路

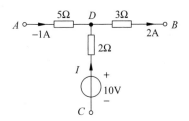

图 1-31　习题 1-9 电路图

1-10　求图 1-32 中各电路的电位 U_A、U_B、U_C。

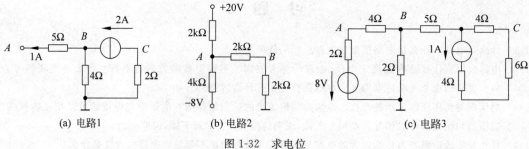

(a) 电路1　　　　　　　(b) 电路2　　　　　　　(c) 电路3

图 1-32　求电位

1-11　计算图 1-33 中 A 元件的功率，判断 A 是电源还是负载。

提示：已知 A 元件上的电压或电流，可以用等效替代的方法把 A 元件等效为一个电压源或电流源来计算 A 元件以外部分的电压或电流。

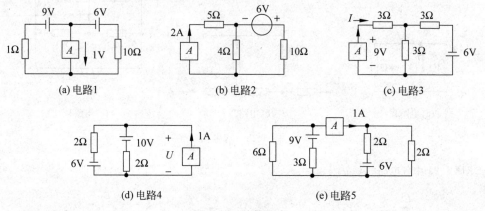

(a)电路1　　　　　　　(b)电路2　　　　　　　(c)电路3

(d)电路4　　　　　　　　　　(e)电路5

图 1-33　计算功率

1-12　求图 1-34 中电路的等效电阻 R_{ab}。

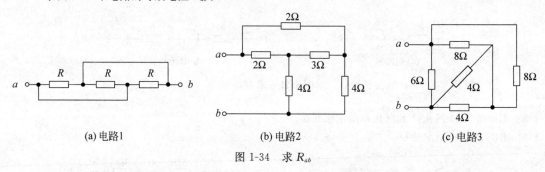

(a)电路1　　　　　　　(b)电路2　　　　　　　(c)电路3

图 1-34　求 R_{ab}

1-13　计算图 1-35 中各电阻上的电压和电流。

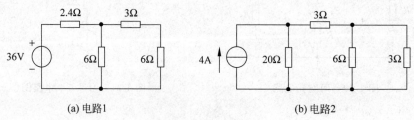

(a)电路1　　　　　　　　　　(b)电路2

图 1-35　求电压和电流

1-14　利用电源转换的方法做出图 1-36 的最简等效电路。

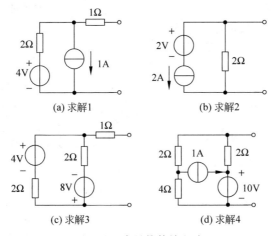

(a) 求解1　　　　　　　(b) 求解2

(c) 求解3　　　　　　　(d) 求解4

图 1-36　求最简等效电路

1-15　计算图 1-37 中的 U 和 I,验证各元件吸收的电功率是否平衡。

1-16　求图 1-38 中的 I、U_S、R。

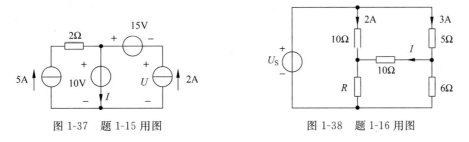

图 1-37　题 1-15 用图　　　　　　　　图 1-38　题 1-16 用图

1-17　电源Ⅰ和电源Ⅱ的伏安特性如图 1-39 所示,计算图 1-39(c)～1-39(f)中的 U 和 I。

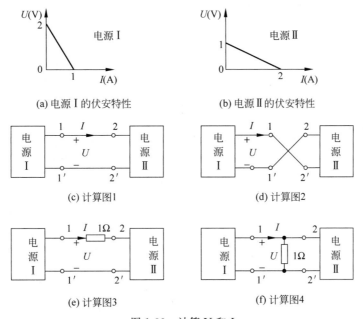

(a) 电源Ⅰ的伏安特性　　　　　　　(b) 电源Ⅱ的伏安特性

(c) 计算图1　　　　　　　(d) 计算图2

(e) 计算图3　　　　　　　(f) 计算图4

图 1-39　计算 U 和 I

1-18 为了防止有源二端网络因短路而被损坏,测试有源二端网络参数时经常采用如图 1-40 所示的测试
      电路。测得开路电压 $U_S=10V$,在输出端连接一个电阻 $R_L=4\Omega$ 后的输出电压 $U=8V$。求有源二
      端网络除源后的等效电阻 R_o。

1-19 电路如图 1-41 所示,计算使 I 等于零的 U_S 值。

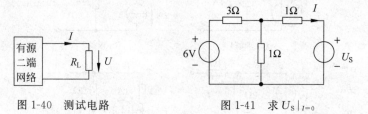

图 1-40　测试电路   图 1-41　求 $U_S|_{I=0}$

1-20 应用戴维南定理计算图 1-42 中电流 I。

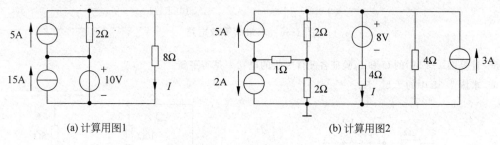

(a) 计算用图1   (b) 计算用图2

图 1-42　计算 I

1-21 电路如图 1-43 所示,负载 R 可变,当 R 为何值时可以获得最大功率? 最大功率是多少?

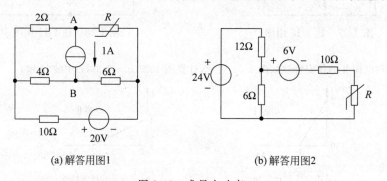

(a) 解答用图1   (b) 解答用图2

图 1-43　求最大功率

1-22 两只 100W/220V 的灯泡串联后连接在 220V 电源上,它们总共吸收的电功率是多少?

1-23 某一直流电源输出的额定功率 $P_N=1000W$,额定电压 $U_N=220V$,内阻 $R_0=1\Omega$,计算直流电源的开
      路电压、负载电阻 R_L 和额定工作状态下的输出额定电流 I_N。

1-24 用节点法分别求图 1-44 中两个电路的 U_A、U_B 和 I。

1-25 用叠加原理分析图 1-45 电路。K 断开时,$I=1A$;K 闭合时,$I=2A$,做出有源二端网络的等效
      电路。

1-26 用叠加原理求图 1-46 中三个电路中的电压 U_{AB}。

1-27 将图 1-47 的受控源电路等效为戴维南等效电路。

1-28 分析图 1-48 受控源电路,求从 ab 端看进去的等效电阻 R_{ab}。

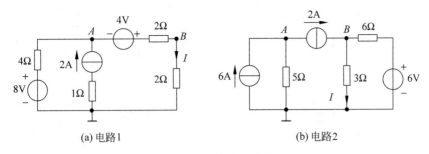

(a) 电路1　　　　　　　　　　(b) 电路2

图 1-44　用节点法求解

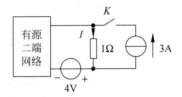

图 1-45　用叠加原理分析电路

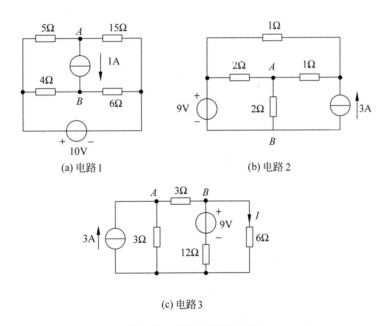

(a) 电路1　　　　　　　　　　(b) 电路2

(c) 电路3

图 1-46　用叠加原理求 U_{AB}

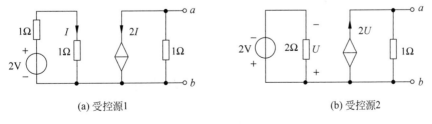

(a) 受控源1　　　　　　　　　　(b) 受控源2

图 1-47　求戴维南等效电路

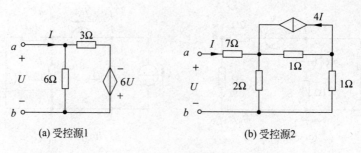

图 1-48　求 R_{ab}

1-29　用节点电压法计算图 1-49 受控源电路中的电位 U_1 和 U_2。

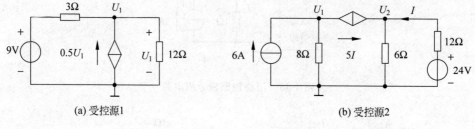

图 1-49　求 U_1、U_2

第 2 章　正弦交流电路

在生产和生活中普遍使用的是正弦交流电，简称交流电。交流电便于产生、传输和转换，因而了解和掌握正弦交流电路的分析方法不仅是本章要求，也是为分析其他周期性和非周期性电路打下基础。

2.1　正弦交流电的基本概念

在正弦交流电路中，电动势、电压、电流的大小和方向都是随时间按正弦规律变化。分析正弦交流电路同样需要规定各支路电压、电流的参考方向。在图 2-1(a)电路规定的参考方向下，电压、电流的波形如图 2-1(b)所示。在时间坐标 ωt 轴上部，u、i 大于零，表示实际方向与参考方向相同；在时间坐标 ωt 轴下部，u、i 小于零，表示实际方向与参考方向相反。

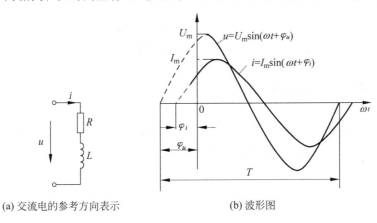

(a) 交流电的参考方向表示　　　　　　(b) 波形图

图 2-1　正弦交流波形

2.1.1　正弦量的三要素

描述正弦量的瞬时值表达为：

$$u = U_m \sin(\omega t + \varphi_u)$$
$$i = I_m \sin(\omega t + \varphi_i)$$

上式中的幅值 U_m、I_m，角频率 ω 及初相位 φ_u、φ_i 是构成正弦量的三个基本要素。

（1）幅值（最大值）U_m、I_m——瞬时值中最大的值称为幅值或最大值，用大写字母带下标 m 表示。

（2）周期 T、频率 f 和角频率 ω 都是描述正弦量变化快慢的物理量。

周期 T：正弦量变化一个循环所需要的时间称为周期 T，周期的单位是秒(s)。

频率 f：正弦量每秒钟的循环次数称为频率 f，频率是周期的倒数，即

$$f = \frac{1}{T} \quad 单位：Hz(赫兹)$$

角频率 ω：正弦量变化一个循环经历了 $360°$ 或 2π 弧度，因此常用每秒钟变化的弧度表示角频率，即

$$\omega = 2\pi f = \frac{2\pi}{T} \quad 单位：rad/s(弧度/秒)$$

我国采用 50Hz 的电力标准频率，其周期是 $T=0.02$ 秒，角频率是 $\omega=314$ 弧度/秒。

(3) 初相位——正弦量变化的进程由相位 $(\omega t + \varphi)$ 确定，正弦量在计时起点 $t=0$ 时的相位称为初相位，用 φ 表示，单位是角度或弧度。比较两个同频率正弦量之间的相位关系：哪一个先到达最大值或先由负变化到正过零点，可以通过任意时刻两个正弦量的相位之差来描述。图 2-1 中电压、电流的相位差为：

$$\Delta\varphi = (\omega t + \varphi_u) - (\omega t + \varphi_i) = \varphi_u - \varphi_i \tag{2-1}$$

显然，计时起点改变，初相位也改变，但相位差不变。规定初相位 φ 和相位差 $|\Delta\varphi|$ 均用 $\leqslant\pi$ 的角度表示。当

$$\varphi_u - \varphi_i = 0 \quad 表示 u 与 i 同相$$
$$\varphi_u - \varphi_i = \pm\pi \quad 表示 u 与 i 反相$$
$$\varphi_u - \varphi_i > 0 \quad 表示 u 超前于 i$$
$$\varphi_u - \varphi_i < 0 \quad 表示 u 滞后于 i$$

2.1.2　正弦交流电的有效值

工程上或产品铭牌上所说的交流电压、电流以及交流测量仪表指示的都是有效值。有效值的确定是从电流的热效应出发，让交、直流电流分别在相同的时间内通过同一电阻，若直流电产生的热量和交流电产生的热量相同，则这个直流电流的大小就是交流电流的有效值。

设直流电流 I 通过电阻 R，它在 T 时间内所产生的热量 Q_1 为

$$Q_1 = 0.239 I^2 RT$$

交流电流 i 通过同一电阻 R、在同样时间 T 内产生的热量 Q_2 为

$$Q_2 = 0.239 \int_0^T i^2 R \mathrm{d}t \tag{2-2}$$

令 $Q_1 = Q_2$ 并将 $i = I_m \sin(\omega t + \varphi_i)$ 代入式(2-2)，得到

$$I = \sqrt{\frac{1}{T}\int_0^T i^2 \mathrm{d}t} = \frac{I_m}{\sqrt{2}} = 0.707 I_m \quad 或 \quad I_m = \sqrt{2} \cdot I \tag{2-3}$$

I 就是交流电的有效值，又称均方根值。正弦电压和电动势的极大值与有效值关系为：

$$\left.\begin{array}{l} U_m = \sqrt{2} \cdot U \\ E_m = \sqrt{2} \cdot E \end{array}\right\} \tag{2-4}$$

在某些地方必须使用最大值。例如，半导体二极管承受的最大反向电压是从最大值考虑的，超过电压最大值，二极管就会被击穿导致损坏。

2.2　正弦交流电的相量表示法

正弦交流电的瞬时表达式直观地反映了正弦量的三要素,波形图可以通过示波器观察到。但是用瞬时值进行计算十分麻烦。在线性电路中,若电路中各部分的电压、电流都是同频率时,那么只需确定它们的幅值(或有效值)和初相位两个要素。正弦量的相量表示法就是用复数表示正弦量的幅值(或有效值)和初相位,用复数的代数运算代替瞬时值三角函数运算,从而使计算得到简化。

在图 2-2 中的 X-Y 平面上以 O 点为中心,有向线段 OA 与横轴正方向间夹角为 φ_u,当它以角频率 ω 的速度作逆时针旋转时,在纵轴上的投影就是正弦量 u。有向线段的长度 OA 是正弦量 u 的幅值 U_m,它与横轴正向的夹角 φ_u 是正弦量的初相位,由于它们存在这样一一对应的关系,所以就用有向线段 OA 对应于这个正弦量。而有向线段可以用复数表示,将复数表示的有向线段称做正弦量的相量,相量用大写字母头上打点表示,如 $\dot{A}$。

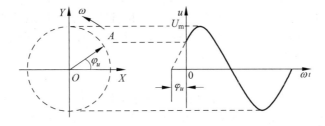

图 2-2　正弦量的相量表示法

下面复习复数的有关知识。在图 2-3 的直角坐标中,横轴是实轴,表示复数的实部,以 +1 为单位;纵轴是虚轴,表示复数的虚部,以 +j 为单位。在第一象限的 $\dot{A}$ 点定义了以实部为 a、虚部为 b 这个复数,连接原点 O 到 A 的有向线段 OA 就是 A 的相量 $\dot{A}$。相量的长度 $|\dot{A}|$ 或 A 称为相量的模,相量与实轴正方向的夹角 φ 称为相量的辐角。根据三角学知识

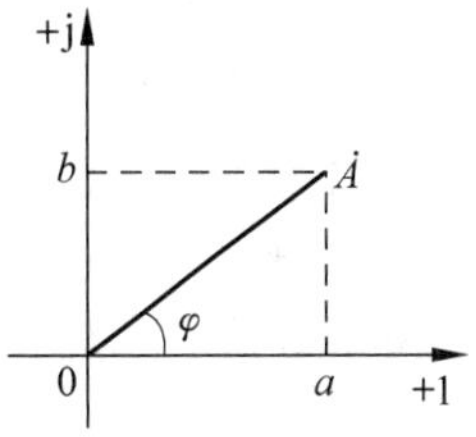

图 2-3　相量的复数表示

$$\left. \begin{array}{l} \dot{A} = a + jb \\ A = \sqrt{a^2 + b^2}, \quad \varphi = \arctan \dfrac{b}{a} \\ a = A\cos\varphi, \qquad b = A\sin\varphi \end{array} \right\} \tag{2-5}$$

由欧拉公式 $\cos\varphi = \dfrac{e^{j\varphi} + e^{-j\varphi}}{2}$ 和 $\sin\varphi = \dfrac{e^{j\varphi} - e^{-j\varphi}}{2}$,得到 $e^{j\varphi} = \cos\varphi + j\sin\varphi$;归纳起来,相量有以下 4 种表示形式

$$\left. \begin{array}{ll} \dot{A} = a + jb & 代数式 \\ \quad = A(\cos\varphi + j\sin\varphi) & 三角函数式 \\ \quad = A\angle\varphi & 极坐标式 \\ \quad = Ae^{j\varphi} & 指数式 \end{array} \right\} \tag{2-6}$$

式中 j 的含义是：　①　$j=\sqrt{-1}$　是虚数单位。

　　　　　　　　②　$j=\dfrac{\pi}{2}$　是旋转因子，表示逆时针旋转 $90°$。

　　　　　　　　　　$-j=-\dfrac{\pi}{2}$　表示顺时针旋转 $90°$。

　　　　　　　　　　$j^2=\pm\pi=-1$　表示旋转 $180°$。

　　在相量计算中，通常加、减运算用代数式或三角函数式，实部与实部相加减、虚部与虚部相加减；乘除运算若用极坐标式或指数式，则模乘除、相位加减。即

$$
\left.
\begin{aligned}
&\dot{A}_1\pm\dot{A}_2=(a_1+jb_1)\pm(a_2+jb_2)=(a_1\pm a_2)+j(b_1\pm b_2)\\
&\dot{A}_1\times\dot{A}_2=A_1\angle\varphi_1\times A_2\angle\varphi_2=A_1\cdot A_2\angle\varphi_1+\varphi_2\\
&\dfrac{\dot{A}_1}{\dot{A}_2}=\dfrac{A_1\angle\varphi_1}{A_2\angle\varphi_2}=\dfrac{A_1}{A_2}\angle\varphi_1-\varphi_2
\end{aligned}
\right\}
\tag{2-7}
$$

用代数式进行除法运算，应在分子和分母中先同乘以分母的共轭复数，如下式：

$$
\frac{2+j3}{3-j1}=\frac{(2+j3)(3+j1)}{(3-j1)(3+j1)}=\frac{3+j11}{10}=0.3+j1.1
$$

　　相量在复平面的几何位置构成了它的相量图，相量图不仅直观地反映出电路中几个相量的大小和相位关系，同时，也可以用作图的方法进行相量加减。正弦量的相量表示，可以用极大值相量表示，也可以用有效值相量表示。

注意：

①　只有同频率正弦量的相量才可以在一起运算，才可以画在同一个相量图中。

②　正弦量与相量之间是对应关系，而不是相等关系，不能用等号"="将它们连接在一起。例如：

　　　　瞬时值表达式　　　　　　　　相量表达式

$$u=U_{\text{m}}\sin(\omega t+45°)\quad\longleftrightarrow\quad\dot{U}_{\text{m}}=U_{\text{m}}\angle 45°\quad\text{或}\quad\dot{U}=U\angle 45°$$

$$i=I_{\text{m}}\sin(\omega t-20°)\quad\longleftrightarrow\quad\dot{I}_{\text{m}}=I_{\text{m}}\angle -20°\quad\text{或}\quad\dot{I}=I\angle -20°$$

例 2-1　试用相量运算和作相量图的方法求 i_1+i_2。已知

$$i_1=8\sin(314t+60°)(\text{A}),\quad i_2=6\sin(314t-30°)(\text{A})$$

解：方法一　用相量的代数式求解。

$$\dot{I}_{1\text{m}}=8\angle 60°=8(\cos 60°+j\sin 60°)=8\times(0.5+j0.866)=4+j6.928(\text{A})$$

$$\dot{I}_{2\text{m}}=6\angle -30°=6(\cos 30°-j\sin 30°)=6\times(0.866-j0.5)=5.196-j3(\text{A})$$

$$\dot{I}_{1\text{m}}+\dot{I}_{2\text{m}}=(4+j6.928)+(5.196-j3)=9.196+j3.928=10\angle 23.1°(\text{A})$$

总电流的瞬时值　　$i=i_1+i_2=10\sin(314t+23.1°)(\text{A})$

方法二　作相量图，用平行四边形法求解二相量之和。

　　在图 2-4 中，$\dot{I}_{1\text{m}}$ 和 $\dot{I}_{2\text{m}}$ 垂直，虚线是两个相量的平行线，与两相量构成平行四边形。从原点出发到达对角的连线就是两相量之和 $\dot{I}_{\text{m}}$。实际上，$\dot{I}_{1\text{m}}$ 平移到 $\dot{I}_{\text{m}}$ 的下方，其大小和相位并未改变，但平移后组成的直角三角形其斜边是两相量之和 $\dot{I}_{\text{m}}$。根据下式求模 I_{m} 和相位角 φ。

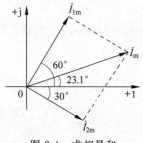

图 2-4　求相量和

$$I_\mathrm{m} = \sqrt{I_{1\mathrm{m}}^2 + I_{2\mathrm{m}}^2} = \sqrt{8^2 + 6^2} = 10(\mathrm{A})$$

因为

$$\varphi + 30° = \arctan\frac{I_{1\mathrm{m}}}{I_{2\mathrm{m}}} = \arctan\frac{8}{6} = 53.1°$$

所以

$$\varphi = 53.1° - 30° = 23.1° \quad 故 \quad \dot{I}_\mathrm{m} = 10\angle 23.1°(\mathrm{A})$$

总电流的瞬时值

$$i = i_1 + i_2 = 10\sin(314t + 23.1°)(\mathrm{A})$$

2.3　单一参数的正弦交流电路

　　电阻 R、电容 C 和电感 L 是三个典型单一参数的无源二端元件,分别代表元件产生的热效应、电场效应和磁场效应。单一参数交流电路的分析是多个参数交流电路分析的基础。

2.3.1　电阻电路

　　线性电阻通过正弦交流电同样满足欧姆定律。在图 2-5(a)中线性电阻 R 上规定 u 和 i 的参考方向相同,设电流为 $i = I_\mathrm{m}\sin\omega t$,则

$$u = R \cdot i = RI_\mathrm{m}\sin\omega t = U_\mathrm{m}\sin\omega t \tag{2-8}$$

其中 $U_\mathrm{m} = RI_\mathrm{m}$,$u$ 和 i 的波形如图 2-5(c)所示,两者同频率、同相位。把图 2-5(a)中的电路表示成图 2-5(b)的复阻抗电路,就可以用相量表示电阻上的电压和电流,得到电阻元件上欧姆定律的相量形式是

$$\dot{U} = R \cdot \dot{I} \tag{2-9}$$

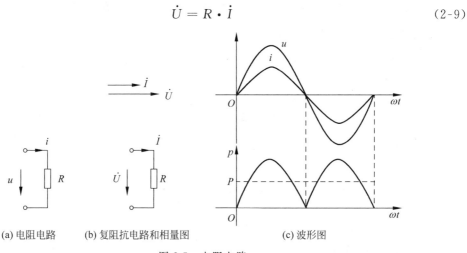

(a) 电阻电路　　　(b) 复阻抗电路和相量图　　　(c) 波形图

图 2-5　电阻电路

　　电阻上消耗的电功率是随时间变化的,称做瞬时功率,用小写字母 p 表示:

$$p = ui = \sqrt{2}U\sin\omega t \times \sqrt{2}I\sin\omega t = UI(1 - \cos2\omega t) \tag{2-10}$$

　　瞬时功率的波形如图 2-5(c)所示,任一瞬间 $p \geq 0$,说明电阻是耗能元件。交流电气设备的额定功率是指平均功率(又称有功功率),它是瞬时功率在一个周期内的平均值,用大写字母 P 表示。电阻上的平均功率为

$$P = \frac{1}{T}\int_0^T p\,\mathrm{d}t = \frac{1}{T}\int_0^T UI(1 - \cos 2\omega t)\,\mathrm{d}t = UI \tag{2-11}$$

例 2-2　有一 220V/40W 的白炽灯,它的工作电流是多少? 电阻是多少? 如果每天照明 4 小时、每月按 30 天计算,共消耗多少度电?

解：工作电流　$I = \dfrac{P}{U} = \dfrac{40}{220} = \dfrac{2}{11}(\mathrm{A})$

电阻　$R = \dfrac{U}{I} = 220 \times \dfrac{11}{2} = 1210(\Omega)$

每月消耗的电能 = 功率 × 总时间 = 40 × 4 × 30 = 4800(瓦·小时) = 4.8(度电)

2.3.2　电容电路

1. 电容元件

电容元件由两个金属极板、中间夹有绝缘材料构成,简称电容,其符号如图 2-6 所示,C 既是电容的符号、也是电容的参数。图 2-6(a)是一般电容,图 2-6(b)是电解电容,电解电容通过电赋能使电极间的电解液电解而在阳极形成氧化物作为电容器的介质,因此工作电压的极性要和电赋能时所加的电压极性相同。利用电容可以储存电场能量或者组成各种高频通路或低频通路。电容储存电荷的能力与极板尺寸、绝缘介质有关。在任一情况下,若电容量 C 是一个常数,称为线性电容;C 不是常数则称为非线性电容。电容单位有:

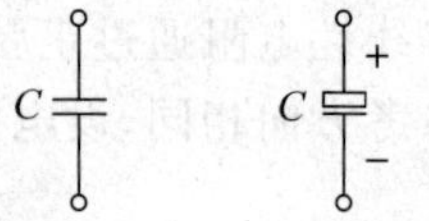

(a) 一般电容　　(b) 电解电容

图 2-6　电容元件

$$1 \text{法拉}(\mathrm{F}) = 10^6 \text{微法}(\mu\mathrm{F}) = 10^{12} \text{皮法}(\mathrm{pF})$$

2. 电容上的电压和电流关系

电容两端的电压 u_C 只取决于同时刻储存的电荷量 q,u_C 的真实方向由电荷极性决定。

$$u_C = \frac{q}{C} \tag{2-12}$$

电容上的电压与电流的关系从下式导出,因为

$$i_C = \frac{\mathrm{d}q}{\mathrm{d}t} = \frac{\mathrm{d}(C \cdot u_C)}{\mathrm{d}t} = C\frac{\mathrm{d}u_C}{\mathrm{d}t} \tag{2-13}$$

所以

$$u_C = \frac{1}{C}\int i_C\,\mathrm{d}t \tag{2-14}$$

式(2-13)反映了电容上施加变化的电压将有电流出现,式(2-14)表明电容上的电压是通过对电流的积分得到。

1) 直流电路中的电容元件

在图 2-7(a)所示的电路中,设开关 K 接通前电容上没有电荷,$u_C = 0$。当 K 在 $t = 0$ 接通时,以最大电流 $i(0) = (U_S - u_C)/R$ 开始向电容充电。随着电容极板上电荷的积累,电容电压按指数规律升高,充电电流逐渐减小。一般把充电过程称做暂态,波形图如图 2-7(b)所示。当电容电压等于电源电压时,充电电流等于零,充电结束,电路进入稳态。因此,直流稳态电路中的电容相当于开路。

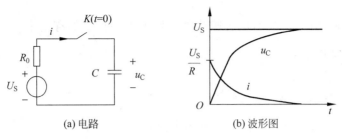

(a) 电路　　　　　　　　　　(b) 波形图

图 2-7　直流电路中电容的充电过程

2）交流稳态电路中的电容元件

图 2-8(a)是开关 K 接通很长时间，电路早已进入稳态的电路。规定 u_C、i_C 的参考方向，设电容上的电流 $i_C = I_{Cm} \sin\omega t$

$$u_C = \frac{1}{C} \int i_C \mathrm{d}t = \frac{1}{C} \int I_{Cm} \sin\omega t \, \mathrm{d}t = -\frac{I_{Cm}}{\omega C} \cos\omega t = U_{Cm} \sin\left(\omega t - \frac{\pi}{2}\right) \qquad (2\text{-}15)$$

上式表明，u_C 滞后于 i_C 为 90°。用相量表示电容上的电压与电流之间的关系将是：

$$\dot{U}_{Cm} = \frac{1}{\mathrm{j}\omega C} \cdot \dot{I}_{Cm} = -\mathrm{j}X_C \cdot \dot{I}_{Cm} \qquad (2\text{-}16)$$

式(2-16)是电容元件上欧姆定律的相量形式，其中 $-\mathrm{j}X_C = -\mathrm{j}\dfrac{1}{\omega C} = \dfrac{1}{\mathrm{j}\omega C}$，称做复数容抗，直流时 $\omega = 0$，$X_C = \infty$，电容相当于开路；高频时 ω 很大，$X_C = 0$，电容相当于短路，故电容有"隔直流通交流"功能。u_C 与 i_C 的相量图、波形图如图 2-8(b)和图 2-8(c)所示。

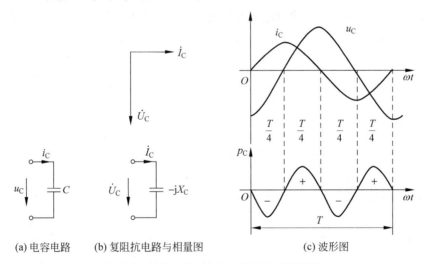

(a) 电容电路　　(b) 复阻抗电路与相量图　　　　　　(c) 波形图

图 2-8　电容上的电压和电流以及功率波形

3. 电容上的功率

1）瞬时功率 p_C

$$p_C = u_C \cdot i_C = U_{Cm} \sin\left(\omega t - \frac{\pi}{2}\right) \cdot I_{Cm} \sin\omega t = -U_C I_C \sin 2\omega t \qquad (2\text{-}17)$$

瞬时功率是以 2ω 的角频率随时间变化的正弦量，波形图如图 2-8(c)所示。

在第一和第三个 $\dfrac{T}{4}$ 期间，u_C、i_C 方向相反，$p_C < 0$，电容对外电路放电；在第二和第四个

$\dfrac{T}{4}$ 期间，u_C、i_C 方向相同，$p_C > 0$，电容吸收外电路电能并把它储存起来。在整个周期，电容与外电路不停地交换电能。

2) 平均功率 P_C

式(2-18)说明电容只储能、不耗能。

$$P_C = \frac{1}{T}\int_0^T p_C\,dt = 0 \tag{2-18}$$

3) 无功功率 Q_C

电容与外电路交换电能的规模用无功功率 Q_C 表示，其大小是瞬时功率的幅值，单位是乏(var)或千乏(kvar)

$$Q_C = U_C I_C = I_C^2 X_C = \frac{U_C^2}{X_C} \tag{2-19}$$

4. 电容储存的电场能量

从 0 时刻接入电路直到 t 时刻内电容吸收的电能为：

$$W_C = \int_0^t p_C\,dt = \int_0^t u\left(C\frac{du_C}{dt}\right)dt = C\int_{u(0)}^{u(t)} u\,du = \frac{1}{2}Cu^2(t) - \frac{1}{2}Cu^2(0)$$

若 $t=0$ 时电容上原有电压 $u(0)=0$，则任一时刻电容储存的电能与其端电压有关：

$$W_C = \frac{1}{2}Cu^2(t) \tag{2-20}$$

例 2-3　如图 2-9 所示，电容和电阻并联在晶体管发射极，使高频信号电流大部分从电容通过，很少经过电阻。试计算当 $f=200\text{Hz}$ 和 $f=2000\text{Hz}$ 时电容的容抗。

解：$f=200\text{Hz}$ 时，$X_C=\dfrac{1}{\omega C}=\dfrac{1}{2\pi\times200\times50\times10^{-6}}=15.92\Omega$

$f=2000\text{Hz}$ 时，$X_C=\dfrac{1}{\omega C}=\dfrac{1}{2\pi\times2000\times50\times10^{-6}}=1.592\Omega$

由于 $X_C \ll R$，说明电容在中高频信号下相当于短路。

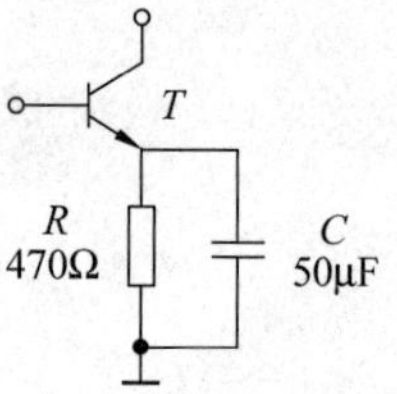

图 2-9　晶体管电路中电容

2.3.3　电感电路

用漆包线绕制成 N 匝螺管线圈就构成了一个电感线圈，如图 2-10 所示。通电导体周围产生磁通 Φ，N 匝线圈通过电流 i 在线圈内部产生的磁通为 $N\Phi$，规定 i 的方向与 $N\Phi$ 的方向符合右手法则。i 与 $N\Phi$ 的比值称为自感系数 L，简称电感。线圈内没有铁芯的是线性电感，线性电感的自感系数 L 是与线圈的形状、几何尺寸、匝数以及周围物质的导磁性能有关的常数。有铁芯的是非线性电感。若电感线圈的电阻忽略不计，就是理想的电感元件。电感常应用于滤波、谐振、阻抗匹配等电路。常用的电感单位有亨(H)和毫亨(mH)，它们的换算关系为

$$1\text{ 亨(H)} = 10^3\text{ 毫亨(mH)}$$

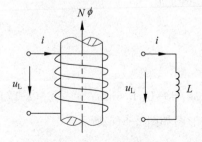

图 2-10　电感线圈和符号

1. 电感上的电压和电流

当电感通过变化的电流时,周围磁通也随之变化,根据电磁感应定律,电感两端感应电压。在图 2-11(a)中,若规定电感上 u_L、i_L 的参考方向相同时,则

$$u_L = L\frac{\mathrm{d}i_L}{\mathrm{d}t} \tag{2-21}$$

式(2-21)说明电感上施加变化的电流时将有电压出现,电感电压是通过对电流的微分得到。将 $i_L = I_{Lm}\sin\omega t$ 代入式(2-21),得

$$u_L = L\frac{\mathrm{d}i_L}{\mathrm{d}t} = \omega L I_{Lm}\sin\left(\omega t + \frac{\pi}{2}\right) = U_{Lm}\sin\left(\omega t + \frac{\pi}{2}\right) \tag{2-22}$$

上式表明 u_L 比 i_L 超前 $\pi/2$。用向量表示电感上的电压与电流之间的关系将是:

$$\dot{U}_{Lm} = \mathrm{j}\omega L \cdot \dot{I}_{Lm} = \mathrm{j}X_L \cdot \dot{I}_{Lm} \tag{2-23}$$

式(2-23)是电感电路中欧姆定律的相量形式,其中 $\mathrm{j}X_L = \mathrm{j}\omega L$,称做复数感抗,直流时 $\omega = 0$,$X_L = 0$,电感相当于短路;高频时 ω 很大,$X_L \approx \infty$,电感相当于开路,电感有"隔交流通直流"的特点。u_L 与 i_L 的相量图、波形图如图 2-11(b)和图 2-11(c)所示。

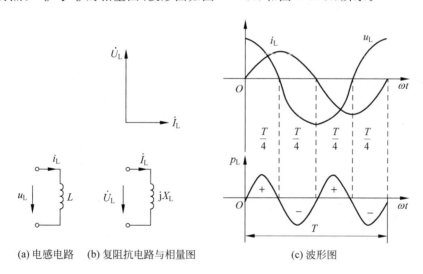

(a) 电感电路　　(b) 复阻抗电路与相量图　　　　　(c) 波形图

图 2-11　电感上的电压和电流以及功率波形

2. 电感上的功率

1) 瞬时功率 p_L

$$p_L = u_L i_L = U_{Lm}\sin\left(\omega t + \frac{\pi}{2}\right) \cdot I_{Lm}\sin\omega t = U_L I_L \sin 2\omega t \tag{2-24}$$

瞬时功率是以 2ω 的角频率随时间变化的正弦量,波形图如图 2-11(c)所示,图中:

第一、第三个 $\dfrac{T}{4}$ 期间,$p_L > 0$,电感吸收外电路电能转换为磁场能量储存起来。

第二、第四个 $\dfrac{T}{4}$ 期间，$p_L<0$，将电感储存的磁场能量转换成电场能量返还给外电路。

2）平均功率 P_L

式(2-25)说明电感只储能、不耗能。

$$P_L = \frac{1}{T}\int_0^T p_L \mathrm{d}t = 0 \tag{2-25}$$

3）无功功率

电感与外电路交换电能的规模用无功功率表示，大小是瞬时功率的幅值。

$$Q_L = U_L I_L = I_L^2 X_L = \frac{U_L^2}{X_L} \tag{2-26}$$

3. 电感储存的磁场能量

电感吸收电能并转换成磁场能量的形式储存起来。从 0 时刻接入电路直到 t 时刻内电感吸收的电能为：

$$W_L = \int_0^t p_L \mathrm{d}t = \int_0^t i\left(L\frac{\mathrm{d}i}{\mathrm{d}t}\right)\mathrm{d}t = L\int_{i(0)}^{i(t)} i\,\mathrm{d}i = \frac{1}{2}Li^2(t) - \frac{1}{2}Li^2(0)$$

若 $t=0$ 时电感上原有电流 $i(0)=0$，则任一时刻电感储存的磁场能量与其通过的电流有关：

$$W_L = \frac{1}{2}Li^2(t) \tag{2-27}$$

图 2-12 是电感和电容组成的 Ⅱ 型低通滤波电路，电路的输入 u_1 是直流脉动电压。为了在输出端得到比较平稳的直流电压 u_2，将电感串联在电路中使直流成分容易通过；将电容并联在电路中使交流成分被短路过滤而不被传送到输出端。

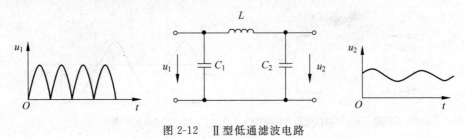

图 2-12　Ⅱ型低通滤波电路

2.4　非单一参数的正弦交流电路

电动机的等效电路是电阻和电感的串联，称为感性负载；二极管 PN 结在高频时等效电路是结电阻和结电容的并联；电子设备如收音机、计算机主板电路上包含了各式各样的电阻、电感和电容元件，分析非单一参数的正弦交流电路具有实际意义。本节采用相量法分析，内容主要有串、并联电路的电压、电流、阻抗、功率和功率因数等概念。

2.4.1　RLC 串联电路

1. 电压、电流关系

RLC 串联的复阻抗电路如图 2-13(a)所示。

在复阻抗电路中规定各部分的电压、电流参考方向下,应用 KVL 列回路电压方程为

$$\dot{U} = \dot{U}_R + \dot{U}_L + \dot{U}_C$$
$$= R \cdot \dot{I} + jX_L \cdot \dot{I} - jX_C \cdot \dot{I}$$
$$= [R + j(X_L - X_C)] \cdot \dot{I} = Z \cdot \dot{I} \tag{2-28}$$

式中 $Z = R + j(X_L - X_C) = R + jX = |Z| \angle \varphi$ 称做复阻抗,其中电抗 $X = X_L - X_C$。

$$\left. \begin{array}{ll} \text{复阻抗的模} & |Z| = \sqrt{R^2 + X^2} \\ \text{阻抗角} & \varphi = \arctan \dfrac{X}{R} = \varphi_u - \varphi_i \end{array} \right\} \tag{2-29}$$

电压和电流的相量图见图 2-13(b)和图 2-13(c)。串联电路中各元件流过同一电流,以电流作为参考相量画相量图比较方便。参考相量是指初相位为 0 的相量,即设 $\dot{I} = I \angle 0°$,画在水平位置。$\dot{U}_R$ 与 $\dot{I}$ 同相位,$\dot{U}_L$ 超前 $\dot{I}$ 为 90°、$\dot{U}_C$ 滞后 $\dot{I}$ 为 90°。$\dot{U}$、$\dot{U}_R$、$\dot{U}_L + \dot{U}_C$ 构成电压三角形的三个边,其斜边就是总电压 $\dot{U}$,即

$$\dot{U} = \sqrt{U_R^2 + (U_L - U_C)^2} \angle \arctan \dfrac{U_L - U_C}{U_R} = U \angle \varphi \tag{2-30}$$

若　$U_L - U_C > 0$,则 $\varphi > 0$,电路呈感性;

$U_L - U_C < 0$,则 $\varphi < 0$,电路呈容性;

$U_L - U_C = 0$,则 $\varphi = 0$,电路呈纯阻性,此时发生串联谐振。

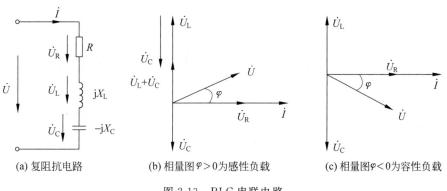

(a) 复阻抗电路　　　　(b) 相量图 $\varphi > 0$ 为感性负载　　　(c) 相量图 $\varphi < 0$ 为容性负载

图 2-13　RLC 串联电路

串联谐振的特点:

① $\dot{U}$ 与 $\dot{I}$ 同相位,$Z = R$,阻抗最小、电流最大。

② $\dot{U}_L = -\dot{U}_C$ 它们大小相等、极性相反,串联谐振又称做电压谐振。

因为
$$j\omega L - j\frac{1}{\omega C} = 0$$

所以
$$\omega = \frac{1}{\sqrt{LC}} \tag{2-31}$$

式(2-31)表明电路将对 $\omega = \frac{1}{\sqrt{LC}}$ 频率的信号产生谐振,该频率完全是由电路参数决定的,因此被称做电路的固有频率,记作 ω_0。

③ 谐振时,电感中的磁场能量与电容中的电场能量完全相互转换,两元件与外电路无能量交换,电路中只有电阻吸收外电路的电能。串联谐振的相量图以及串联电路频率特性如图 2-14 所示。电子技术中常常利用串联谐振在 L 或 C 上获得一个较高电压,如半导体收音机拾音电路,而电力系统要避免串联谐振产生的高电压击穿电器设备。

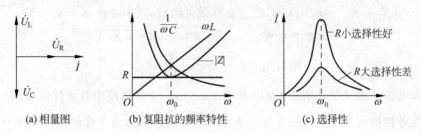

图 2-14 串联谐振时的相量图和频率特性

2. 功率

1) 瞬时功率 p

在图 2-13(a)的参考方向下,设 $i = \sqrt{2}I\sin\omega t$,$u = \sqrt{2}U\sin(\omega t + \varphi)$,则电路吸收的瞬时功率为
$$p = ui = 2UI\sin(\omega t + \varphi) \cdot \sin\omega t = UI\cos\varphi - UI\sin(2\omega t + \varphi)$$

2) 平均功率(有功功率)P
$$P = \frac{1}{T}\int_0^T ui\,\mathrm{d}t = UI\cos\varphi \tag{2-32}$$

式中,$\cos\varphi$ 称做功率因数,$\varphi = |\varphi_u - \varphi_i|$ 是电压与电流的相位差,在此被称做阻抗角或功率因数角。此式说明有功功率不仅与电压、电流的有效值的乘积有关,而且与它们的相位差有关。当 $\varphi \neq 0$ 时,$\cos\varphi < 1$,$P < UI$。

3) 无功功率 Q
$$Q = Q_L - Q_C = UI\sin\varphi \tag{2-33}$$

由于电路中同时存在电感和电容,不仅两者之间交换能量,而且在 $\varphi \neq 0$ 时还会与外部电路交换能量。

4) 视在功率 S
$$S = UI = \sqrt{P^2 + Q^2} \tag{2-34}$$

S 的单位:伏安(VA)或千伏安(kVA)。电压有效值与电流有效值的乘积被称做视在功率。视在功率常被用来表示电源、变压器这一类电源设备的容量,它们接入的负载不同就有不同的功率因数。通过上面的分析得出:RLC 串联电路中,阻抗三角形、电压三角形、功率三角形是相似三角形,如图 2-15 所示。

例 2-4　在图 2-16(a)电路中,已知 $i=10\sqrt{2}\sin 314t\text{A}$,$\dot{U}_\text{R}=100\angle 0°\text{V}$。若电源电压 u 在相位上超前电流 i 45°,求电压 U_0 及总电压 U 的大小。

解:根据题意画相量图如图 2-16(b)所示。以 $\dot{I}$ 为参考相量,$\dot{U}_\text{R}$ 与 $\dot{I}$ 同相位,$\dot{U}$ 超前 $\dot{I}$ 45°,故电压三角形的虚部是电抗上的电压相量 $\dot{U}_0$。

因为 45°角的两个直角边相等,所以

$$U_\text{R}=U_0=100\text{V}$$

$$U=\sqrt{U_\text{R}^2+U_0^2}=\sqrt{100^2+100^2}=\sqrt{2}\cdot 100\text{V}$$

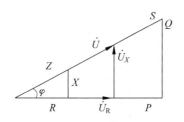

图 2-15　阻抗、电压、功率三角形

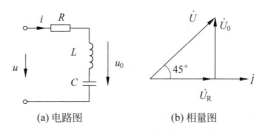

(a) 电路图　　　　(b) 相量图

图 2-16　例 2-4 用图

例 2-5　图 2-17(a)所示是某收音机的输入电路,天线线圈作为变压器原边线圈 L_1 接收到各种频率的信号,这些信号在变压器的副边线圈 L_2 中产生感应电压 u_S1、u_S2、u_S3…把线圈、变压器铁芯以及电容介质等损耗等效为一个电阻 R,输入回路的等效电路如图 2-17(b)所示。若副边线圈 $L_2=0.4\text{mH}$,$R=2\Omega$,要想接收某电台 $f_1=960\text{kHz}$ 的信号电压 $u_\text{S1}=2\mu\text{V}$,可变电容器 C 应调到多少皮法(pF)? 谐振时回路中的电流是多少? 电容电压是多少?

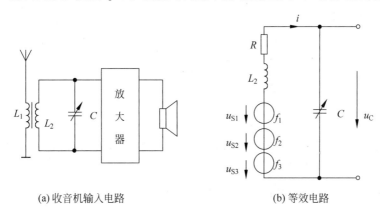

(a) 收音机输入电路　　　　　(b) 等效电路

图 2-17　例 2-5 用图

解:因为 $\omega=\dfrac{1}{\sqrt{L_2C}}$,所以

$$C=\frac{1}{L_2\omega^2}=\frac{1}{L_2(2\pi f_1)^2}\approx 70(\text{pF})$$

$$I=\frac{U}{R}=\frac{2\times 10^{-6}}{2}=1(\mu\text{A}),\qquad U_\text{C}=I\times\frac{1}{\omega C}=2.4(\text{mV})$$

2.4.2　RLC 并联电路

RLC 并联复阻抗电路及其相量图如图 2-18 所示。并联电路各元件接在同一电压下，常以电压相量作为参考相量，利用 KCL 和欧姆定律列方程。

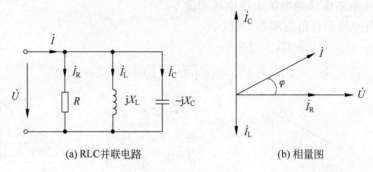

(a) RLC并联电路　　　　　　　　　　(b) 相量图

图 2-18　RLC 并联

根据 $\dot{I}$ 和 $\dot{U}$ 的相位关系可以判断电路呈阻性、感性还是容性。如果阻抗角 $\varphi=0$，呈阻性电路，这时电路发生了并联谐振，又称电流谐振。其特点是，复阻抗 $Z=R$、$\dot{I}_L$ 与 $\dot{I}_C$ 大小相等方向相反，相互补偿使得总电流 $\dot{I}$ 最小、电感中的磁场能量与电容上的电场能量完全相互转换，只有电阻吸收外电路的电能。电力系统经常利用补偿电容来减少线路总电流、以提高总的功率因数。

例 2-6　如图 2-19 所示，$R=30\Omega$，$\omega L=40\Omega$，加以交流电压 120V，试求电流 $\dot{I}$。

解：设电压相量为 $\dot{U}=120\angle0°\text{V}$

$$\dot{I}_R = \frac{\dot{U}}{R} = \frac{120\angle0°}{30} = 4(\text{A})$$

$$\dot{I}_L = \frac{\dot{U}}{jX_L} = \frac{120}{j40} = -j3(\text{A})$$

$$\dot{I} = \dot{I}_R + \dot{I}_L = 4 - j3 = 5\angle-36.9°(\text{A})$$

例 2-7　如图 2-20 所示，$X_L=X_C=R$，电流表 A2 的读数为 3A，电流表 A1 的读数是多少？

解：因为 $X_L=X_C=R$，所以 $I_L=I_C=I_R$

三条支路电流大小相等，但相位不同，$\dot{I}_L=-\dot{I}_C$、$\dot{I}=\dot{I}_R$，故 A1 读数为 3A。

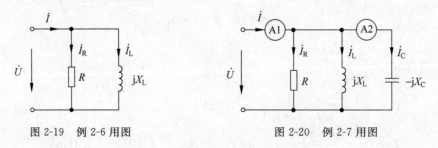

图 2-19　例 2-6 用图　　　　　　　　　图 2-20　例 2-7 用图

2.5　复阻抗的串联和并联

复阻抗的串并联与电阻的串并联相似,除了作复数运算外,所有在直流电路中使用的方法、定律在复阻抗电路中仍然适用。

1. 串联

在如图 2-21 所示的电路中:

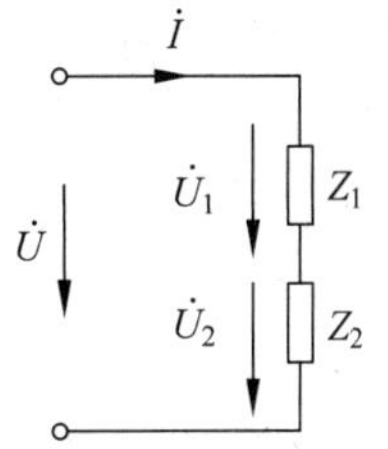

$$\dot{U} = \dot{U}_1 + \dot{U}_2 = \dot{I}(Z_1 + Z_2) = \dot{I}Z$$

等效阻抗

$$Z = Z_1 + Z_2 \qquad (2\text{-}35)$$

图 2-21　复阻抗串联

每个阻抗上的分压为

$$\dot{U}_1 = \frac{Z_1}{Z_1 + Z_2}\dot{U}, \quad \dot{U}_2 = \frac{Z_2}{Z_1 + Z_2}\dot{U} \qquad (2\text{-}36)$$

2. 并联

在如图 2-22 所示的并联电路中:

$$\dot{I} = \dot{I}_1 + \dot{I}_2 = \left(\frac{1}{Z_1} + \frac{1}{Z_2}\right)\dot{U} = \frac{\dot{U}}{Z} = Y\dot{U}$$

等效阻抗

$$Z = Z_1 /\!/ Z_2 = \frac{Z_1 Z_2}{Z_1 + Z_2} \qquad (2\text{-}37)$$

等效导纳

$$Y = \frac{1}{Z_1} + \frac{1}{Z_2} = \frac{1}{Z} \qquad (2\text{-}38)$$

每个阻抗的分流为

$$\dot{I}_1 = \frac{Z_2}{Z_1 + Z_2}\dot{I}, \quad \dot{I}_2 = \frac{Z_1}{Z_1 + Z_2}\dot{I} \qquad (2\text{-}39)$$

例 2-8　电路如图 2-23 所示,试求电源发出的有功功率和无功功率以及功率因数。

解:
$$Z = 1 + \frac{(-j)(1+j)}{(-j) + (1+j)} = 2 - j(\Omega)$$

$$\dot{I} = \frac{\dot{U}_s}{Z} = \frac{10}{2-j} = 4 + j2 = \sqrt{20}\angle\arctan\frac{2}{4}(A)$$

有功功率
$$P = I^2 \times R = \left(\sqrt{20}\right)^2 \times 2 = 40(W)$$

无功功率
$$Q = I^2 \times X = \left(\sqrt{20}\right)^2 \times 1 = 20(VAR)$$

功率因数
$$\cos\varphi = \frac{P}{\sqrt{P^2 + Q^2}} = \frac{40}{\sqrt{40^2 + 20^2}} = \frac{2}{\sqrt{5}} \approx 0.89$$

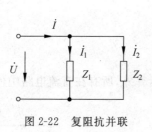

图 2-22　复阻抗并联

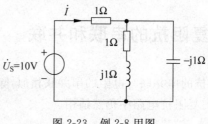

图 2-23　例 2-8 用图

习　题　2

2-1　按表 2-1 中的提示填空。

表 2-1　正弦量的瞬时值及其三要素的关系

瞬 时 值	幅值	有效值	频率	周期	初相位
$u = 311\sin(314t + 45°)\,\text{V}$					
$u = 7.07\sin\left(8t + \dfrac{3\pi}{4}\right)\text{V}$					
$i = 10\sqrt{2}\sin(60t + 20°)\,\text{A}$					
$i = 20\cos\left(1000t - \dfrac{5\pi}{6}\right)\text{A}$					

2-2　对下面每一组瞬时值,写出其极大值相量,并用向量图表示。

(1) $i_1 = 5\sin(314t - 60°)\,\text{A}$,　$i_2 = 3\sin(314t + 70°)\,\text{A}$。

(2) $i_1 = -3\sin(20t + 30°)\,\text{A}$,　$i_2 = 4\sin(20t + 45°)\,\text{A}$。

(3) $u_1 = 311\sin(100t + 20°)\,\text{V}$,　$u_2 = 200\sin(100t - 70°)\,\text{V}$。

2-3　根据图 2-24 所示的示波器屏幕显示的波形写出其瞬时值表达式,已知屏幕的横坐标为 1ms/格,纵坐标为 2V/格。

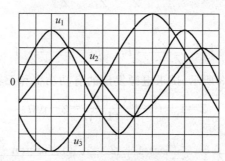

图 2-24　示波器显示的波形

2-4　正弦量与相量是对应关系,绝不能相等。下面存在初学者常犯的错误,请指出错在何处? 应如何改正。

(1) $i = \dfrac{\dot{U}_R}{R}$,　$p = UI$,　$U_R = \dot{I} \cdot R$

(2) $i = 5\sqrt{2}\sin(\omega t - 60°) = 5\sqrt{2}\,\text{e}^{-\text{j}60°}\,(\text{A})$

(3) $\dot{U} = -60 - \text{j}80 = 100\angle 53.1°\,(\text{V})$

（4）纯电感电路中　$\dot{I}_L=\dfrac{\dot{U}_L}{X_L}$，　$U_L=L\dfrac{\mathrm{d}i}{\mathrm{d}t}$，　$p=I^2\cdot X_L$

（5）纯电容电路中 $i_C=\dfrac{u_C}{-\mathrm{j}X_C}$，　$X_C=\dfrac{U_C}{I}$，　$P=I\cdot U_C$

2-5　将下面复数代数式化成极坐标式。

　　（a）$3+\mathrm{j}4$　　　　（b）$4-\mathrm{j}3$　　　（c）$-5-\mathrm{j}8.66$　　　　（d）$-7.07+\mathrm{j}7.07$

2-6　把下面复数极坐标式化为代数式。

　　（a）$60\angle30°$　　　（b）$5\angle-60°$　　（c）$40\angle-135°$　　　　（d）$100\angle120°$

2-7　已知 $\dot{A}_1=10\angle30°,\dot{A}_2=-6+\mathrm{j}8$，求：$\dot{A}_1+\dot{A}_2,\dot{A}_1-\dot{A}_2,\dot{A}_1\times\dot{A}_2,\dot{A}_1/\dot{A}_2$。

2-8　已知一段电路端口上的 $u=100\sin(314t+30°)\mathrm{V},i=20\sin(314t-30°)\mathrm{A}$。求该电路的等效阻抗 Z 并
　　画出 u、i 的相量图。

2-9　在图 2-25 中Ⓐ是安培计、Ⓥ是伏特计，试求Ⓐ₀、Ⓥ₀ 的读数。

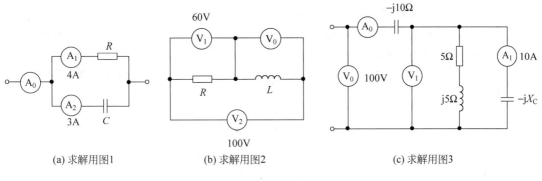

（a）求解用图1　　　　　（b）求解用图2　　　　　（c）求解用图3

图 2-25　习题 2-9 用图

2-10　RLC 串联电路中,$R=30\Omega,L=127\mathrm{mH},C=40\mu\mathrm{F}$,电源电压 $U=220\mathrm{V}$,频率 $f=50\mathrm{Hz}$。要求画出复
　　　阻抗电路、计算电流和各元件上的电压,并绘制相量图。

2-11　计算图 2-26 中电路各支路电流并作相量图。

2-12　在图 2-27 中,$R=X_L=2X_C=4\Omega,U_1=20\mathrm{V}$。求 U_2 并作 $\dot{U}_1$、$\dot{U}_2$ 以及 $\dot{I}$ 的相量图。

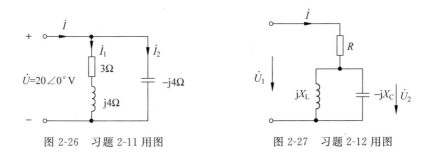

图 2-26　习题 2-11 用图　　　　　　　图 2-27　习题 2-12 用图

2-13　电路如图 2-28 所示,（1）输入直流时各安培计读数和伏特计读数哪个最大? 哪个最小?

　　　（2）输入交流信号且电压有效值不变,频率逐渐增大,各安培计和伏特计读数怎样变化?

2-14　图 2-29 所示电路是选频兼移相电路,电路参数 $R_1=R_2=R,C_1=C_2=C$。要求 $\dot{U}_2$ 与 $\dot{U}_1$ 的相位相
　　　同,问选择的角频率 ω 与电路参数之间满足什么关系?

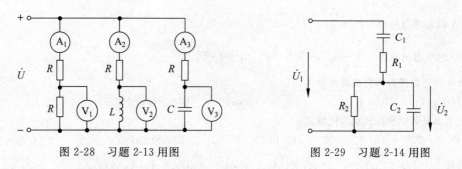

图 2-28　习题 2-13 用图　　　　　　　图 2-29　习题 2-14 用图

2-15　已知 $Z_1 = R_1 + jX_1$，$Z_2 = R_2 + jX_2$，其中 R_1 和 R_2 均不为零，X_1 和 X_2 是容抗或感抗、电容量与电感量也不为零。就下面提问做出回答：

(1) Z_1 与 Z_2 串联接入电路，何种情况下电流最大？何种情况电流最小且不为零？何种情况电流为零？

(2) Z_1 与 Z_2 并联接入电路，重复(1)中的提问。

2-16　RL 串联电路中，电流 $i = 50\sqrt{2}\sin(314t + 20°)$A，有功功率 $P = 7.5$kW，无功功率 $Q = 7.85$kvar。求电源电压 u 及参数 R 和 L。

2-17　电路如图 2-30 所示，$R_1 = 6\Omega$，$R_2 = 10\Omega$，$X_C = 8\Omega$，电路总有功功率 $P = 2.4$kW。求各支路有功功率 P_1 和 P_2。

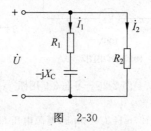

图　2-30

2-18　电动机的输入功率是 800W，功率因数 $\cos\varphi_1 = 0.6$，接在 $U = 220$V 的交流电源上，电源频率 $f = 50$Hz，负载上电流是多少？若将功率因数提高到 $\cos\varphi_2 = 0.9$，应在负载前并联多大电容？并联电容上的电流是多少($\varphi_2 = 25°50'$，$\sin\varphi_2 = 0.4357$)？

第3章 半导体二极管、三极管和场效应管

半导体器件是电子线路的核心部件。本章首先介绍半导体和 PN 结的特性,然后逐一介绍半导体二极管、三极管和场效应管的结构、工作原理、特性和参数。重点应掌握它们的外部特性,以便能合理选择和正确使用这些器件。

3.1 PN 结与半导体二极管、稳压二极管

3.1.1 半导体

导电能力介于导体和绝缘体之间的物质称为半导体。半导体具有受外界影响的一些特殊性质,如导电能力随光照、辐射和温度升高而迅速增强;导电能力因掺入微量杂质而显著增强等。

1. 本征半导体

纯净的半导体称为本征半导体。常用的半导体材料是四价元素硅(Si)和锗(Ge),两者外层都有 4 个价电子。为了突出价电子的作用和便于讨论,常把原子核和内层电子看作一个整体,称为惯性核。于是 4 价元素的简化原子模型如图 3-1 所示;核内的"+4"表示与 4 个价电子对应的 4 个单位的正电荷,整个原子呈中性。

提纯后的硅原子密度约为 5×10^{22} 个/cm³,原子之间的距离已小到使价电子不但受自身核的吸引,还受到相邻原子核的吸引,形成共价键结构,如图 3-2 所示。图中每个原子和相邻的 4 个原子互相补足 8 个价电子以形成稳定结构,缺少一个电子的键称为不稳定结构。

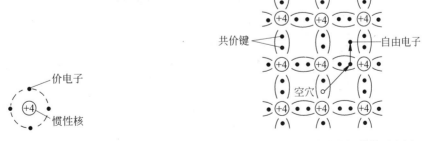

图 3-1 4 价元素的简化原子结构模型　　　图 3-2 4 价元素的共价键结构示意图

物质内部运载电荷的粒子称为载流子,物质的导电能力取决于载流子的数量和运动速度。本征半导体在热力学温度零度(0°K≈−273℃)以及无光照或无电磁场等外界影响时,价电子摆脱不了共价键的束缚,不能成为自由电子,也就没有载流子,它相当于绝缘体。在

室温(一般指 25℃)条件下,由于赋予电子的热能转化为动能,少数能量较大的价电子能够挣脱共价键的束缚而成为自由电子,同时在原来共价键处留下一个空位,这个空位叫做空穴,这种现象称为"本征激发"。自由电子和空穴都是载流子,在电场作用下以彼此相反的方向作定向运动形成电流。

价电子受到激发产生电子-空穴对,自由电子在运动中又会遇到空穴,并与空穴结合而成对消失,这一过程称为"复合"。电子-空穴对的产生与复合同时进行。当温度升高时,本征激发增强,载流子浓度按指数规律迅速增大。硅材料,大约温度每升高 10℃,载流子浓度增加一倍;锗材料,大约温度每升高 12℃,载流子浓度增加一倍。温度是影响半导体性能的一个重要因素。

2. 杂质半导体

本征半导体的载流子浓度低、导电能力差。为了改善导电性能,在本征半导体中掺入微量的杂质元素可以提高载流子浓度。掺杂后的半导体称为杂质半导体,分 N 型和 P 型两种。

① N 型半导体。在本征半导体中掺入 5 价元素磷(或砷、锑)时,磷原子会在晶格中的某些位置取代硅(锗)原子,如图 3-3 所示。由于杂质原子最外层有 5 个电子,它用 4 个电子与相邻原子组成共价键后,还多余一个价电子。室温下,多余的价电子成为自由电子。

掺入 5 价元素后的半导体中仍然存在本征激发产生的电子-空穴对,但数量很少,因此电子是多数载流子,简称多子;空穴是少数载流子,简称少子。这种以电子为多数载流子的杂质半导体称为 N 型半导体(N 是 negative 的首字母,表示电子带负电)。

② P 型半导体。在本征半导体中掺入 3 价元素硼(或铝、镓等),硼原子会在晶格中的某些位置取代硅(锗)原子,如图 3-4 所示。硼原子只有三个价电子,当它和相邻的原子组成共价键时,因缺少一个价电子而留下一个空穴。同样,加上本征激发产生的电子-空穴对,空穴是多数载流子,电子是少数载流子。这种以空穴为多数载流子的杂质半导体称为 P 型半导体(P 是 positive 的首字母,表示空穴带正电)。

只用 N 型半导体或只用 P 型半导体接入电路类似于一个电阻。但是,如果把这两种不同类型的半导体通过特殊工艺放在一起,奇迹就出现了。

图 3-3　N 型半导体　　　　　　　　　　图 3-4　P 型半导体

3.1.2　PN 结及其单向导电特性

在如图 3-5 所示的一块本征半导体上,一边做成 P 型半导体,另一边做成 N 型半导体,在两者的交界面附近会出现具有特殊物理性能的 PN 结。

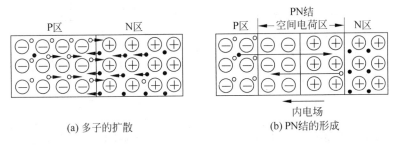

图 3-5　PN 结示意图

1. PN 结的形成

　　P 区和 N 区的多子都要从浓度高的地方向浓度低的地方扩散,P 区的空穴向 N 区扩散,使 P 区失去空穴而留下不能移动的负离子;N 区的电子也要向 P 区扩散,使 N 区失去电子而留下不能移动的正离子。这些正、负离子所占的空间称做空间电荷区,正、负离子之间形成一个内电场,方向是从 N 区指向 P 区。内电场阻止两边多子的进一步扩散,而有利于两边的少子的漂移;少子的漂移使空间电荷区变窄、内电场减弱、使多子的扩散容易进行。当扩散的多子数量与漂移的少子数量相等时,达到动态平衡状态,这种动态平衡状态下的空间电荷区就是 PN 结。

　　PN 结在 P 区和 N 区的宽度与掺杂浓度有关。因为在 PN 结分界面两边正负离子的电荷量相等,当 P 区和 N 区掺杂浓度相同时,PN 结在分界面两边的宽度相等,称做"对称结",否则称"非对称结"。若 P 区掺杂浓度高于 N 区时就用 P^+N 表示,此时 P^+N 结在 P 区的宽度将小于 N 区的宽度,实际上绝大多数的 PN 结为非对称结。

2. PN 结的单向导电性

　　在 PN 结两端外加不同极性的电压,将破坏原来的平衡状态,呈现单向导电特性。P 区接电源的正极、N 区接电源的负极,叫做加"正向电压"或"正向偏置",如图 3-6(a)所示。由于外加电场方向与内电场方向相反,将推动 P 区和 N 区的多子通过 PN 结、少子背离 PN 结。通过 PN 结的多子与结内的正负离子中和一部分,使空间电荷区减少、PN 结变窄、内电场减弱,扩散电流大大超过漂移电流,它在外电路形成一个流入 P 区的正向电流 I_F。

　　电源的正极接 N 区,负极接 P 区,叫做加"反向电压"或"反向偏置",如图 3-6(b)所示。反偏时,由于外加电场与内电场的方向相同,两边的多子不仅无力穿过 PN 结、而且还被外电场吸引到电极,使空间电荷区变宽、内电场增强。反偏时通过 PN 结的漂移电流超过了扩散电流,表现为从外电路流进 N 区的反向电流 I_R。当温度不变时,反向电流在一定范围内是不随外加电场变化的常量,所以常把反向电流称为反向饱和电流。由于 I_R 近似为零,可以认为 PN 结反偏时截止。

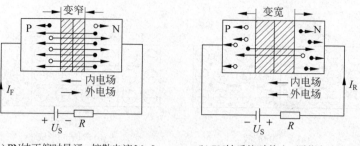

(a) PN结正偏时导通,扩散电流$I_F>0$　　　(b) PN结反偏时截止,漂移电流$I_R \approx 0$

图 3-6　PN 结的单向导电性

3.1.3　半导体二极管

将 PN 结两极分别加上引线并用管壳封装就构成了一个二极管,按其结构的不同,可分为以下几类,如图 3-7 所示。

① 点接触型。它是用一根细金属丝压在晶片上,在接触点形成 PN 结。由于接触面小,因而不能通过较大的电流,但结电容小,适用于高频检波及小电流高速开关电路中。

② 面接触型。它是用合金法做成较大接触面积,允许通过较大电流,但结电容大,只适用于低频及整流电路中。

③ 平面型。它用二氧化硅作保护层,使 PN 结不受污染,从而大大地减小了 PN 结两端的漏电流。平面型的质量较好,批量生产中产品性能比较一致。其中结面积大的作大功率整流管,结面积小的作高频管或高速开关管。

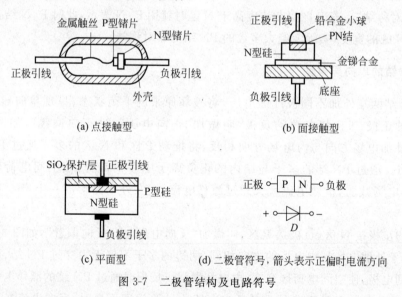

(a) 点接触型　　　　　　　　　　　　　　(b) 面接触型

(c) 平面型　　　　　　　(d) 二极管符号,箭头表示正偏时电流方向

图 3-7　二极管结构及电路符号

1. 二极管的伏安特性

二极管伏安特性实际上是 PN 结伏安特性,考虑到引线电阻以及表面漏电流等因素的影响,实测的二极管伏安特性与 PN 结特性有一定偏差。图 3-8 所示是实际二极管的伏安特性曲线,该曲线的数学方程式为

$$i_D = I_R(e^{u_D/U_T} - 1) \tag{3-1}$$

式中 $U_T = kT/q$ 为温度的电压当量，其中 k 为玻耳兹曼常数，T 为热力学温度，q 为电子的电量。在室温（300°K）时，$U_T = 26\text{mV}$。

在图 3-8 中，OA 段称为正向特性，当 u_D 大于 U_{on} 之后，$e^{u_D/U_T} \gg 1$，$i_D = I_R e^{u_D/U_T}$ 明显上升，称 U_{on} 是开启电压，硅管的 $U_{on} \approx 0.6\text{V}$，锗管的 $U_{on} \approx$ 0.2V。OB 段称为反向特性的截止状态，在 $|-u_D| \gg U_T$ 时，$e^{u_D/U_T} \to 0$，于是 $I_D \approx I_R$，即反向电流是一个不随外加电压变化的常数；图中 BE 段是反向击穿状态，当反向电压增大到一定数值时，反向电流突然急剧增大，此时的电压称为击穿电压 U_B。二极管短时击穿，还有可能恢复性能，但如果击穿时间长、电流大而导致热击穿将造成二极管永久性破坏，这时二极管表现为开路或短路。

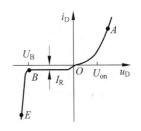

图 3-8　二极管的伏安特性

2. 二极管的主要参数

元件参数是对元件性能的定量描述，也是选择元件的依据，下面给出二极管的主要参数。

1）最大正向电流 I_{FM}

I_{FM} 是二极管长期工作允许通过的最大正向平均电流。其大小取决于 PN 结的面积、材料和散热条件。工作时不要超过 I_{FM} 值，以免 PN 结因过热而烧毁。

2）最大反向工作电压 U_{RM}

U_{RM} 是允许加在二极管上的最大反向电压，约为击穿电压的一半。

3）反向电流 I_R

I_R 是管子还未击穿时的反向电流。I_R 越小，管子的单向导电性能越好。常温下，锗管的反向饱和电流约为几十微安，硅管的反向饱和电流小于 $1\mu\text{A}$。

4）最高工作频率 f_M

PN 结内的正负离子随着外加电压的变化而变化，说明 PN 结具有电容特性。f_M 值主要取决于 PN 结的结电容，结电容越大，二极管允许的最高工作频率越低。

3. 理想二极管的伏安特性

在电路计算中，如果二极管的开启电压 U_{on} 和正向管压降远小于和它串联的其他元件上的电压、反向电流远小于和它并联的其他支路的电流，则二极管可以用理想二极管来等效。理想二极管的伏安特性如图 3-9 所示，正偏时，二极管管压降为零，相当于短路；反偏时，反向电流为零，二极管相当于开路。

(a) 伏安特性　　　(b) 正偏时相当于短路　　　(c) 反偏时相当于开路

图 3-9　理想二极管的伏安特性及等效电路

4. 二极管应用举例

普通二极管可用作整流、检波、限幅、钳位以及数字电路中的开关电路等。

1) 单相半波整流电路

图 3-10(a)所示为纯电阻负载的单相半波整流电路。图中 T_r 为电源变压器,它的作用是将交流电网电压 u_1 变成整流电路所要求大小的交流电压 u_2;D 为整流二极管,R_L 代表负载电阻。设变压器副边电压 $u_2 = U_{2m}\sin\omega t$,当 u_2 为正半周时,二极管导通,电流经过二极管流向负载;当 u_2 为负半周时,二极管截止,整流波形如图 3-10(b)所示。由于这种电路只有半个周期二极管导通有电流流过负载,故称为单相半波整流电路。

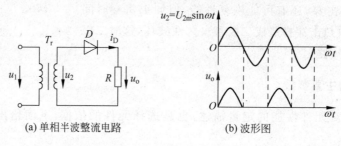

(a) 单相半波整流电路   (b) 波形图

图 3-10   单相半波整流

2) 限幅电路

所谓限幅是指输出电压的幅度受到规定电压的限制,这个规定的电压称做限幅电压或参考电压。图 3-11(a)所示是一个二极管限幅电路,U_R 为限幅电压。在实际应用中,通常把二极管看作理想的,对于图 3-11 中(a)的电路,当 $u_i > U_R$ 时,二极管正偏导通并看作短路,输出电压 $u_O = U_R$;当 $u_i \leqslant U_R$ 时,二极管反偏截止作开路处理,即 $u_o = u_i$。输出电压 u_o 的波形如图 3-11(b)所示。显然 U_R 的大小和极性改变时,输出电压波形也要改变。

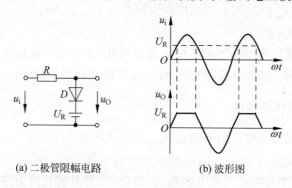

(a) 二极管限幅电路   (b) 波形图

图 3-11   限幅

3.1.4   稳压二极管

稳压二极管简称稳压管,稳压管工作在反向击穿状态,当其反向电流值在一定范围内时,管子的反向击穿是可以恢复的。图 3-12(a)所示是稳压管的符号和伏安特性曲线,利用反向击穿时电流变化量 ΔI_Z 很大,而管子两端电压的变化量 ΔU_Z 却很小的特点,在电路中达到稳压目的。稳压管的主要参数如下所述。

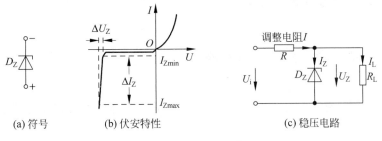

(a) 符号　　　　(b) 伏安特性　　　　(c) 稳压电路

图 3-12　稳压二极管

1. 稳定电压 U_Z

U_Z 是稳压管反向击穿时两端的实际电压。这一参数随工作电流和温度的不同略有改变且分散性大。例如,2CW14 的 U_Z 为 6～7.5V,是指该型号的管子稳压分别有 6V、7V、7.5V 等多种电压。

2. 稳定电流 I_Z

I_Z 是稳压管正常工作时电流的参考值,该值应选在 I_{Zmin} — I_{Zmax} 之间。电流低于 I_{Zmin},不起稳压作用;高于 I_{Zmax},管子将被烧毁。

3. 动态电阻 r_Z

$r_Z = \dfrac{\Delta U_Z}{\Delta I_Z}$,$r_Z$ 越小,稳压效果越好。同一稳压管,r_Z 随工作电流的增加而减小。一般手册上给出的 r_Z 值是在规定的稳定电流下得到的。

图 3-12(c)所示为稳压管稳压电路,稳压电路的输入电压 U_i 通常是滤波后的直流脉动电压,稳压电路的输出电压是稳压管的稳定电压 U_Z。稳压过程是:

$$R_L \text{ 不变},U_i \uparrow \longrightarrow U_Z \uparrow \longrightarrow I_Z \uparrow \uparrow \longrightarrow I \uparrow = I_Z + I_L \longrightarrow U_Z \downarrow = U_i - IR$$
$$U_i \text{ 不变},R_L \downarrow \longrightarrow U_Z \downarrow \longrightarrow I_Z \downarrow \downarrow \longrightarrow I \downarrow = I_Z + I_L \longrightarrow U_Z \uparrow = U_i - IR$$

R_L 不变,$U_i \downarrow$ 引起输出电压 $U_Z \downarrow$,通过类似的过程保持 U_Z 稳定。

由此可见,图 3-12 中的稳压管在击穿后将电压的微小变化转换成电流的明显变化,起着电流调节作用;调整电阻 R 把电流的变化又转换成电压的变化,起着电压调节作用,两者相互配合共同使输出电压 U_Z 稳定不变。另外,R 还起到限制电流不致过大而损坏稳压管。R 的选择应保证稳压管电流始终在稳压区,即 $I_{Zmin} \leqslant I_Z \leqslant I_{Zmax}$。选择稳压管的参考是:

$$U_Z = U_O, \quad U_i = (2 \sim 3)U_O, \quad I_{Zmax} = (1.5 \sim 3)I_{Omax}$$

除了上述普通二极管和稳压二极管外,在数字钟、计算机和数字化仪表的数字显示中经常用到发光二极管或用发光二极管组成的数码管。发光二极管是在半导体中掺入了Ⅲ～Ⅴ族化合物,使二极管导通时在电子与空穴复合的晶格上辐射出一粒光子。例如,砷化镓

(GaAs)半导体复合时发出红外光谱,磷化镓(GaP)半导体的辐射在光谱的绿区内,磷砷化镓(GaAsP)注入锌杂质则发出红外到黄光之间的各种颜色。由于普通二极管发射光的波长不在可见光谱内,故不能做成发光二极管。

3.2　半导体三极管——晶体管

半导体三极管又称为双极型晶体管,简称晶体管。晶体管的突出特点是在一定的电压条件下具有电流放大作用。

3.2.1　晶体管的基本结构及符号

图 3-13 所示是晶体管结构示意图、符号及外形图。晶体管有三个区(发射区、基区和集电区);从三个区分别引出三个电极(发射极 E、基极 B 和集电极 C)。三个区按照 NPN 或 PNP 排列形成两个 PN 结,基区与发射区间的 PN 结称为发射结(J_E),基区与集电区间的 PN 结称为集电结(J_C)。晶体管符号中的箭头表示发射结正偏时电流的方向。箭头指向管外的为 NPN 管,箭头指向管内的为 PNP 管。

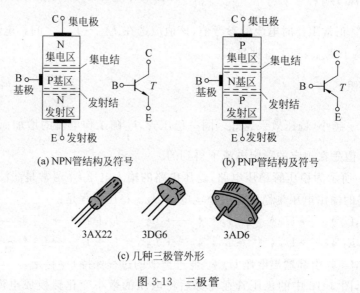

(a) NPN管结构及符号　　　　(b) PNP管结构及符号

3AX22　　3DG6　　3AD6

(c) 几种三极管外形

图 3-13　三极管

晶体管的电流放大作用源于内因是根本、外因是条件。晶体管的内部结构具有以下特点:

(1) 发射区重掺杂,有大量载流子蓄势待发。

(2) 基区很薄且轻掺杂,有利于发射区的载流子穿过基区到达集电区且复合少。

(3) 集电区轻掺杂,但面积大,以保证尽可能多地收集载流子。

NPN 管和 PNP 管在工作原理上没有什么区别,只是工作时外加电压极性和各极电流方向彼此相反。因此,这里只分析 NPN 管的工作原理、特性曲线和参数。

3.2.2　晶体管的电流放大过程

发射结正偏、集电结反偏是晶体管电流放大的外部条件。将 NPN 型晶体管连接成如图 3-14 所示的共射极放大电路,它以发射极接地、基极作为输入回路、集电极作为输出回路。基极电源 U_{BB} 通过电阻 R_B 提供给发射结正向电压,发射极电源 U_{CC} 通过电阻 R_C 加到集电极,由于 $U_{CC} > U_{BB}$,可以保证发射结正偏、集电结反偏。

1. 发射

发射结正偏有利于多子的扩散。在发射区的多子——电子扩散到基区的同时,基区的多子——空穴也向发射区扩散。由于发射区是重掺杂,所以发射区扩散到基区的电子数量远大于基区向发射区扩散的空穴数量。在发射区向基区注入电子的同时,电源 U_{BB} 和 U_{CC} 不断地向发射区补充电子,因而形成了发射极电流 I_E。

2. 复合和扩散

发射到基区的电子仅有少量与基区的空穴复合外,大部分扩散到集电结边缘。基区复合的空穴由基极电源 U_{BB} 补充,形成了基极电流 I_B 的主要部分 I_{BE}。

3. 收集

集电结反偏有利于少子漂移。发射区扩散到基区的电子在集电结反偏条件下,越过集电结到达集电极,形成流入集电极电流 I_C 的主要部分 I_{CE}。另外,集电区的少子也要漂移到基区,形成反向电流 I_{CBO},I_{CBO} 与发射区无关,只在集电极和基极回路一边流通,但它受温度影响很大,使管子工作不稳定,所以在选择和使用管子时,I_{CBO} 越小越好。

只要外加电压在一定范围内变化,由掺杂浓度决定的 I_C 和 I_B 的比值将维持不变,改变 I_B 就可以几十或上百倍地改变 I_C 的大小,从而实现电流放大作用。

NPN 型晶体管的载流子运动规律和内部电流分配如图 3-14 和图 3-15 所示,各极电流之间满足基尔霍夫电流定律。

$$I_B + I_C - I_E = 0 \qquad (3-2)$$

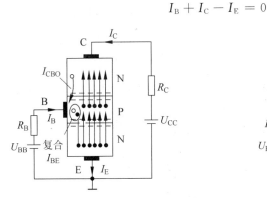

图 3-14　NPN 型晶体管载流子运动规律

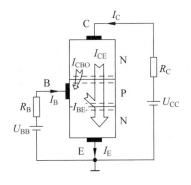

图 3-15　电流分配关系

$$\left.\begin{array}{l} I_{\mathrm{B}} = I_{\mathrm{BE}} - I_{\mathrm{CBO}} \\ I_{\mathrm{C}} = I_{\mathrm{CE}} + I_{\mathrm{CBO}} \\ I_{\mathrm{E}} = I_{\mathrm{BE}} + I_{\mathrm{CE}} \end{array}\right\} \tag{3-3}$$

3.2.3　晶体管的伏安特性

晶体管的伏安特性可以通过图 3-16 所示的电路测量。

1. 输入特性

以 U_{CE} 为某一常数,输入回路的电流 I_{B} 与电
压 U_{BE} 之间的关系曲线称为输入特性,如图 3-17
所示,图中给出了两条曲线:

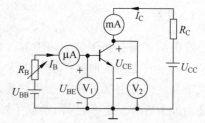

图 3-16　晶体管共射极伏安特性测试电路

(1) 当 $U_{\mathrm{CE}} = 0$、$U_{\mathrm{BE}} > U_{\mathrm{on}}$ 时,发射结正偏产生
基极电流 I_{B}、集电结零偏使集电极不能收集电子。

(2) 当 $U_{\mathrm{CE}} \geqslant 1\mathrm{V}$、$U_{\mathrm{BE}} > U_{\mathrm{on}}$ 时,发射结正偏产生基极电流 I_{B}、集电结反偏使集电极收集
电子。在相同的 U_{BE} 下,因集电极收集电子而使 I_{B} 减小了,输入特性右移了。继续加大
U_{CE},输入特性曲线基本重合。这是因为 $U_{\mathrm{CE}} \geqslant 1\mathrm{V}$ 以后,只要 U_{BE} 一定,从发射区注入到基
区的电子数量就一定,而集电结所加的 1V 反向电压足以把这些电子中的绝大部分收集到
集电区,以至于 U_{CE} 再加大,I_{B} 也不再明显减小。所以,通常在器件手册中只画出 $U_{\mathrm{CE}} = 1\mathrm{V}$
的一条输入特性曲线。

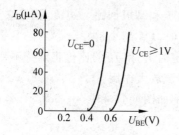

图 3-17　晶体管的输入特性

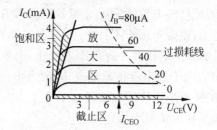

图 3-18　晶体管的输出特性

2. 输出特性

以 I_{B} 为某一常数,输出回路中的电流 I_{C} 与电压 U_{CE} 之间的关系曲线称为输出特性。固
定一个 I_{B} 得到一条输出特性曲线,改变 I_{B} 得到一族输出特性曲线,如图 3-18 所示。在输
出特性上可划分为三个区域(截止区、放大区和饱和区)。

1) 截止区

发射结处于反偏时晶体管截止,一般把 $I_{\mathrm{B}} = 0$ 那条曲线以下的区域称为截止区。严
格地讲,此时晶体管并未完全截止,仍有一个 CE 间的穿透电流 I_{CEO},一般硅管 $I_{\mathrm{CEO}} < 1\mu\mathrm{A}$,
锗管 I_{CEO} 约几十至几百毫安。工作在截止区的晶体管 CE 极间起到电路开关的"断开"
作用。

2）放大区

发射结正偏、集电结反偏,晶体管工作在放大区,表示在输出特性上是比较平坦的部分。放大区内电流 I_C 与 U_{CE} 基本无关,与 I_B 满足线性关系 $\Delta I_C \approx \beta \Delta I_B$。

3）饱和区

当 U_{CE} 减小到接近 U_{BE},发射结和集电结都处于正向偏置状态,这将大大削弱集电区收集电子的能力,即使增加 I_B,I_C 也增加很少或不再增加,这种情况称为饱和。饱和时,$\Delta I_C \approx \beta \Delta I_B$ 关系不再成立,晶体管丧失了放大作用。一般认为 $U_{CE} = U_{BE}$ 时的状态称为临界饱和状态;$U_{CE} < U_{BE}$ 为过饱和,过饱和时的管压降用 U_{CES} 表示。小功率硅管 $U_{CES} = 0.3V$,工作在饱和区的三极管 CE 极间起到电路开关的“接通”作用。

以上三个区是安全工作区,根据工作性质的不同,晶体管可以工作在不同的区内。例如,放大电路中的晶体管要求工作在放大区、数字电路中的晶体管工作在截止区或饱和区。无论何种工作状态都不应超越过损耗线,否则将被损坏。

3.2.4　晶体管的主要参数

1. 电流放大系数

$$
\left.
\begin{aligned}
\text{共射极直流电流放大系数 } \bar{\beta}: \quad \bar{\beta} = \frac{I_C}{I_B} \\
\text{共射极交流电流放大系数 } \beta: \quad \beta = \frac{\Delta I_C}{\Delta I_B}
\end{aligned}
\right\}
\tag{3-4}
$$

显然 $\bar{\beta}$ 与 β 的含义是不同的。但在输出特性曲线平行等距并忽略 I_{CEO} 的情况下作近似估算时,两者可以通用。实际上,晶体管的输出特性曲线间隔并不均匀,I_C 较小或较大时,曲线间隔变小,β 下降,一般 β 为 20～200。选管时,β 太小,放大作用差;β 太大,管子性能不稳定,通常选择 $\beta = 30 \sim 80$ 为佳。

2. 极间反向电流（如图 3-19 所示）

1）CB 极间反向饱和电流 I_{CBO}

CB 极间反向饱和电流即发射极开路、集电结反偏时集电极流向基极的漂移电流。

2）CE 极间的穿透电流 I_{CEO}

CE 极间的穿透电流指基极开路,从集电极流入穿透基区至发射极的反向漏电流。

这两个参数受温度的影响都很大,直接影响电路的稳定性,因此选管时要求 I_{CBO} 和 I_{CEO} 尽可能地小。

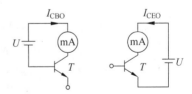

(a) 测量 I_{CBO} 的电路　　(b) 测量 I_{CEO} 的电路

图 3-19　极间反向电流的测量电路

3. 极限参数

极限参数是保证晶体管正常工作和安全使用不得超过的最大值。

1）集电极最大允许电流 I_{CM}

当 I_C 很大时,β 变小。通常把 β 减小到额定值的 2/3 时的 I_C 值定义为集电极最大允许

电流 I_{CM}。超过此值,会造成信号放大失真,严重时可能烧坏管子。

2) 集电极最大允许功率 P_{CM}

集电极最大允许功率指集电结上允许耗散的最大功率。超过此值会使 PN 结温度过高而导致管子性能变坏或烧毁。集电极的最大允许耗散功率为:

$$P_{CM} = I_C \times U_{CE} \tag{3-5}$$

式(3-5)在图 3-18 中输出特性曲线上是过损耗线,过损耗线下方区域是安全工作区,上方是过损耗区。在常温下,$P_{CM} > 1W$ 的管子称为大功率管,$P_{CM} < 0.5W$ 的管子称为小功率管,介于两者之间的是中功率管。手册上一般给出在温度为 20℃ 时的 P_{CM},如果工作环境温度高或散热条件差,则应降低功率使用。

3) 反向击穿电压 U_{BRCEO}

反向击穿电压指基极开路时,集电极与发射极间的反向击穿电压。为了使管子安全工作,一般取电源电压 U_{CC} 小于等于 $(1/2 \sim 1/3)U_{BRCEO}$。

三极管的工作状态如表 3-1 所示。

表 3-1　三极管工作状态表

	截　止　区	放　大　区	饱　和　区
NPN 型	U_C 最高 $U_{BE} < 0.5V$(硅) 0.1V(锗)	$U_C > U_B > U_E$ $U_{BE} = 0.6V$(硅) 0.2V(锗)	$U_B > U_C > U_E$ $U_{BE} = 0.6V$(硅),$U_{CES} = 0.3V$(硅) 0.2V(锗)　　　0.1V(锗)
PNP 型	U_C 最低 $U_{BE} > -0.5V$(硅) $-0.1V$(锗)	$U_C < U_B < U_E$ $U_{BE} = -0.6V$(硅) $-0.2V$(锗)	$U_B < U_C < U_E$ $U_{BE} = -0.6V$(硅),$U_{CES} = -0.3V$(硅) $-0.2V$(锗)　　　$-0.1V$(锗)
电压关系	发射结反偏 集电结反偏	发射结正偏 集电结反偏	发射结正偏 集电结正偏
电流关系	$I_B = I_C = 0$	$I_C = \beta I_B$	$I_C \neq \beta I_B$

例 3-1　根据测量三极管三个极的电位 u_1、u_2、u_3,得到下面两组数据,分别判断它们是 NPN 还是 PNP 管子? 是硅管还是锗管? 并确定分别是哪个极?

(1) $u_1 = 3V$、$u_2 = 2.4V$、$u_3 = 10V$。

(2) $u_1 = -6V$、$u_2 = -3V$、$u_3 = -3.2V$。

解:判断三极管类型从两个原则入手。

第一步,找 U_{BE},确定是硅管还是锗管。

$$|U_{BE}| = |U_B - U_E| = 0.6V(硅) \quad 或 \quad 0.2V(锗)$$

第二步,比较 U_C、U_B、U_E,确定是 NPN 管还是 PNP 管。

从发射极→基极→集电极的电位变化是"步步高",即 $U_C > U_B > U_E$ 者是 NPN 管。

从发射极→基极→集电极的电位变化是"步步低",即 $U_C < U_B < U_E$ 者是 PNP 管。

根据上述原则得出:

(1) $|u_1 - u_2| = 3 - 2.4 = 0.6V$ 是硅管;$u_3 = 10V$,符合 $u_3 > u_1 > u_2$ 是 NPN 管;按照从发射极出发电位变化是"步步高"排列,u_2 是发射极、u_1 是基极、u_3 是集电极。

(2) $|u_2 - u_3| = |-3 - (-3.2)| = 0.2V$ 是锗管;$u_1 = -6V$,符合 $u_1 < u_3 < u_2$ 是 PNP 管,按照从发射极出发电位变化是"步步低"排列,u_2 是发射极、u_3 是基极、u_1 是集电极。

3.3　场效应管

场效应管也是一种常用的半导体器件,与晶体管相比,场效应管具有输入阻抗高、热稳定性好、抗辐射能力强和便于集成等优点。场效应管分为结型场效应管(JFET)和绝缘栅场效应管(MOSFET)两类。场效应管利用外加电场来控制管内单一极性载流子的数量,所以场效应又被称为单极型晶体管。

3.3.1　结型场效应管

结型场效应管的结构示意图如图 3-20(a)所示。它是在一块 N 型半导体的两侧分别制作一个高浓度的 P^+ 型区,形成两个 P^+N 结。两个 P^+ 型区的引线连在一起作为一个电极栅极 G,N 型半导体的上、下两端各引出一个电极,分别称为源极 S 和漏极 D。两个 P^+N 结中间的 N 型区域是导电沟道,这种管子称为 N 沟道结型场效应管,图 3-20(b)所示是它的符号。如果在一块 P 型半导体的两侧分别制作一个高浓度的 N^+ 型区,就构成 P 沟道结型场效应管,它的符号如图 3-20(c)所示。导电沟道如同是一个受栅源电压控制的可变电阻,只有栅源反偏才能使 P^+N 结的空间电荷区加宽、导电沟道变窄、沟道中的电流减少。符号中的箭头代表"如果"栅源正偏时栅极电流的方向,实际使用中栅源反偏、栅极电流为零。单个场效应管器件的外形与晶体管相似。

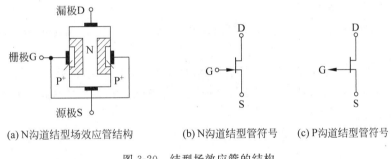

(a)N沟道结型场效应管结构　　　(b)N沟道结型管符号　　(c)P沟道结型管符号

图 3-20　结型场效应管的结构

1. 工作原理

N 型沟道场效应管常接成如图 3-21 所示的电路,其测试电路如图 3-22 所示,栅源之间必须加反向电压、漏源之间必须加正向电压,即 $U_{GS}<0,U_{DS}>0$。下面就 U_{GS} 和 U_{DS} 对输出电流 I_D 的影响进行讨论。

(1) $U_{DS}=0$。U_{GS} 从零值向负值方向增大时,不对称的 P^+N 结因反偏而使空间电荷区向 N 区扩大、沟道变窄、载流子减少、沟道等效电阻加大;当负的 U_{GS} 的绝对值增大到 U_{GSOFF} 时,两个 P^+N 结相遇,沟道消失、沟道等效电阻为无穷大。

(2) $U_{DS}>0$。只要导电沟道存在就有电流 I_D。U_{GS} 在 $0\sim U_{GSOFF}$ 范围内变化时,导电沟道呈上窄下宽的楔形,如果不断减小 U_{GS},P^+N 结的空间电荷区首先在 N 沟道的上方相遇表现为预夹断、进而向 S 极方向延伸,导电沟道体积的减少导致载流子数量减小;但如果加大 U_{DS} 就可以加大载流子流速,使 I_D 趋于一恒定值。除非 $U_{GS} \leqslant U_{GSOFF}$,沟道被全部夹断,$I_D = 0$。

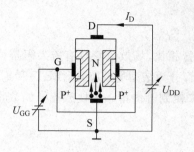
图 3-21　U_{DS},U_{GS} 对沟道产生影响

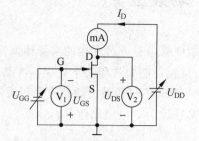
图 3-22　N 沟道结型管特性测试电路

2. 伏安特性

1) 转移特性

由于输入回路栅源之间的 P^+N 结反偏、其输入电阻 $R_{GS} > 10^6 \Omega$,所以 $I_G \approx 0$。转移特性曲线是指漏源电压 U_{DS} 一定时,输入回路栅源电压 U_{GS} 与输出回路漏极电流 I_D 的关系曲线。其函数关系为:

$$I_D = I_{DSS} \left(1 - \frac{U_{GS}}{U_{GSOFF}}\right)^2 \Bigg|_{U_{DS}=常数} \tag{3-6}$$

N 沟道结型场效应管的转移特性曲线如图 3-23(a)所示。图中 $U_{GS} = 0$ 时的 I_D 称为饱和漏极电流,记作 I_{DSS}。使 $I_D \approx 0$ 的栅源电压就是夹断电压 U_{GSOFF}。

2) 输出特性

输出特性指栅源电压 U_{GS} 一定时,输出回路中漏极电流 I_D 与漏源电压 U_{DS} 的关系,由图 3-23(b)可见,工作状态可分为 4 个区域:

(1) 可变电阻区。特性曲线的上升部分称为可变电阻区。它表示预夹断前,固定 U_{GS},I_D 随 U_{DS} 增大而线性上升,管子相当于线性电阻;改变 U_{GS} 时,特性曲线的斜率变化,管子相当于受 U_{GS} 控制的可变电阻。

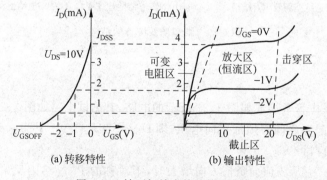
(a) 转移特性　　　　　　　(b) 输出特性

图 3-23　结型场效应管的特性曲线

(2) 放大区(恒流区)。曲线近似水平的部分称为恒流区。它表示管子预夹断后 I_D 基本上不随 U_{DS} 变化,仅取决于 U_{GS},管子可以等效为受 U_{GS} 控制的受控电流源。场效应管作

放大管用时正是工作在这个区域。

（3）击穿区。这时 U_{DS} 较大、I_D 剧增，出现了击穿现象，应避免工作在这个区域。

（4）截止区。当 $U_{GS} \leqslant U_{GSOFF}$ 时，$I_D = 0$ 场效应管截止。

3.3.2　绝缘栅场效应管

结型场效应管的输入电阻虽然可高达 $10^6 \sim 10^9 \, \Omega$，但由于输入回路 PN 结反向电流的存在，限制了输入电阻的进一步提高，目前使用不太多。绝缘栅场效应管的栅极被二氧化硅（SiO_2）绝缘层阻隔，其输入电阻可达 $10^9 \, \Omega$ 以上。由于这种管子是由金属、氧化物和半导体制成，所以又称为 MOS(metal-oxide-semiconductor)管，MOS 管有增强型和耗尽型两类，各类又有 N 沟道和 P 沟道。

1. N 沟道增强型 MOS 管

N 沟道增强型 MOS 管的结构示意图和符号如图 3-24 所示。它是在一块轻掺杂的 P 型硅衬底上制成两个重掺杂的 N^+ 区并分别引出两个电极叫做源极 S 和漏极 D，在硅片表面生长一层很薄的二氧化硅绝缘层，在绝缘层上再覆盖一层金属铝，其上引出栅极 G。P 型硅衬底 B 通常和源极 S 在内部连接。

(a) N沟道增强型MOS管结构　　(b) N沟道增强型MOS管符号　　(c) P沟道增强型MOS管符号

图 3-24　增强型 MOS 管的结构与符号

1）工作原理

N 沟道增强型 MOS 管共源极接法如图 3-25 所示。当 $U_{GS} = 0$ 时，漏源间无原始导电沟道，可以看成是两个背靠背的 PN 结，无论 U_{DS} 是否为 0 都无漏极电流 I_D。

当 $U_{GS} > 0$ 时，相当于 U_{GS} 加在以二氧化硅为介质、以栅极 G 和 P 型衬底为两极的平板电容器上，在介质中产生一个由栅极指向 P 型衬底的电场。该电场排斥 P 衬底中的空穴而吸引电子，该电子层因与 P 衬底类型相反而称做"反型层"。"反型层"在漏源极间建立起导电沟道。当 $U_{GS} \geqslant U_{GSON}$ 时，导电沟道较大，只要 $U_{DS} > 0$ 就会产生漏极电流 I_D，U_{GSON} 称为开启电压。U_{GS} 越大，I_D 也就越大，实现了 U_{GS} 对 I_D 的控制。

2）伏安特性

N 沟道增强型 MOS 管的伏安特性如图 3-26 所示。转移特性是在固定 U_{DS} 的条件下测出的，只有 $U_{GS} > U_{GSON}$ 后，I_D 才随 U_{GS} 的增大而增大，I_D 的数学方程如式(3-7)，I_{D0} 是 $U_{GS} = 2U_{GSON}$ 时的 I_D 值。输出特性与结型场效应管的情况类似，如果 U_{GS} 一定，U_{DS} 从零增大时，靠近漏极的导电沟道也会同样出现变窄、发生预夹断、放大区、击穿等过程。

$$I_D = I_{D0} \left(\frac{U_{GS}}{U_{GSON}} - 1 \right)^2 \tag{3-7}$$

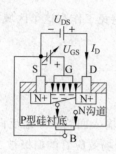

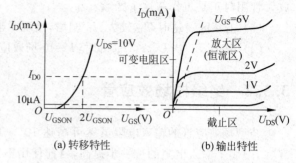

(a) 转移特性　　　　　　　　(b) 输出特性

图 3-25　N 沟道增强型 MOS 管共源极接法　　　　图 3-26　N 沟道增强型 MOS 管伏安特性

2. N 沟道耗尽型 MOS 管

　　N 沟道耗尽型 MOS 管的结构和增强型基本相同,只是在制作时,事先在二氧化硅绝缘层中掺有大量的正离子,从而在 P 型衬底表面感应出大量电子,形成原始 N 型导电沟道。N 沟道耗尽型 MOS 管的结构、符号及特性曲线如图 3-27 和图 3-28 所示。在 U_{DS} 一定条件下,$U_{GS}>0$,导电沟道加宽、I_D 增大;$U_{GS}<0$,导电沟道变窄、I_D 减小,在放大区 I_D 受 U_{GS} 控制。

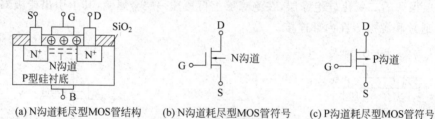

(a) N沟道耗尽型MOS管结构　　　(b) N沟道耗尽型MOS管符号　　　(c) P沟道耗尽型MOS管符号

图 3-27　耗尽型 MOS 管结构与符号

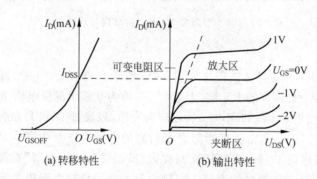

(a) 转移特性　　　　　　　　(b) 输出特性

图 3-28　N 沟道耗尽型 MOS 管的伏安特性

3.3.3　场效应管的主要参数

1. 直流参数

1) 开启电压 U_{GSON}

为增强型 MOS 管的参数,指在 U_{DS} 为某一固定值时,产生 I_D(如 $10\mu A$)所需的最小 U_{GS} 值。

2）夹断电压 U_{GSOFF}

为耗尽型管子的参数，指在 U_{DS} 一定时，使 I_D 减小到某一微小电流（如 $10\mu A$）时的 U_{GS} 值。

3）漏极饱和电流 I_{DSS}

为耗尽型管子的参数，是在 $U_{GS}=0$ 时，使管子出现预夹断时的漏电流。

4）直流输入电阻 R_{GS}

为在漏源短路的条件下，栅源之间所加直流电压与栅极直流电流之比值。一般地，结型场效应管的 $R_{GS}>10^7\Omega$，而绝缘栅型管的 $R_{GS}>10^9\Omega$。

2. 交流参数

1）低频跨导 g_m

低频跨导指当 U_{DS} 为常数时，I_D 的微变量与引起这个变化量的栅源电压 U_{GS} 的微小变量之比值，即

$$g_m = \frac{\Delta I_D}{\Delta U_{GS}}\bigg|_{U_{DS}=常数} \tag{3-8}$$

g_m 反映了 U_{GS} 对 I_D 的控制能力。单位为西门子（S），也常用 mS 或 μS 表示。一般结型场效应管的 g_m 是 $0.1\sim10\text{mS}$，绝缘栅场效应管的 g_m 为 $1\sim20\text{mS}$。

2）极间电容

场效应管存在栅源电容 C_{GS}、栅漏电容 C_{GD} 的数值一般为 $1\sim3\text{pF}$，漏源电容 C_{DS} 约为 $1.0\sim1\text{pF}$，它们在分析高频响应时才须考虑。

3. 极限参数

极限参数有最大漏极耗散功率 P_{DM} 和反向击穿电压 U_{BRGS}、U_{BRDS}。

目前使用的场效应管比 20 世纪 70 年代的产品已作了大量改进，它的存放和使用同晶体管一样，不必担心由于 R_{GS} 很高会使感应电压击穿管子。

晶体管与场效应管比较结果如表 3-2 所示。

表 3-2　晶体管与场效应管的比较

	晶 体 管	场 效 应 管
工作情况	电流控制元件，$i_c=\beta i_b$ $\beta=20\sim100$，控制能力强 输入电阻低，$r_{be}\approx1\text{k}\Omega$	电压控制元件 $i_d=g_m u_{gs}$ $g_m=1\sim20\text{mS}$，控制能力弱输入电阻高 $R_{gs}>10^7\Omega$，作开路处理
微变等效电路 是受控源	电流控制的电流源	电压控制的电流源
其他	电子和空穴同时参与导电 少子对温度敏感，热稳定性差 工艺复杂，集成度低、速度快，耗电多	仅一种载流子参与导电 热稳定性好，抗辐射能力强 工艺简单，集成度高、速度慢，耗电少

习 题 3

3-1 名词解释：本征半导体、杂质半导体、P型半导体、N型半导体。

3-2 根据什么将PN结称之为空间电荷区、阻挡层？

3-3 二极管电路如图3-29所示。设D为理想二极管，输出端是开路的。当输入电压 $u_i = 10\sin\omega t$ 伏时，试画出输入电压和输出电压的波形。

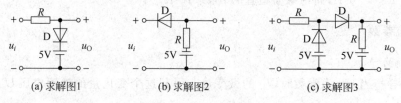

    (a) 求解图1   (b) 求解图2   (c) 求解图3

图 3-29   二极管电路

3-4 单相全波整流电路如图3-30所示，变压器 T 的输出电压 $u_{21} = u_{22} = U_{2m}\sin\omega t$。试分析每个二极管的电流波形和承受的最大反相电压是多少？画出负载电阻 R_L 上的电压波形。

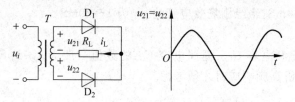

图 3-30   单相全波整流

3-5 在如图3-31所示的电路中，输入电压 $u_2 = U_{2m}\sin\omega t$，输出电压的平均值 $U_o = 0.9U_2$。试分析：

(1) 画出二极管和电阻 R_L 上的电流波形，每个二极管承受的最大反相电压是多少？

(2) R_L 并联滤波电容 C 后，输出电压的平均值是增大还是减小？大概范围是多少？

3-6 图3-32是用普通万用表的欧姆挡检测二极管好坏和极性的电路，$R \times 1\Omega$ 挡电流太大、$R \times 10k\Omega$ 挡电压太大，选择 $R \times 1k\Omega$ 挡比较合适。表盘上表笔插孔标注的正、负正好与表内电池的极性相反，即红笔实际接电池负极，黑笔接电池的正极。按图接入二极管测得正向电阻、将二极管反一个方向测得反向电阻，并按如表3-3所示的表格进行选择和填空。

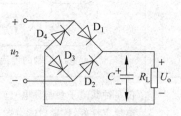

图 3-31   桥式全波整流电路

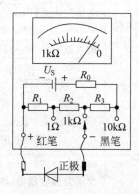

图 3-32   二极管检测

表 3-3　用万用表测量二极管的正、反向电阻

正向电阻小、反向电阻大	二极管是(好、坏)的	红笔是( )极、黑笔是( )极
正、反向电阻都大或都小	二极管是(好、坏)的	理由是：

3-7　判断图 3-33 中的二极管是导通还是截止(有两个以上二极管的电路要反复多次判断才能得出正确结果)。

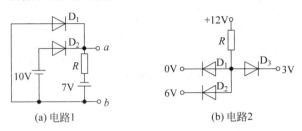

图 3-33　判断导通/截止

3-8　图 3-34(a)和图 3-34(b)中的二极管是理想二极管，输入电压的波形如图 3-34(c)所示。试画出输出电压波形并分别判断图 3-34(a)和图 3-34(b)电路功能是"逻辑与"运算还是"逻辑或"运算?

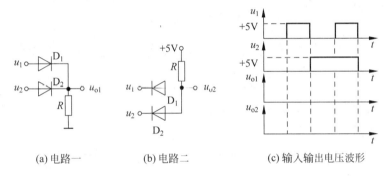

图 3-34　逻辑运算判别

3-9　在图 3-35 电路中，三只稳压管的正向压降均是 0.6V，D_{Z1} 的稳压值是 8V，D_{Z2}、D_{Z3} 的稳压值是 6V，请判断各电路的输出电压 U_2 是多少?

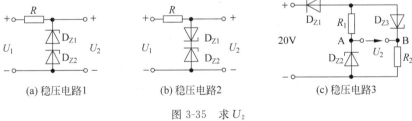

图 3-35　求 U_2

3-10　画出稳压管稳压电路，简述稳压过程。

3-11　晶体管的两个电极的电流如图 3-36 所示。

　　　(1) 求另一电极电流的大小并标出实际方向，估算 β；

　　　(2) 判断是 NPN 管还是 PNP 管，标出 E、B、C 极。

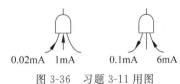

图 3-36　习题 3-11 用图

3-12　若把一个 NPN 型晶体管组成的共射极放大电路的集电极电源 U_{CC} 反接，使集电结也处于正向偏置，则 I_C 会怎样变化? 对放大是否更有利?

3-13　在放大电路中，测得晶体管三个电极的电位分别是 U_1、U_2、U_3。数据记录如下，判断它们是 NPN 管还是 PNP 管？是硅管还是锗管？并确定 U_1、U_2、U_3 各是哪个极的电压？

(1) $U_1=7V$，$U_2=12.3V$，$U_3=13V$。

(2) $U_1=3.2V$，$U_2=3V$，$U_3=12V$。

(3) $U_1=-6.7V$，$U_2=-7.4V$，$U_3=-4V$。

(4) $U_1=7V$，$U_2=12.3V$，$U_3=13V$。

3-14 有两个晶体管，一个管子的 $\beta=100$，$I_{CBO}=2\mu A$；另一个管子的 $\beta=50$，$I_{CBO}=0.5\mu A$，其他参数大致相同，你认为在作放大应用时，选用哪一个管子比较合适？

3-15 图 3-37 中的电路是共射极和共基极放大电路的直流通路，已知晶体管是硅管，$U_{BE}=0.6V$，$\beta=60$，I_{CBO} 忽略不计，若希望 $I_C=3mA$，试计算图 3-37(a) 中的 R_B 和图 3-37(b) 中的 R_E，并对两者进行比较。

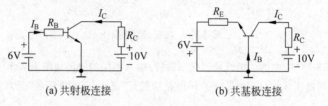

(a) 共射极连接　　　　　　　　　(b) 共基极连接

图 3-37　放大电路

3-16 场效应管的工作原理与双极型晶体管有什么不同？为什么场效应管输入电阻高？

3-17 场效应管的输出特性如图 3-38 所示，试回答问题：

(1) 判断图 3-38(a) 和图 3-38(b) 表示的场效应管的类型并画出各自的电路符号。

(2) 图 3-38(b) 的夹断电压是多少？漏极电流 I_{DSS} 是多少？

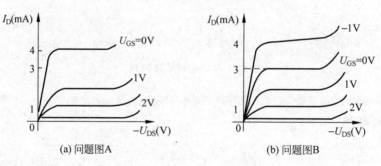

(a) 问题图A　　　　　　　　　(b) 问题图B

图 3-38　场效应管的输出特性

第4章 放大电路基础

放大器的主要功能是把微弱的电信号不失真地放大到所需要的数值,通常由多级放大电路组成,如图4-1所示。通过传感器用电信号模拟各种连续变化的物理量(如声、光、温度、压力、速度等),因此这种电信号称做模拟信号。由于这种电信号一般都比较微弱,需经过前几级电压放大电路得到足够大的电压信号,再经输出级功率放大电路从直流电源获得较强的、随输入信号变化的能量去推动负载,常见的负载有扬声器、显示器和电磁执行机构等。各级放大电路因其使用的目的不同,其技术指标也不同、电路的组成以及分析方法也不同,下面将分别讨论。

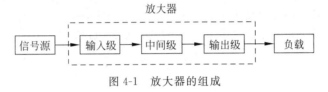

图 4-1 放大器的组成

4.1 共射极放大电路

图 4-2 所示是共射极放大电路的原理图,晶体管 T 起电流放大作用;电源 U_{CC} 和 U_{BB} 分别通过 R_C 及 R_B 为晶体管 T 提供合适的直流电压和电流;u_S 以及 R_S 分别是信号源电压及其内阻,R_L 为负载电阻;输入回路和输出回路的耦合电容 C_1、C_2 起到"通交流隔直流"的作用。电路特点是输入信号 u_i 加在发射结,可以产生变化的基极电流控制集电极电流作相应变化,并在输出电阻上获得放大的输出电压 u_o。

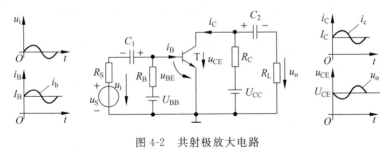

图 4-2 共射极放大电路

图 4-3(a)所示电路是图 4-2 电路的习惯画法,图中的 U_{BB} 用 U_{CC} 替代,一般 $R_B \gg R_C$。放大电路的一个重要特点是交、直流共存于同一电路之中,根据叠加原理,可以把电路分解为直流通路和交流通路,如图 4-3(b)和图 4-3(c)所示。先在直流电路分析中确定静态工作点,然后进行交流电路分析,确定放大电路的各项交流指标。一般交流电路分析可以采用图解法和微变等效电路法。

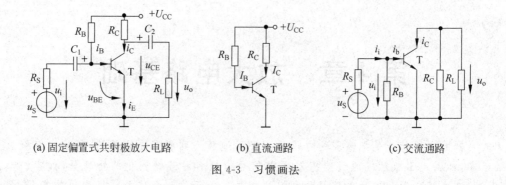

(a) 固定偏置式共射极放大电路　　　　(b) 直流通路　　　　(c) 交流通路

图 4-3　习惯画法

4.1.1　直流分析

当输入信号 $u_i=0$ 时,电路中只有直流电流,电路处于静态。直流分析又称静态分析,在直流通路中进行,并将电容视为开路。用直流量 I_C 和 U_{CE} 定义静态工作点 Q,放大器的静态工作点必须在晶体管特性曲线放大区才能不失真的放大。确定静态工作点的步骤如下所述。

(1) 由输入回路的电压方程 $U_{BE}=U_{CC}-I_B R_B$ 求 I_B,硅管 $U_{BE}=0.6\mathrm{V}$,锗管 $U_{BE}=0.2\mathrm{V}$

$$I_B=\frac{U_{CC}-U_{BE}}{R_B}\approx\frac{U_{CC}}{R_B} \tag{4-1}$$

(2) 集电极电流 I_C

$$I_C=\beta I_B \tag{4-2}$$

(3) 输出回路电压

$$U_{CE}=U_{CC}-I_C R_C \tag{4-3}$$

一般认为 $U_{CE}>1\mathrm{V}$ 时,静态工作点处于放大区。

4.1.2　图解法分析

在晶体管的特性曲线上,用作图的方法分析放大电路的基本性能,称为放大电路的图解分析法。图解法分析的步骤如下:

(1) 在图 4-4(a)晶体管的输入特性曲线上画出 $U_{BE}=U_{CC}-I_B R_B$ 的一条直线,其相交点是 Q 并得到直流电流 I_B。

(2) 在图 4-4(b)晶体管的输出特性曲线上画出 $U_{CE}=U_{CC}-I_C R_C$ 的一条直线。

令 $I_C=0$,$U_{CE}=U_{CC}$,得到 N 点;令 $U_{CE}=0$,$I_C=U_{CC}/R_C$,得到 M 点。MN 直线就是斜率为 $(-1/R_C)$ 的直流负载线,它与 I_B 的相交点是静态工作点 $Q(I_C$、$U_{CE})$。

当输入端加入正弦交流电压 $u_i=U_{im}\sin\omega t$ 时,电路中的电压、电流处于动态,交流分析又称动态分析。耦合电容视作短路,负载电阻 R_L 接入电路后,输出回路中的交流负载将是 $R_L /\!/ R_C$,在图 4-4(b)输出特性曲线上按照输出回路电压方程 $u_{ce}=U_{CE}-i_c(R_L /\!/ R_C)$ 画一条通过 Q 点的直线,这就是斜率为 $-1/(R_L /\!/ R_C)$ 的交流负载线,它要比直流负载线的斜率大。各部分的电压和电流沿着交流负载线变化,变化规律是:

当 $u_{BE}=U_{BE}+u_i$ 变化时 → i_B 变化 → i_C 同样规律变化

↓

u_{CE} 的变化部分 u_{ce} 输出到电阻 R_L 上 ← u_{CE} 的变化规律与 i_C 反相

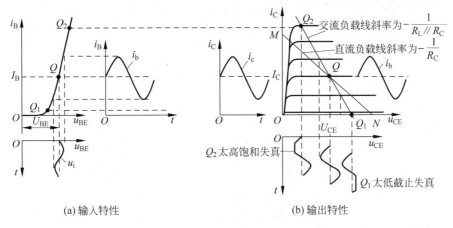

(a) 输入特性　　　　　　　　　　　　　　(b) 输出特性

图 4-4　图解法分析工作原理以及失真分析

观察这些波形可以得到几点重要结论。

① 各极电流和电压都是以直流电压或直流电流为基础上下浮动。它们只是大小改变、方向不变。根据叠加原理,它们表示为直流分量和交流分量的叠加,即

$$u_{BE} = U_{BE} + u_{be} \qquad (u_{be} \text{ 即 } u_i)$$

$$i_B = I_B + i_b$$

$$i_C = I_C + i_c$$

② 图形分析法用作波形失真分析直观明了,u_{CE} 与 u_i 反方向;Q 点太高引起饱和失真、Q 点太低引起截止失真,改变 R_B 参数是调节 Q 点位置最有效的方法。

③ 图形分析法用作定量计算放大电路的各项性能指标有一定局限性。首先,晶体管的特性曲线很难得到;其次,从图形上无法计算放大电路输入电阻等参数。因此,有必要学习和掌握微变等效电路分析法。

为了便于区分各极电压和电流的瞬时值、直流分量、交流分量,本书采用不同符号的大写、小写和下标表示并且列于表 4-1 中。

表 4-1　瞬时值、直流分量和交流分量

类　　别	符　　号	下　标	示　　例
瞬时值	小写	大写	u_{BE}、i_B、i_C
直流分量	大写	大写	U_{BE}、I_B、I_C、U_{CE}
交流分量	小写	小写	u_{be}、i_b、i_c
有效值相量	大写	小写	$\dot{U}_{ce}$、$\dot{I}_b$、$\dot{I}_c$

4.1.3　微变等效电路分析法

1. 晶体管的微变等效电路

如果晶体管输入信号幅度很小,静态工作点处在线性区,那么,就可以用一个线性电路来代替非线性元件晶体管,这个线性电路就称为晶体管的微变等效电路。首先,从图 4-5 晶

体管的输入特性曲线看到,在线性区 ΔU_{BE} 的变化引起 ΔI_{B} 变化,用 r_{be} 作为两者的比值,代表晶体管的输入电阻,它是由基区体电阻 $r_{\mathrm{bb}'}$ 和发射结结电阻以及发射区的体电阻 $r_{\mathrm{b'e}}$ 组成,如图 4-6 所示。理论推导如下:

$$r_{\mathrm{be}} = \frac{\Delta U_{\mathrm{BE}}}{\Delta I_{\mathrm{B}}} = r_{\mathrm{bb}'} + r_{\mathrm{b'e}} = 300 + (1+\beta)\frac{26(\mathrm{mV})}{I_{\mathrm{E}}(\mathrm{mA})} \tag{4-4}$$

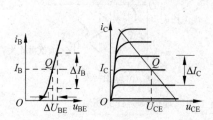
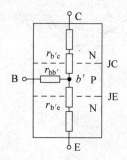

图 4-5 晶体管的输入特性和输出特性曲线   图 4-6 晶体管的内部电阻

晶体管输出特性的放大区是一组近似等距的水平线,ΔI_{C} 是与 u_{CE} 近似无关但受 ΔI_{B} 控制的受控源,在图 4-7 中规定的电流参考方向下,用微变量 i_{c} 表示 ΔI_{C},i_{b} 表示 ΔI_{B},则 $i_{\mathrm{c}} = \beta i_{\mathrm{b}}$。当受控源的控制量 i_{b} 改变时被控制量 i_{c} 也作相应改变,因此 NPN 管和 PNP 管的微变等效电路相同,如图 4-7 所示。

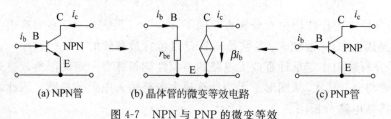

(a) NPN管   (b) 晶体管的微变等效电路   (c) PNP管

图 4-7 NPN 与 PNP 的微变等效

2. 主要动态指标

共射极放大电路主要用在中间级实现电压放大作用。电压放大电路主要动态指标有电压放大倍数 $A_u = \dot{U}_{\mathrm{o}}/\dot{U}_{\mathrm{i}}$、输入电阻 r_{i} 和输出电阻 r_{o},其示意图如图 4-8 所示,具体求解在微变等效电路进行,只要将交流通路中的晶体管用它的微变等效电路替代就得到放大电路的微变等效电路。

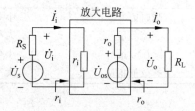

图 4-8 电压放大电路动态指标 A_u、r_{i} 和 r_{o} 的示意图

1) 电压放大倍数 A_u

电压放大倍数是反映电压放大电路对信号电压的放大能力。测试通常在中频正弦信号下进行(中频,通常指 $30\sim4000\mathrm{Hz}$),用 $\dot{U}_{\mathrm{i}}$ 和 $\dot{U}_{\mathrm{o}}$ 分别表示输入电压相量与输出电压相量,首先从图 4-9(a)中的交流通路得到图 4-9(b)中的微变等效电路,然后对图 4-9(b)的输入回路、输出回路分别列 KVL 方程:

$$\dot{U}_{\mathrm{i}} = \dot{I}_{\mathrm{b}} \cdot r_{\mathrm{be}}$$

$$\dot{U}_{o} = -\beta \cdot \dot{I}_{b} \cdot (R_{C} /\!/ R_{L}) = -\beta \cdot \dot{I}_{b} \cdot R'_{L}$$

式中 $R'_{L} = R_{C} /\!/ R_{L}$，显然此时的 $\dot{U}_{o}$ 小于 R_{L} 开路时的电压。电压放大倍数为

$$A_{u} = \frac{\dot{U}_{o}}{\dot{U}_{i}} = \frac{-\beta \cdot \dot{I}_{b} \cdot R'_{L}}{\dot{I}_{b} \cdot r_{be}} = -\beta \frac{R'_{L}}{r_{be}} \tag{4-5}$$

式中的"一"号表示输出电压与输入电压反相。

用输出电压 $\dot{U}_{o}$ 与信号源电压 $\dot{U}_{s}$ 之比定义为源电压放大倍数 A_{uS}，当信号源内阻 $R_{S} = 0$ 时，$A_{uS} = A_{u}$，A_{uS} 是考虑了信号源内阻 R_{S} 上压降时的电压放大倍数。

$$A_{uS} = \frac{\dot{U}_{o}}{\dot{U}_{s}} = \frac{\dot{U}_{o} \cdot \dot{U}_{i}}{\dot{U}_{i} \cdot \dot{U}_{s}} = A_{u} \frac{r_{i}}{R_{S} + r_{i}} \tag{4-6}$$

r_{i} 称做放大电路的输入电阻，而 $\dfrac{r_{i}}{R_{S} + r_{i}} = \dfrac{\dot{U}_{i}}{\dot{U}_{s}}$ 是信号的衰减系数，表示真正加在放大器输入端的信号是通过 R_{S} 与 r_{i} 的分压、在 r_{i} 上得到的电压，r_{i} 越大、$\dot{U}_{i}$ 就越接近 $\dot{U}_{s}$。

2）输入电阻 r_{i}

输入电压与输入电流之比定义为输入电阻 r_{i}，r_{i} 越大表明放大电路对信号源索取的电流就越小、放大器越容易推动。在图 4-9(b) 所示的微变等效电路中，输入电阻为

$$r_{i} = \frac{\dot{U}_{i}}{\dot{I}_{i}} = R_{B} /\!/ r_{be} \tag{4-7}$$

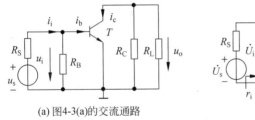

(a) 图4-3(a)的交流通路　　　　　(b) 微变等效电路

图 4-9　放大电路的微变等效

3）输出电阻 r_{o}

对负载 R_{L} 而言放大电路可以等效为一个信号源，信号源电压就是放大电路输出端的开路电压 $\dot{U}_{os}$，信号源内阻是放大电路的输出电阻 r_{o}，r_{o} 越小越好，r_{o} 越小其自身损耗就越少、输出电压基本不变、带负载的能力就越强。计算 r_{o} 有两种方法：

方法一，在图 4-8 中的输出回路列出 $\dot{I}_{o}$ 的电流方程：

因为

$$\frac{\dot{U}_{os} - \dot{U}_{o}}{r_{o}} = \frac{\dot{U}_{o}}{R_{L}}$$

所以

$$r_{o} = \left[\frac{\dot{U}_{os}}{\dot{U}_{o}} - 1 \right] R_{L} \tag{4-8}$$

方法二,加压求流法如图 4-10 所示。将输出端看进去的内部所有独立源 $\dot{U}_{\text{s}}$(或 $\dot{I}_{\text{s}}$)除源,但保留独立源内阻 R_{S}。除源后 $\dot{I}_{\text{b}}=0$,$\beta\dot{I}_{\text{b}}=0$,受控电流源开路。断开 R_{L} 后在输出端加电压 $\dot{U}_{2}$,便有电流 $\dot{I}_{2}$,于是

$$r_{\text{o}} = \frac{\dot{U}_{2}}{\dot{I}_{2}} = R_{\text{C}} \qquad (4\text{-}9)$$

图 4-10　求 r_{o} 的电路

例 4-1　在图 4-11 中,$U_{\text{CC}}=12\text{V}$,$R_{\text{B}}=280\text{k}\Omega$,$R_{\text{C}}=3\text{k}\Omega$,$R_{\text{L}}=3\text{k}\Omega$,$\beta=50$,$U_{\text{BE}}=0.7\text{V}$。

(1) 求静态工作点,判断电路是否工作在放大区。

(2) 求电压放大倍数 A_u、输入电阻 r_{i} 和输出电阻 r_{o}。

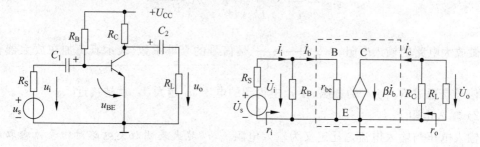

图 4-11　共射极放大电路及其微变等效电路

解：(1) 在直流电路中求静态工作点,直流电路如图 4-3(b)所示。

$$I_{\text{B}} = \frac{U_{\text{CC}} - U_{\text{BE}}}{R_{\text{B}}} = \frac{12 - 0.7}{280 \times 10^3} = 0.04\text{mA} = 40(\mu\text{A})$$

$$I_{\text{C}} = \beta I_{\text{B}} = 50 \times 40 \times 10^{-6} = 2 \times 10^{-3} = 2(\text{mA})$$

$$U_{\text{CE}} = U_{\text{CC}} - I_{\text{C}} \cdot R_{\text{C}} = 12 - 2 \times 10^{-3} \times 3 \times 10^3 = 6(\text{V})$$

$U_{\text{CE}} > 1\text{V}$,说明静态工作点处在放大区。

(2) 在微变等效电路中计算电压放大倍数 A_u、输入电阻 r_{i} 和输出电阻 r_{o}。首先确定 r_{be}：

$$r_{\text{be}} = 300 + (1 + \beta)\frac{26}{I_{\text{E}}} \approx 300 + (1 + 50)\frac{26 \times 10^{-3}}{2 \times 10^{-3}} \approx 1(\text{k}\Omega)$$

$$A_u = \frac{\dot{U}_{\text{o}}}{\dot{U}_{\text{i}}} = \frac{-\beta \cdot \dot{I}_{\text{b}} \cdot R'_{\text{L}}}{\dot{I}_{\text{b}} \cdot r_{\text{be}}} = -\beta \frac{R_{\text{C}} /\!/ R_{\text{L}}}{r_{\text{be}}} = -50 \times \frac{3 \times 3}{3 + 3} = -75$$

$$r_{\text{i}} = R_{\text{B}} /\!/ r_{\text{be}} \approx r_{\text{be}} = 1(\text{k}\Omega)$$

$$r_{\text{o}} = R_{\text{C}} = 3(\text{k}\Omega)$$

结论：共射极放大电路反相放大、具有很高的电压放大倍数、输入电阻不大,输出电阻较大,适合作为放大器的中间电压放大级。

4.1.4　分压式稳定静态工作点电路

放大器的静态工作点设置不当会引起非线性失真,而环境温度变化、电网电压变化以及晶体管老化和参数改变将引起静态工作点改变。例如,温度升高时,晶体管的 I_{C} 增大、U_{CE}

减小,使静态工作点产生移动;更换 β 不同的管子,I_C、U_{CE} 会改变;电源电压波动和电路元件老化也会使静态工作点改变。前面介绍的固定偏置电路无法克服上述原因造成的不利影响,一般很少用。实际常用的是如图 4-12 所示的分压式偏置电路。

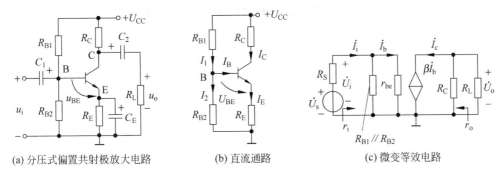

(a) 分压式偏置共射极放大电路　　　　(b) 直流通路　　　　(c) 微变等效电路

图 4-12　分压式偏置电路

首先,电路参数的选择应满足 $U_B = (5 \sim 10)U_{BE}$ 及 $I_2 = (5 \sim 10)I_B$ 的条件,才可以近似认为 $I_2 \gg I_B$、$U_B \gg U_{BE}$,U_B 由基极电阻 R_{B1} 和 R_{B2} 的分压固定而与晶体管无关。

$$U_B = \frac{R_{B2}}{R_{B1} + R_{B2}} \times U_{CC} \tag{4-10}$$

$$I_E = \frac{U_B - U_{BE}}{R_F} \approx \frac{U_B}{R_F} \tag{4-11}$$

$$U_{CE} = U_{CC} - I_C \cdot (R_C + R_E)$$

稳定静态工作点的过程为:

$$U_{CC} \uparrow \text{ 或温度 } T \uparrow \longrightarrow I_E \approx I_C \uparrow \longrightarrow U_E = I_E R_E \uparrow \xrightarrow{U_B \text{ 不变}} U_{BE} \downarrow \longrightarrow I_B、I_C \downarrow$$

只要 I_C 不变、U_{CE} 就不变,静态工作点就可以稳定。为了消除 R_E 对放大倍数的影响,常在 R_E 两端并联一个容量约几十到几百 μF 的电容 C_E,在交流通路中 C_E 可视为短路。

例 4-2　在图 4-12(a)电路中,$U_{CC} = 12V$,$R_{B1} = 48k\Omega$,$R_{B2} = 20k\Omega$,$R_C = 3k\Omega$,$R_E = 1.5k\Omega$,$R_L = 6k\Omega$,$\beta = 50$。

(1) 求放大电路静态工作点。若更换 $\beta = 100$ 的同类管子,静态工作点是否发生了变化,如果在图 4-3 固定偏置的共射放大电路中更换 $\beta = 100$ 的同类管子将会怎样?

(2) 计算放大电路电压放大倍数 A_u、输入电阻 r_i 和输出电阻 r_o。

(3) 如果旁路电容 C_E 去掉(如脱焊),再求解(2)。

解:(1) 从直流通路确定静态工作点。

$$U_B = \frac{R_{B2}}{R_{B1} + R_{B2}} \times U_{CC} = \frac{20}{48 + 20} \times 12 = 3.53(\text{V})$$

$$I_C \approx I_E = \frac{U_B - U_{BE}}{R_E} = \frac{3.53 - 0.7}{1.5 \times 10^3} = 1.9(\text{mA})$$

$$U_{CE} = U_{CC} - I_C \cdot (R_C + R_E) = 12 - 1.9 \times 10^{-3} \times (3 + 1.5) \times 10^3 = 3.45(\text{V})$$

若更换 $\beta = 100$ 的管子,静态工作点不变。但在图 4-3 固定偏置的共射放大电路中更换 $\beta = 100$ 的同类管子,静态工作点参数改变为

$$I_B = \frac{U_{CC} - U_{BE}}{R_B} = \frac{12 - 0.7}{280 \times 10^3} = 40(\mu A)$$

$$I_C = \beta I_B = 100 \times 40 \times 10^{-6} = 4 \times 10^{-3} = 4(\text{mA}) \quad (\text{比原先增大一倍})$$

$$U_{CE} = U_{CC} - I_C R_C = 12 - 4 \times 10^{-3} \times 3 \times 10^3 = 0 \quad (Q \text{点进入饱和区})$$

由此可见,固定式偏置的共射极放大电路在元件参数改变时,将不能正常工作。

(2) 计算放大电路的电压放大倍数 A_u、输入电阻 r_i 和输出电阻 r_o。在图 4-12(c)中的微变等效电路中进行,首先计算晶体管输入电阻 r_{be}

$$r_{be} = 300 + (1 + \beta)\frac{26}{I_E} \approx 300 + (1 + 50) \times \frac{26 \times 10^{-3}}{1.9 \times 10^{-3}} \approx 1(\text{k}\Omega)$$

$$A_u = \frac{\dot{U}_o}{\dot{U}_i} = -\beta\frac{R_L'}{r_{be}} = -50 \times \frac{3 \times 6}{3 + 6} = -100 \quad \text{式中} R_L' = R_C \ /\!/ \ R_L$$

$$r_i = R_{B1} \ /\!/ \ R_{B2} \ /\!/ \ r_{be} \approx r_{be} = 1(\text{k}\Omega)$$

$$r_o = R_C = 3(\text{k}\Omega)$$

(3) 发射极电容 C_E 去掉后,微变等效电路如图 4-13 所示,下面计算 A_u、r_i 和 r_o(如图 4-14 所示)。

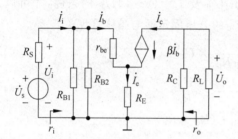

图 4-13　带 R_E 的共射极放大电路的微变等效电路　　　　图 4-14　求 r_o 的电路

因为　　$\dot{U}_o = -\beta\dot{I}_b(R_C \ /\!/ \ R_L)$,　　$\dot{U}_i = \dot{I}_b r_{be} + \dot{I}_e R_E = \dot{I}_b[r_{be} + (1 + \beta)R_E]$

所以　　$A_u = \dfrac{\dot{U}_o}{\dot{U}_i} = -\dfrac{\beta(R_C \ /\!/ \ R_L)}{r_{be} + (1 + \beta)R_E} = -\dfrac{50 \times 2 \times 10^3}{1 \times 10^3 + (1 + 50) \times 1.5 \times 10^3} = -1.3$

$$r_i = R_{B1} \ /\!/ \ R_{B2} \ /\!/ \ [r_{be} + (1 + \beta)R_E] = (48 \ /\!/ \ 20 \ /\!/ \ 77.5) \times 10^3 \approx 12(\text{k}\Omega)$$

$$r_o = R_C = 3(\text{k}\Omega)$$

由于在交流通路中引入了 R_E 使 A_u 大大下降、r_i 大大增加。$(1 + \beta)R_E$ 表示 R_E 折算到输入端时扩大了 $(1 + \beta)$ 倍,如图 4-15 所示。

图 4-16 所示是补偿法稳定静态工作点电路,它在 R_{B2} 支路串联一个二极管 D,利用二极管正向压降随温度变化去抵消晶体管 U_{BE} 随温度的变化,从而达到静态工作点稳定。

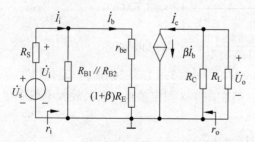

图 4-15　R_E 折算到输入端时扩大了 $(1 + \beta)$ 倍

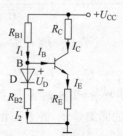

图 4-16　补偿法稳定静态工作点

因为　　　　　　　　　$I_1 \gg I_B，\quad U_D = U_{BE}，$

所以　　　　　　$I_E \approx \dfrac{I_2 \cdot R_{B2}}{R_E} = \dfrac{U_{CC} - U_D}{R_{B1} + R_{B2}} \cdot \dfrac{R_{B2}}{R_E} \approx \dfrac{U_{CC}}{R_{B1} + R_{B2}} \cdot \dfrac{R_{B2}}{R_E}$

上式说明 I_E 仅取决于电阻参数而与晶体管参数无关。

4.2　共集电极放大电路——射极输出器

共集电极放大电路及其等效电路如图 4-17 所示，从微变等效电路看，集电极接地。由于它的输出是由发射极引出的，所以也常把它称为射极输出器。

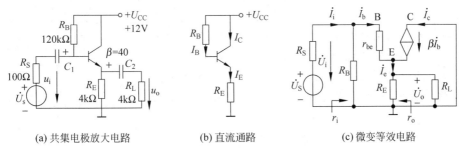

(a) 共集电极放大电路　　　　　(b) 直流通路　　　　　(c) 微变等效电路

图 4-17　射极输出器及其等效电路

1. 静态分析

由直流通路输入回路电压方程 $I_B R_B + U_{BE} + (1+\beta) I_B R_E = U_{CC}$ 得出下式

$$I_B = \frac{U_{CC} - U_{BE}}{R_B + (1+\beta) R_E} = \frac{12 - 0.7}{[120 + (1+40) \times 4] \times 10^3} = 0.04\text{mA} = 40(\mu\text{A})$$

$$I_C \approx I_E = (1+\beta) I_B = (1+40) \times 40 \times 10^{-6} = 1.64(\text{mA})$$

$$U_{CE} = U_{CC} - I_E R_E = 12 - 1.64 \times 10^{-3} \times 4 \times 10^3 = 5.44(\text{V})$$

2. 动态分析

$$\left.\begin{array}{l} r_{be} = 300 + (1+\beta) \dfrac{26}{I_E} = 300 + (1+40) \dfrac{26}{1.64} = 0.95\text{k}\Omega \approx 1(\text{k}\Omega) \\[3mm] A_u = \dfrac{\dot{U}_o}{\dot{U}_i} = \dfrac{(1+\beta) \dot{I}_b R_E \ /\!/ \ R_L}{\dot{I}_b r_{be} + (1+\beta) \dot{I}_b R_E \ /\!/ \ R_L} = \dfrac{(1+\beta) R_L'}{r_{be} + (1+\beta) R_L'} \end{array}\right\} \quad (4\text{-}12)$$

上式中 $R_L' = R_E \ /\!/ \ R_L$。代入数字后

$$A_u = \frac{(1+40) \times (4 \ /\!/ \ 4) \times 10^3}{1 \times 10^3 + (1+40) \times (4 \ /\!/ \ 4) \times 10^3} \approx 0.98$$

因为

$$\dot{I}_b = \frac{\dot{U}_i}{r_{be} + (1+\beta) R_L'}$$

所以

$$r_i = \frac{\dot{U}_i}{\dot{I}_i} = \frac{\dot{U}_i}{\dfrac{\dot{U}_i}{R_B} + \dot{I}_b} = \frac{1}{\dfrac{1}{R_B} + \dfrac{1}{r_{be} + (1+\beta) R_L'}} = R_B \ /\!/ \ [r_{be} + (1+\beta) R_L'] \quad (4\text{-}13)$$

代入数字后

$$r_i = \frac{120 \times (1+82) \times 10^3}{120 + (1+82)} = 49(\text{k}\Omega)$$

在图 4-18 电路中用"加压求流法"求输出电阻 r_o。

$$r_o = \frac{\dot{U}_2}{\dot{I}_2} = \frac{\dot{U}_2}{\dfrac{\dot{U}_2}{R_E} + (1+\beta)\dot{I}_b} = \frac{\dot{U}_2}{\dfrac{\dot{U}_2}{R_E} + (1+\beta)\dfrac{\dot{U}_2}{r_{be} + R_S /\!/ R_B}}$$

$$= R_E /\!/ \frac{r_{be} + R_B /\!/ R_S}{1+\beta} \approx \frac{r_{be}}{\beta} \qquad (4\text{-}14)$$

代入数字后

$$r_o \approx \frac{1 \times 10^3}{40} = 25(\Omega)$$

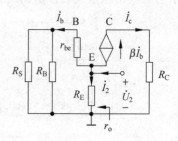

共集电极放大电路的特点是：电压放大倍数小于近似等于 1，输出电压与输入电压大小及相位基本相同，因此，射极输出器又被称做射极跟随器；它输入电阻大、输出电阻小，常常作为输入级、输出极或作为中间缓冲级起阻抗变换作用。

共基极放大电路一般用在高频电路，受篇幅限制就不作介绍了。

图 4-18　求 r_o 的电路

4.3　功率放大电路

功率放大电路处在多级放大电路的最后一级，其输出信号用于驱动具体负载，如扬声器、电动机之类的功率负载。这些机电装置比起电子元件来说需要更大的电压和电流，由此对功率放大电路提出的两个基本要求如下：

(1) 尽可能不失真地获得较大的输出功率。因此，晶体管往往工作在极限值 P_{CM}、I_{CM}，需要考虑晶体管散热和过电流保护等问题。

(2) 功率转换效率要高。直流电源不仅要为负载输出功率 P_O，还要提供晶体管消耗的功率 P_T，输出功率 P_O 与直流电源提供的总功率 P_E 之比定义为功率转换效率：

$$\eta = \frac{P_O}{P_E} \qquad (4\text{-}15)$$

按晶体管导通时间的不同将功率放大电路分为三类，如图 4-19 所示。

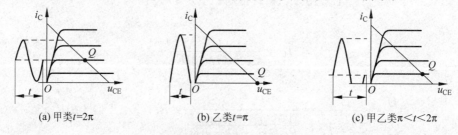

(a) 甲类 $t=2\pi$　　　　　(b) 乙类 $t=\pi$　　　　　(c) 甲乙类 $\pi < t < 2\pi$

图 4-19　三类功率放大电路输出特性

甲类：静态工作点在放大区可以不失真放大，但直流损耗大、η 低。

乙类：静态工作点在截止区几乎无直流损耗，η 提高、但存在失真。

甲乙类（丙类）：静态工作点脱离截止区晶体管微导通，直流损耗小且不失真。为了提高功率转换效率又不失真，应该采用甲乙类功率放大电路。

4.3.1 双电源互补对称功率放大电路

1. 电路结构及工作原理

双电源互补对称功率放大电路如图 4-20 所示。它是由两个互为反型的晶体管组成的射极输出器，T_1 为 NPN 管、T_2 为 PNP 管，两管特性及参数完全对称，正、负电源也对称。直流偏流为零，故工作在乙类。这种电路在输出端并未通过一个大电容与负载连接，故又称做无电容输出（output capacitor less，OCL）功率放大电路。

输入端加正弦信号电压 u_i，u_i 正半周时 T_1 导通、T_2 截止，R_L 上的电流 i_{C1} 如图 4-20 中的实线所示：由 $+U_{CC} \longrightarrow T_1 \longrightarrow R_L \longrightarrow$ 地，在 R_L 上获得输出电压的正半周。u_i 负半周时，T_1 截止、T_2 导通，R_L 上的电流 i_{C2} 如图中虚线所示：由地 $\longrightarrow R_L \longrightarrow T_2 \longrightarrow -U_{CC}$，在 R_L 上获得输出电压的负半周。两管轮流导通、相互补充，在负载上得到一个比较完整的正弦波信号，但由于这样的电路没有直流偏置，在 u_i 正、负半周过零的一段时间内较小时，两管都处在截止区。造成输出电压在过零时产生波形失真，称为交越失真。

消除交越失真的办法是让 T_1 和 T_2 在静态时微导通，如图 4-21 所示。利用两个二极管 D_1、D_2 和电阻 R_W 在 T_1 和 T_2 的基极之间获得一个直流偏置电压，使用二极管可以起到温度补偿作用稳定静态工作点。静态时，T_1 的基极为正、T_2 的基极为负，$I_{C1} = I_{C2}$，负载上没有电流。由于每只管子导通时间大于半个周期小于一个周期，因此，电路工作在甲乙类。

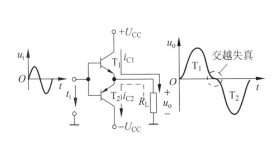

图 4-20 双电源互补对称乙类功率放大电路

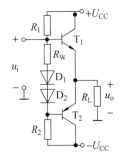

图 4-21 消除交越失真的甲乙类电路

2. 计算性能指标

下面的分析计算是以图 4-20 乙类功率放大电路为依据进行的。

1）最大输出功率 P_{OM}

输出功率 P_O 为负载 R_L 两端交流电流有效值和交流电压有效值的乘积。如果用 I_{om}、U_{om} 表示输出的交流电流幅值和电压幅值，当输入信号不大时 $U_{om} = U_{im} - U_{BE}$，输出如图 4-22 所示的虚线，则输出功率为

$$P_O = \frac{I_{om}}{\sqrt{2}}\frac{U_{om}}{\sqrt{2}} = \frac{1}{2}I_{om}U_{om} = \frac{U_{om}^2}{2R_L} = \frac{(U_{im} - U_{BE})^2}{2R_L} \approx \frac{U_{im}^2}{2R_L} \tag{4-16}$$

当输入信号很大时,特别是理想情况下管子接近饱和时,输出电压如图 4-22 中实线所示。$U_{om} = U_{CC} - U_{CES}$,忽略管子的饱和压降 U_{CES},最大输出功率为

$$P_{OM} = \frac{I_{OM}}{\sqrt{2}} \cdot \frac{U_{OM}}{\sqrt{2}} = \frac{1}{2}I_{OM}U_{OM} = \frac{U_{OM}^2}{2R_L} = \frac{(U_{CC} - U_{CES})^2}{2R_L} \approx \frac{U_{CC}^2}{2R_L} \tag{4-17}$$

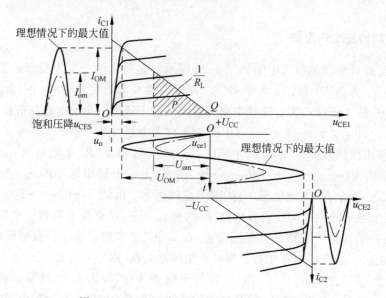

图 4-22　OCL 乙类功率放大电路的输出特性

2) 转换效率 η

先计算输出电流的平均值。每一个管子只工作半个周期、其电流平均值 I_o 为

$$I_o = \frac{1}{2\pi}\int_0^\pi I_{om}\sin\omega t\,\mathrm{d}\omega t = \frac{I_{om}}{\pi} \tag{4-18}$$

计算每个直流电源发出的平均功率。每个直流电源发出的平均功率为直流电压 U_{CC} 与输出电流平均值 I_o 之乘积。一周内两个电源发出的总平均功率 P_E 为

$$P_E = 2I_o U_{CC} = 2\frac{I_{om}}{\pi}U_{CC} = \frac{2}{\pi}\frac{U_{om}}{R_L}U_{CC} \tag{4-19}$$

因此

$$\eta = \frac{P_O}{P_E} = \frac{\dfrac{1}{2}\dfrac{U_{om}^2}{R_L}}{\dfrac{2}{\pi}\dfrac{U_{om}}{R_L}U_{CC}} = \frac{\pi}{4}\frac{U_{om}}{U_{CC}} \tag{4-20}$$

由此可见,R_L 一定时,直流电源提供的功率与输出电压 U_{om} 成正比。理想时 $U_{om} \approx U_{CC}$,$P_O = P_{OM}$,直流电源将输出最大平均功率 P_{EM},并且获得最大转换效率 η_M。

$$P_{EM} = \frac{2}{\pi}\frac{U_{CC}^2}{R_L} \tag{4-21}$$

$$\eta_M = \frac{\pi}{4} = 78.5\% \tag{4-22}$$

3) 功率管的选择

首先讨论晶体管最大损耗,两只晶体管消耗的总功率 P_C 为直流电源发出的功率 P_E 与输出功率 P_O 之差。

$$P_C = P_E - P_O = \frac{2}{\pi} \frac{U_{om}}{R_L} U_{CC} - \frac{U_{om}^2}{2R_L} \tag{4-23}$$

上式表明 P_C 是一个随输出电压 U_{om} 变化的参数,求 P_C 对 U_{om} 的变化率并令变化率 $\dfrac{dP_C}{dU_{om}} = 0$,得出管耗最大值 P_{CM} 发生在 $U_{om} = \dfrac{2}{\pi} U_{CC} = 0.636U_{CC}$,此时:

$$\left. \begin{array}{l} \text{双管最大损耗} \quad P_{CM} = \left(\dfrac{2}{\pi}\right)^2 P_{OM} = 0.4P_{OM} \\[2mm] \text{单管最大损耗} \quad P_{CM} = 0.2P_{OM} \end{array} \right\} \tag{4-24}$$

注意,输出电压最大时,并非管耗最大时,用 $U_{om} = U_{CC}$ 代入式(4-23),得出输出电压最大时每只管耗仅为 $0.135P_{OM}$。

选择管子受到功率管极限参数的限制,一般使用时还应加散热片。在 OCL 双电源互补对称功率放大电路中,一管导通、一管截止,截止管承受的最高反向电压接近 $2U_{CC}$,功放管的极限参数有

$$\left. \begin{array}{l} \text{最大管耗} \ P_{CM} \geqslant 0.2P_{OM} \\[2mm] \text{CE 极间最大反向电压} \ |U_{BRCEO}| > 2U_{CC} \\[2mm] \text{最大集电极电流} \ I_{CM} \geqslant \dfrac{U_{CC}}{R_L} \end{array} \right\} \tag{4-25}$$

3. 复合管

选择大功率管常常会遇到下面一些困难:

(1) 大功率管电流放大倍数小。

(2) NPN 管多为硅管、PNP 管多为锗管,它们的输入、输出特性差别很大难以配对。

为此,常用一对同型号的大功率管和一对反型号的功率管组成准互补对称功率放大电路。不同类型的晶体管组成的复合管其类型与第一级类型相同,二级复合管总的电流放大倍数 $\beta = \beta_2 \beta_1$,如图 4-23 所示。

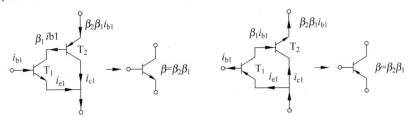

图 4-23　复合管的连接

例 4-3　在图 4-20 中的乙类功率放大电路中,$U_{CC} = 12\text{V}$,$R_L = 10\Omega$,晶体管饱和压降 $U_{CES} = 2\text{V}$。

(1) 求最大不失真输出功率 P_O、效率 η 和管耗 P_C。

(2) 求当输入信号电压幅值 $U_{im} = 6\text{V}$ 时的输出功率 P_O、效率 η 和管耗 P_C。

解：(1) 当输入信号很大时最大输出功率：

$$P_O = \frac{U_{om}^2}{2R_L} = \frac{(U_{CC} - U_{CES})^2}{2R_L} = \frac{(12-2)^2}{2 \times 10} = 5W$$

电源功率　　　　$P_E = \frac{2}{\pi} \frac{U_{om}}{R_L} U_{CC} = \frac{2 \times 10 \times 12}{\pi \times 10} = 7.65W$

转换效率　　　　$\eta = \frac{P_O}{P_E} = \frac{5}{7.65} = 65.5\%$

两管总管耗　　　$P_{C1} + P_{C2} = P_E - P_O = 7.65 - 5 = 2.65W$

(2) 当输入信号电压幅值 $U_{im} = 6V$ 不是很大时，$U_{om} = U_{im} - U_{BE} \approx U_{im}$

输出功率　　　　$P_O = \frac{U_{om}^2}{2R_L} = \frac{(U_{im} - U_{BE})^2}{2R_L} \approx \frac{6^2}{2 \times 10} = 1.8W$

电源功率　　　　$P_E = \frac{2}{\pi} \frac{U_{om}}{R_L} U_{CC} = \frac{2 \times 6 \times 12}{\pi \times 10} \approx 4.6W$

转换效率　　　　$\eta = \frac{P_O}{P_E} = \frac{1.8}{4.6} = 39.1\%$

两管总管耗　　　$P_{C1} + P_{C2} = P_E - P_O = 4.6 - 1.8 = 2.8W$

由此可见，输入信号较小时，输出电压和输出功率都较小，效率大大降低，但管耗却减小的很少。

4.3.2　单电源互补对称功率放大电路

市场上见到的集成功率放大电路如图 4-24 所示的虚线，它既可以连接成双电源互补对称功率放大电路，也可以连接成单电源供电的互补对称功率放大电路，若是单电源供电时需要在输出端通过一个大电容 C_2 接到负载 R_L。调整电路参数使 C_2 静态时的电压 $U_{C2} = 1/2U_{CC}$，这样加在 T_1、T_2 上的直流电压均为 $1/2U_{CC}$，这就达到了与双电源供电相同的效果。加入交流信号时，由于 C_2 值很大可视为交流短路，而且时间常数 $R_L C_2$ 远大于信号的周期，所以 $U_{C2} = 1/2U_{CC}$ 总能得以维持。

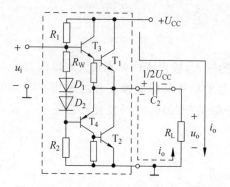

图 4-24　单电源互补对称功率放大电路

在输入信号的正半周输出电流路径是：

$$+U_{CC} \longrightarrow T_1 \longrightarrow C_2 \longrightarrow R_L \longrightarrow 地$$

在输入信号的负半周输出电流路径是：

$$C_2^+ \longrightarrow T_2 \longrightarrow 地 \longrightarrow R_L \longrightarrow C_2^-$$

单电源互补对称功率放大电路又被称做无变压器输出(output transformer less，OTL)功率放大电路，它的各项指标的计算方法与双电源互补对称功率放大电路仅一点不同，就是要注意公式中的 U_{CC} 应该用 $1/2U_{CC}$ 代替。

4.4 多级放大电路

实际放大器都是采用多级放大电路,输入级的任务是提高放大器的输入电阻,不衰减不失真地采样信号;中间级的任务是电压放大;输出级的任务是增大输出功率、减小输出电阻。多级放大电路不仅要保证各级静态工作点合适,还要保证信号畅通,尽可能不失真地放大。下面就多级放大电路的耦合方式、分析计算方法以及一些特殊问题进行讨论。

4.4.1 多级放大电路的耦合方式

耦合方式是指信号源、各级放大电路以及负载相互之间的连接方式,通常有阻容耦合、变压器耦合和直接耦合三种。

1. 阻容耦合

级间采用电阻和电容连接称为阻容耦合方式,前面几节讨论的都是阻容耦合方式,它的优点是耦合电容有隔直作用使得各级静态工作点独立,各级设计和计算简便,广泛用于分立元件的多级放大电路;缺点是耦合电容不仅隔直而且阻碍了缓慢变化信号的传递。

2. 变压器耦合

变压器耦合的特点是隔直流通交流,因此各级静态工作点独立。由于变压器体积大、笨重,而且不能传送缓慢变化的信号,所以变压器耦合主要用来连接信号源与输入级,或输出级与负载的连接,其目的是实现阻抗变换。如图 4-25 所示,把变压器看作理想变压器,根据能量守恒定律有 $U_1 I_1 = U_2 I_2$。已知变压器原、副边线圈的匝数比 $n = \dfrac{N_1}{N_2} = \dfrac{U_1}{U_2}$,则副边电阻 R_L 变换到原边的等效电阻 R'_L 为

$$R'_L = \frac{U_1}{I_1} = \frac{nU_2}{\dfrac{U_2}{U_1} I_2} = n^2 \frac{U_2}{I_2} = n^2 R_L \tag{4-26}$$

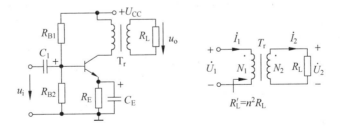

图 4-25 变压器耦合以及理想变压器阻抗变换原理

3. 直接耦合

直接耦合是用导线或电阻性元件连接的方式,如图 4-26 所示。其优点是可以放大较大范围频率的信号,集成放大电路内部都是采用直接耦合方式。但直接耦合带来两个不可忽

视的问题：一是各级直流偏置不独立、相互有影响、分析与设计比较麻烦；二是容易产生零点漂移。零点漂移是指输入信号为零时，由于电源波动、温度变化，以及干扰对电路的影响使得静态工作点偏离合适位置，造成输出电压不为零。放大电路的级数越多、输出端的零点漂移就越大，为了比较放大电路由于温度造成的零点漂移，应排除电压放大倍数的影响，把温度每变化1℃时，放大电路输出端的漂移电压折算到输入端的电压作为一个指标，即

$$\Delta U_{IdT} = \frac{\Delta U_{odT}}{A_u \Delta T} \tag{4-27}$$

其中，ΔU_{odT} 是输出端的漂移电压；ΔT 是温度的变化；A_u 电路电压放大倍数；ΔU_{IdT} 是温度每变化1℃时折算到放大电路输入端的零点漂移电压。有效克服零点漂移的电路之一是下一节将要讨论的差动放大电路。

　　如图4-26(a)所示用 D_Z 作耦合元件，$U_{CE1} = (U_{BE2} + U_Z) > 0.7V$，使 T_1 管处于放大区，D_Z 的动态电阻小，使第二级放大倍数损失不大。若以短路线取代 D_Z，T_1 管将进入饱和区。

　　如图4-26(b)所示是 NPN 管与 PNP 管直流偏置互补电路，两级都是共射极放大电路。T_1 管处于放大区时，U_{C1} 下降能够保证 T_2 管发射结正偏、集电结反偏而进入放大区。

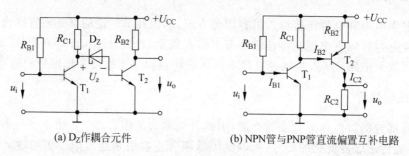

(a) D_Z 作耦合元件　　　　　　(b) NPN管与PNP管直流偏置互补电路

图 4-26　直接耦合

4.4.2　多级阻容耦合放大电路的分析方法及频率特性

1. 电压放大倍数 A_u、输入电阻 r_i、输出电阻 r_o

　　图4-27所示是阻容耦合的两级放大电路，各级静态工作点可以分别计算，这里不再讨论。只要耦合电容选的比较大，电容对交流分量的容抗就可以忽略，通常耦合电容为几微法到几十微法。图4-28所示是它的微变等效电路，对两级或多级放大电路的分析方法是前一级的输出是后一级的信号源、后一级的输入电阻看作是前一级的负载。各项指标的计算是：

$$A_u = \frac{\dot{U}_o}{\dot{U}_i} = \frac{\dot{U}_{o1}}{\dot{U}_{i1}} \times \frac{\dot{U}_o}{\dot{U}_{i2}} = A_{u1} A_{u2}$$

扩大到 n 级放大，总的电压放大倍数为

$$A_u = A_{u1} A_{u2} \cdots A_{un}$$

总的输入电阻是第一级的输入电阻

$$r_i = r_{i1}$$

总的输出电阻是最后一级的输出电阻

$$r_o = r_{on}$$

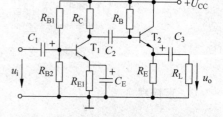

图 4-27　阻容耦合的两极放大电路

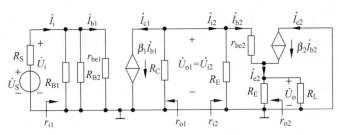

图 4-28　两极放大电路的微变等效电路

2. 多级放大电路的频率特性

无论是数据采集的模拟信号,还是广播语音和电视图像信号,人们都希望放大电路能对信号不失真地放大。事实上这很难做到,原因是这些信号通常是不规则的。从频谱分析来看,它们是一系列不同频率的正弦波信号的叠加。由于放大电路中存在着耦合电容、旁路电容、晶体管结电容以及电路中的分布电容,这些电容对不同频率的信号表现出不同的容抗和相位移,因此,对不同频率信号的放大倍数的幅值不同、相移也不同,造成总的输出波形产生频率失真。频率失真又分幅频失真和相频失真,如图 4-29 所示。

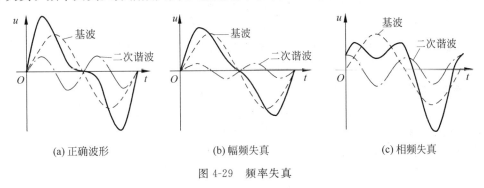

(a) 正确波形　　　　　　　(b) 幅频失真　　　　　　　(c) 相频失真

图 4-29　频率失真

1) 晶体管的结电容

共射极放大电路中的晶体管工作在高频时它的结电容不可忽视,图 4-30(a)所示是晶体管工作在高频区的物理模型,$r_{bb'}$ 是基区的体电阻,$r_{b'e}$ 和 C_π 分别是发射结的结电阻和结电容,$r_{b'c}$ 和 C_μ 分别是集电结的结电阻和结电容。图 4-30(b)所示是晶体管混合 π 型等效电路,$r_{b'c}$ 比较大、可以作开路处理,应用密勒定理对 C_μ 进一步化简得到如图 4-30(c)所示的受控源电路,C_π' 的存在导致 $\dot{U}_{b'e}$ 下降、$\dot{I}_c$ 的减少,反映了高频时电流放大倍数 β 下降。

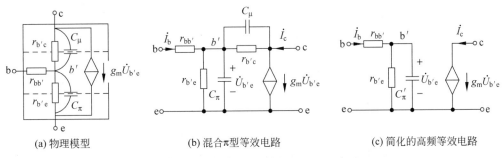

(a) 物理模型　　　　　　(b) 混合 π 型等效电路　　　　　　(c) 简化的高频等效电路

图 4-30　晶体管工作在高频时的等效电路

2) 共射极放大电路的频率特性

在中频信号情况下,耦合电容 C_1 视为短路、结电容 C'_π 视为开路。由于耦合电容 C_1 串联在输入回路对低频信号的容抗较大,因此低频时耦合电容 C_1 不可短路;而结电容 C'_π 并联在 $r_{b'e}$ 两端对高频信号的容抗小,使 $\dot{U}_{b'e}$ 下降,因此高频时结电容 C'_π 不可开路。图 4-31 所示为阻容耦合共射极放大电路在高频和低频信号时的微变等效电路。

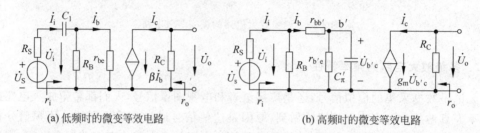

(a) 低频时的微变等效电路　　　　　　　　　(b) 高频时的微变等效电路

图 4-31　阻容耦合共射极放大电路

阻容耦合共射极放大电路的频率特性用下式表示:

$$A_u = \frac{A_{um}}{\left(1 - j\dfrac{f_L}{f}\right)\left(1 + j\dfrac{f}{f_H}\right)} \tag{4-28}$$

上式中 A_{um} 是中频时的电压放大倍数,f_L 是下限截止频率,f_H 是上限截止频率。通频带

$$B_W = f_H - f_L \tag{4-29}$$

式(4-28)的曲线表示于图 4-32 中,它表明:当信号的频率增大到 f_H 或减小到 f_L 时,晶体管并未截止,而是电压放大倍数下降到 $0.707A_{um}$。通频带的概念是指放大电路对此频率范围内的信号放大失真小、相位移近似 $180°$。但对于超出这个频率范围的信号,放大倍数下降很多、相位移也偏离 $180°$,信号失真严重。多级放大电路总的通频带会小于任何一级的通频带。

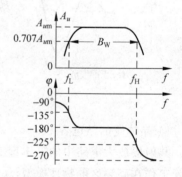

在电子技术领域,信号的放大或衰减还可以用"分贝"(dB)来表示,称为增益,用符号 G 表示。增益与放大倍数的关系为

图 4-32　多极放大电路的频率特性

$$\text{电压增益 } G_u = 20\lg\frac{U_o}{U_i} = 20\lg A_u (\text{dB})$$

$G_u > 0$ 为电压放大;$G_u < 0$ 为电压衰减。放大倍数的幅频特性和它用分贝表示有下面对应关系:

A_u/A_{um}	0.001	0.01	0.1	0.2	0.707	1
$20\lg|A_u/A_{um}|$	-60	-40	-20	-14	-3	0

当频率为 f_H 或 f_L 时,输出电压下降到 $\dfrac{U_o}{\sqrt{2}}$,则负载上的输出功率为

$$P_o = \frac{(U_o/\sqrt{2})^2}{R_L} = \frac{U_o^2}{2R_L} \tag{4-30}$$

因此,f_L 或 f_H 又称做半功率频率,或电压放大倍数下降 3 分贝频率。

4.5 差动放大电路

4.5.1 基本差动放大电路

为了有效地抑制零点漂移,直流放大电路的输入级大多采用差动放大电路。图 4-33 所示是由两个参数完全相同的共射极单管放大电路组成的基本差动放大电路。输入信号从两管的基极输入,输出信号取自两管集电极电位之差,这种输入输出方式称为双端输入、双端输出。

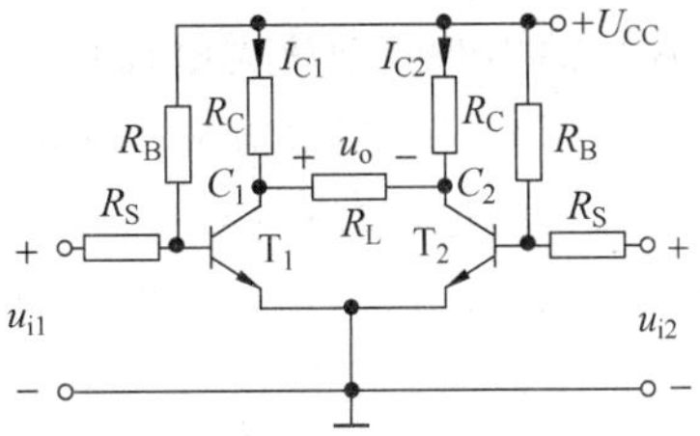

1. 共模输入

在晶体管 T_1 和 T_2 的输入端分别加上两个大小

图 4-33 基本差动放大电路

相等、极性相同电压,这样的输入电压为共模输入,即 $u_{i1} = u_{i2} = u_{ic}$,下标 c(common) 是共模的意思。由于电路对称,当输入电压 $u_{i1} = u_{i2} = 0$ 时,直流 $I_{C1} = I_{C2}$,$U_{C1} = U_{C2}$,输出电压 $U_O = U_{C1} - U_{C2} = 0$。当温度升高时,两管的集电极电流和集电极电压等量增大变化,即 $\Delta I_{C1} = \Delta I_{C2}$,$\Delta U_{C1} = \Delta U_{C2}$,则输出电压 $\Delta U_O = \Delta U_{C1} - \Delta U_{C2} = 0$ 仍然为零,因而很好地抑制了零点漂移。

差动放大电路的零点漂移电压 ΔU_{C1} 和 ΔU_{C2} 折算到输入端时,相当于输入共模信号,如图 4-34 所示。对于共模输入,双端输出时的共模电压放大倍数为

$$A_{uc} = \frac{u_{oc}}{u_{ic}} = \frac{\Delta U_{C1} - \Delta U_{C2}}{u_{ic}} = 0 \tag{4-31}$$

上式表明差动放大电路双端输出时对共模信号有很强的抑制能力。但如果是单端输出时,共模输出电压不为 0,无法克服零点漂移。

2. 差模输入

如图 4-35 所示,通过对输入电压的分压得到: u_{id1} 对地为正、u_{id2} 对地为负。若两个输入电压绝对值相等、方向相反,这样的输入电压为差模输入 u_{id},d(different) 是差模的意思。

$$u_{id1} = -u_{id2} = \frac{1}{2} u_{id}$$

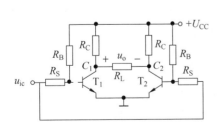

图 4-34 差动放大电路的共模输入

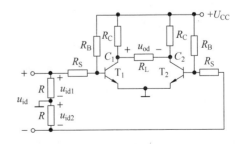

图 4-35 差动放大电路的差模输入

u_{id}增大引起u_{id1}上升以及U_{C1}下降了ΔU_{C1}；同时，u_{id}增大还引起u_{id2}下降以及U_{C2}上升了ΔU_{C2}。因此输出为

$$u_{od} = (U_{C1} - \Delta U_{C1}) - (U_{C2} + \Delta U_{C2}) = -2\Delta U_{C1}$$

用微小量u_{od1}表示ΔU_{C1}，差模电压放大倍数为

$$A_{ud} = \frac{u_{od}}{u_{id}} = \frac{-2u_{od1}}{2u_{id1}} = -\frac{\beta R'_L}{R_S + r_{be}} = A_{ud1} = A_{ud2} \tag{4-32}$$

式中的$R'_L = R_C // \dfrac{R_L}{2}$，$A_{ud1}$、$A_{ud2}$为单管共射极放大电路的电压放大倍数。上式表明：双端输入-双端输出时差动放大电路的差模电压放大倍数与共射极放大电路的电压放大倍数相同，多用了一组共射极放大电路的目的是抑制零点漂移。衡量抑制共模信号能力的指标是共模抑制比，记作 CMRR(common mode rejection ratio)，定义为差模电压放大倍数A_{ud}与共模电压放大倍数A_{uc}之比的绝对值来表示，即

$$\text{CMRR} = \left| \frac{A_{ud}}{A_{uc}} \right| \tag{4-33}$$

CMRR 越大，差动电路对共模信号的抑制能力越强，静态工作点越稳定。理想状态下，CMRR 无穷大。

3. 任意输入

若两个输入信号的大小和极性是任意时，可以将其分解为一对共模信号和一对差模信号的叠加。即

$$u_{i1} = u_c + u_d, \quad u_{i2} = u_c - u_d \tag{4-34}$$

共模信号u_c和差模信号u_d分别为

$$u_c = \frac{u_{i1} + u_{i2}}{2}, \quad u_d = \frac{u_{i1} - u_{i2}}{2} \tag{4-35}$$

例 4-4 $u_{i1} = 9\text{mV}$，$u_{i2} = -5\text{mV}$，按式(4-35)求出：$u_c = 2\text{mV}$，$u_d = 7\text{mV}$。

例 4-5 $u_{i1} = 0\text{V}$，$u_{i2} = 4\text{mV}$，按式(4-35)求出：$u_c = 2\text{mV}$，$u_d = -2\text{mV}$。本例说明，单端输入是任意输入信号的特例，单端输入与双端输入的分析和计算方法相同。

4.5.2 典型的长尾式差动放大电路

在两管对称和双端输出情况下，基本差动电路能够消除零点漂移。但在电路难以对称和单端输出时仍存在零点漂移。图 4-36 所示为典型的长尾式差动放大电路，新增了调零电位器R_P、射极电阻R_E和负电源U_{EE}。

调零电位器R_P：改善电路不对称情况、使直流输出电压为零。R_P约几十到几百欧姆。

射极电阻R_E：抑制对共模电压放大、而对差模信号相当于短路。

负电源U_{EE}：提供合适的偏置电流，补偿R_E的直流压降，维持$U_E = 0\text{V}$，使晶体管处于放大区。

在共模信号下，i_{e1}和i_{e2}大小相等、方向相同、在R_E上产生电压降$U_E \uparrow \longrightarrow U_{BE} \downarrow \longrightarrow i_{e1}$、$i_{e2} \downarrow \longrightarrow U_{OC} \downarrow$，抑制了零点漂移，如图 4-36(a)中虚线所示；在差模信号下i_{e1}和i_{e2}大小相等、方向相反，在R_E上的差模电流为零，R_E相当于短路，如图 4-36(b)中虚线所示，表明R_E对差模放大没有影响。

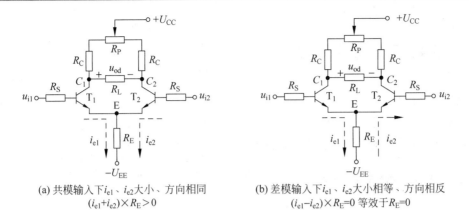

(a) 共模输入下 i_{e1}、i_{e2} 大小、方向相同　　　　　　(b) 差模输入下 i_{e1}、i_{e2} 大小相等、方向相反

$(i_{e1}+i_{e2})\times R_E > 0$　　　　　　　　　　　　$(i_{e1}-i_{e2})\times R_E = 0$ 等效于 $R_E = 0$

图 4-36　长尾式差放

R_E 越大对共模信号的抑制作用越强固然很好,但 R_E 大了使静态工作点偏低、消耗电能、影响放大倍数。同时,集成电路内部也不容易实现大电阻。为此采用晶体管 T_3 组成的恒流源代替 R_E,如图 4-37 所示。T_3 工作在放大区时 i_{C3} 基本不变,表明交流电阻很大,而直流电阻又较小。

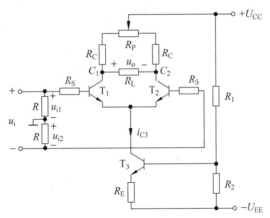

图 4-37　具有恒流源的差动放大电路

差动放大电路在具体应用中根据需要有多种连接方式,有双端输入双端输出、双端输入单端输出(R_L 接在 U_{C1} 与地之间)、单端输入双端输出、单端输入单端输出等四种接法,各种接法的动态性能指标的计算公式如表 4-2 所示。

表 4-2　动态性能指标计算

	单、双端输入,双端输出	单、双端输入,单端输出
差模电压放大倍数 A_{ud}	$-\dfrac{\beta R_L'}{R_S + r_{be}}$, $R_L' = R_C /\!/ \dfrac{R_L}{2}$	$-\dfrac{\beta R_L'}{2(R_S + r_{be})}$, $R_L' = R_C /\!/ R_L$
共模电压放大倍数 A_{uc}	0	$-\dfrac{\beta R_L'}{R_S + r_{be} + (1+\beta)2R_E}$
共模抑制比 CMRR	∞	$\approx \dfrac{\beta R_E}{R_S + r_{be}}$
差模输入电阻	$2(R_S + r_{be})$	$2(R_S + r_{be})$
输出电阻	$2R_C$	$2R_C$

4.6　场效应管放大电路

场效应管放大电路有共源极、共漏极和共栅极三种连接法,下面仅对共源极和共漏极放大电路进行静态分析和动态分析。在动态分析中只要将场效应管用它的微变等效电路替代就构成了放大电路的微变等效电路,分析方法与晶体管放大电路相同。

4.6.1　共源极放大电路

图 4-38 所示是 N 沟道耗尽型绝缘栅场效应管放大电路,栅极电压由 R_{G1} 和 R_{G2} 分压确定,栅极串联 R_G 可以进一步提高放大电路的输入电阻。R_S 为源极电阻,作用是稳定静态工作点,交流时被旁路电容 C_S 所短路。R_D 是放大电路的直流负载电阻,它与 R_L 共同决定电压放大倍数。C_1、C_2 为耦合电容。

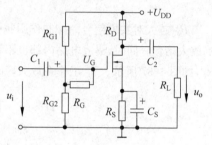

图 4-38　MOS 管共源极放大电路

1. 静态分析

确定静态工作点 $Q(U_{GS}、I_D$ 和 $U_{DS})$ 是否在放大区。栅极电位为

$$U_G = \frac{R_{G2}}{R_{G1} + R_{G2}} U_{DD}$$

联立求解下列两式得到 $U_{GS}、I_D$

$$\left. \begin{array}{l} U_{GS} = U_G - U_S = U_G - I_D R_S \\ I_D = I_{DSS} \left(1 - \dfrac{U_{GS}}{U_{GSOFF}} \right)^2 \end{array} \right\}$$

以及

$$U_{DS} = U_{DD} - I_D (R_D + R_S)$$

2. 动态分析

如图 4-39 和图 4-40 所示,计算电压放大倍数 A_u、输入电阻 r_i、输出电阻 r_o。

$$A_u = \frac{\dot{U}_o}{\dot{U}_i} = -\frac{\dot{I}_d \times R_D \mathbin{/\mkern-5mu/} R_L}{\dot{U}_{gs}} = -\frac{g_m \dot{U}_{gs} R_L'}{\dot{U}_{gs}} = -g_m R_L' \tag{4-36}$$

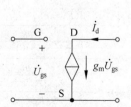

图 4-39　场效应管的近似微变等效电路

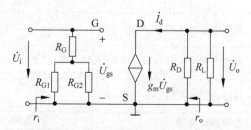

图 4-40　图 4-38 电路的微变等效电路

其中 $R'_L = R_D /\!/ R_L$

$$r_i = R_G + R_{G1} /\!/ R_{G2} \approx R_G \qquad (4\text{-}37)$$

$$r_o = R_D \qquad (4\text{-}38)$$

4.6.2　共漏极放大电路——源极输出器

图 4-41 所示是共漏极放大电路及其微变等效电路,下面仅讨论动态指标。

$$A_u = \frac{\dot{U}_o}{\dot{U}_i} = \frac{g_m \dot{U}_{gs} R'_L}{\dot{U}_{gs} + g_m \dot{U}_{gm} R'_L} = \frac{g_m R'_L}{1 + g_m R'_L} \approx 1 \qquad (4\text{-}39)$$

其中 $R'_L = R_S /\!/ R_L$

$$r_i = R_{G1} /\!/ R_{G2} \qquad (4\text{-}40)$$

用加压求流法在图 4-42 电路中求解 r_o,在输出端加电压 $\dot{U}_2$,产生的电流 $\dot{I}_2$ 是

$$\left.\begin{aligned} \dot{I}_2 &= \dot{I}_S + \dot{I}_d = \frac{\dot{U}_2}{R_S} + g_m \dot{U}_2 \\[2mm] r_o &= \frac{\dot{U}_2}{\dot{I}_2} = \frac{\dot{U}_2}{\dot{I}_S + \dot{I}_d} = \frac{\dot{U}_2}{\dfrac{\dot{U}_2}{R_S} + g_m \dot{U}_2} = R_S /\!/ \frac{1}{g_m} \end{aligned}\right\} \qquad (4\text{-}41)$$

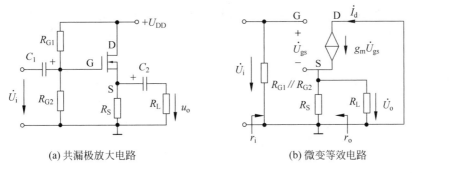

(a) 共漏极放大电路　　　　　　　(b) 微变等效电路

图 4-41　共漏极放大电路

例 4-6　图 4-43 所示是一个感应式试电笔电路,利用结型场效应管 T_1 的高输入阻抗对电网火线产生的电磁场进行感应,经 T_2 放大后驱动发光二极管发光指示。调节 R_{P1} 可以改变感应的灵敏度。用这种感应试电笔可以准确测出绝缘导体内部的断线位置。

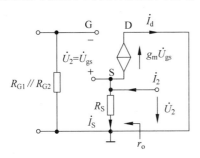

图 4-42　求解 r_o 的电路

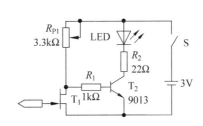

图 4-43　感应式试电笔电路

习 题 4

4-1 判断图 4-44 中各电路能否正常放大？若不能，请说明理由并加以改正。

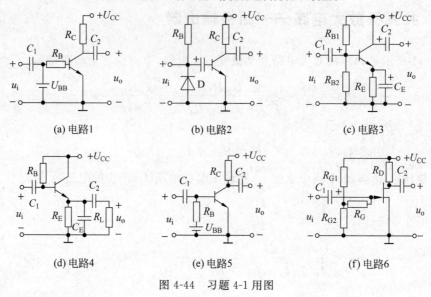

(a) 电路1　　　　(b) 电路2　　　　(c) 电路3

(d) 电路4　　　　(e) 电路5　　　　(f) 电路6

图 4-44　习题 4-1 用图

4-2 判断图 4-45 中的波形失真在共射极放大电路中属于截止失真还是饱和失真？如果失真发生在共集电极放大电路中，它们又属于何种失真？消除各种失真的措施是什么？

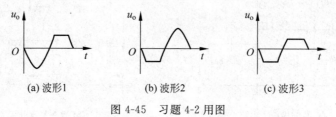

(a) 波形1　　　　(b) 波形2　　　　(c) 波形3

图 4-45　习题 4-2 用图

4-3 分析图 4-46 中的放大电路，假设 $|U_{BE}|=0.6\text{V}$，判断它们的静态工作点位于哪个区（放大区、饱和区、截止区）？

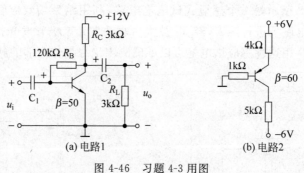

(a) 电路1　　　　(b) 电路2

图 4-46　习题 4-3 用图

4-4 锗 PNP 管接成图 4-47 所示的交流放大电路。试分析：

（1）直流电源 $-U_{CC}=-12\text{V}$，$R_B=400\text{k}\Omega$，$R_C=3\text{k}\Omega$，晶体管的 $\beta=80$，忽略 I_{CEO}。计算并在图上标明

静态电流和电压的实际方向。

(2) 要使直流 $U_{CE} = -2.4$V，问电位器 R_W 应调节到多大阻值？

(3) 要使直流 $I_C = 1.6$mA，问 R_W 应调节到多大阻值？

4-5 放大电路如图 4-48 所示。已知 $U_{CC} = 12$V，$R_C = 2$kΩ，晶体管的 $\beta = 50$，$U_{BE} = 0.6$V，要使直流电位 $U_E = 1/2U_C = 1/3U_{CC}$。试选择 R_{B1}、R_{B2}、R_E 的阻值。

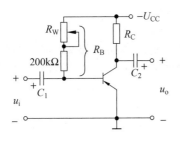
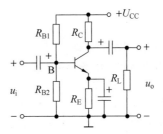

图 4-47 习题 4-4 用图   图 4-48 习题 4-5 用图

4-6 由硅管组成的两个电路及参数如图 4-49 所示，试计算：

(1) 电路的静态工作点 I_C、U_{CE}。

(2) 电压放大倍数 A_u、输入电阻 r_i、输出电阻 r_o。

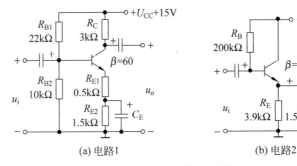

(a) 电路1   (b) 电路2

图 4-49 习题 4-6 用图

4-7 电路如图 4-50 所示，(1) 写出计算电压放大倍数 $A_{u1} = \dfrac{u_{o1}}{u_i}$ 和 $A_{u2} = \dfrac{u_{o2}}{u_i}$ 的公式。

(2) 写出输入电阻 r_i 以及从"1"端和"2"端看进去的输出电阻 r_{o1}、r_{o2} 公式。

(3) 当 $R_C = R_E$ 以及 u_i 为正弦波时定性画出两个输出电压 u_{o1}、u_{o2} 的波形图。

4-8 电路如图 4-51 所示，设 $U_{DD} = 24$V，试求：

(1) 当静态值 $I_D = 3.4$mA，$U_{DS} = 15$V，$U_{GS} = -1$V 时的 R_D 和 R_S 阻值；

(2) 画微变等效电路，计算当 $g_m = 5$mS，$R_L = R_D = R_S = 2.4$kΩ，$R_G = 300$kΩ 时的电压放大倍数 A_u、输入电阻 r_i、输出电阻 r_o。

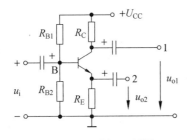
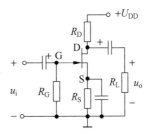

图 4-50 习题 4-7 用图   图 4-51 习题 4-8 用图

4-9 简答：

(1) 说明分压式稳定静态工作点电路的工作原理。

(2) 什么是零点漂移？零点漂移存在于什么样的放大电路中？差动放大电路中是如何抑制零点漂移的？什么是共模抑制比？

(3) 在差动放大电路中 R_E 的作用是什么？用晶体管 T 代替 R_E 有什么优点？

4-10 差动放大电路的两个输入端信号分别为 $u_{i1} = 20.5\text{mV}$，$u_{i2} = -4.5\text{mV}$，则差模输入和共模输入分别是多少？若 u_{i1} 不变、$u_{i2} = 0$，则差模输入和共模输入又是多少？

4-11 一个多级直接耦合放大器，电压放大倍数为 300。输入电压 $u_i = 0$，在温度为 25℃时，输出电压为 5V；当温度升高至 40℃时，输出电压为 5.5V。试求输出温度漂移电压折算到输入端的温度漂移($\mu V/℃$)。

4-12 甲、乙两个直流放大器的电压放大倍数分别是 2000 和 200，它们输出端的漂移电压分别为 0.8V 和 0.5V，试问哪一个放大器零漂指标较好些？

4-13 功率放大的含义是什么？功率放大器输出的大功率是由谁提供的？功率放大器与电压放大器两者的性能指标有什么不同？

4-14 互补对称功率放大电路中的两只功率管工作在什么状态？采用这种工作状态有什么好处？输出功率最大时，电源发出的功率是否最大？

4-15 在甲乙类互补对称功放电路中，当电源电压为 +20V，负载电阻 $R_L = 12\Omega$。试求：

(1) 当 $U_{CES} = 2V$ 时，输出功率 P_O、电源功率 P_E、管耗 P_C 和转换效率 η 是多少？

(2) 当输入信号 $U_i = 10V$ 时，重新计算 P_O、P_E、管耗 P_C 和转换效率 η。

(3) 当输入信号 $U_i = 20V$ 时，重新计算 P_O、P_E、管耗 P_C 和转换效率 η。

4-16 OCL 互补对称功放电路中，电源电压为 $\pm 18V$，负载电阻 $R_L = 4\Omega$，$U_{im} = 10V$ 时最大输出功率 P_{OM} 是多少？

4-17 在乙类互补对称功放电路中，当负载电阻 $R_L = 8\Omega$，$P_L = 10W$ 时，设 $U_{CES} = 2V$，则正负电源 U_{CC} 至少不应小于多少伏？选择每个互补管的参数 I_{CM}、P_{CM}、U_{BRCEO} 应是多少？

4-18 已知负载电阻 $R_L = 150\Omega$，要求功率放大电路输出的最大功率 $P_{OM} = 120\text{mW}$，如果采用单电源互补对称功放电路，求电源 U_{CC} 是多少？

第5章 反馈与集成运算放大器

集成运算放大器是一种高放大倍数的多级直接耦合放大电路。由于最初是用于数的运算,如加、减、乘、积分等,所以被称为运算放大器。目前,它已广泛应用于自动控制、信号处理和计算机设备等一切电子技术领域。集成运算放大器简称"运放",其内部是以差动放大电路为输入级的直接耦合放大电路,而运放的线性应用必须引入负反馈,因此本章首先讨论反馈放大电路,然后介绍运放及其具体应用。

5.1 放大电路中的反馈

反馈概念在电子线路以及社会政治和经济生活中有着广泛的应用。在放大电路中采用负反馈,可以改善放大电路的工作性能。

5.1.1 反馈的基本概念

1. 反馈的定义

反馈就是将放大电路的输出量(电压或电流)的一部分或全部通过反馈电路送回到输入端,可用图 5-1 反馈放大器原理图表示。上方框表示基本放大电路,下方框表示反馈电路。箭头表示信号流向,符号 $\sum$ 表示信号叠加,输入量 X_i 和反馈量 X_f 叠加后得到净输入 X_d,基本放大电路 A 与反馈电路 F 组成一个封闭系统,人们把引入了反馈的放大电路称为闭环放大电路,而未引入反馈的放大电路称为开环放大电路。

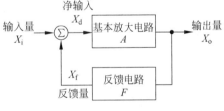

图 5-1　反馈放大器原理图

2. 反馈的分类

1) 正反馈和负反馈

反馈信号 X_f 使净输入 X_d 增加的反馈称为正反馈,即 $X_d = X_i + X_f$。

反馈信号 X_f 使净输入 X_d 减少的反馈称为负反馈,即 $X_d = X_i - X_f$。

正反馈使输出信号从小到大、造成输出不稳定,主要用在振荡电路或信号发生器;负反馈降低放大电路的放大倍数、使输出稳定,常被用来改善放大电路的性能。

2) 直流反馈和交流反馈

反馈信号只存在于直流电路,只影响直流电路性能的反馈称为直流反馈,如稳定静态工作点电路;反馈信号只存在于交流电路,只影响交流电路性能的反馈称为交流反馈。

3)电压反馈和电流反馈(从放大电路输出端看)

反馈电路接在 u_o 端、反馈信号 X_f 取样于输出电压 u_o 是电压反馈,即 $X_f = Fu_o$(F 表示反馈系数);当输出电压 $u_o = 0$ 时,反馈信号 X_f 不存在。电压负反馈的目的是稳定输出电压。

反馈电路未接在 u_o 端、反馈信号 X_f 取样于输出电流 i_o 是电流反馈,即 $X_f = Fi_o$;即使输出电压 $u_o = 0$,反馈信号 X_f 仍然存在。电流负反馈的目的是稳定输出电流。

4)串联反馈和并联反馈(从放大电路输入端看)

反馈信号 X_f 与输入信号 X_i 以电流形式叠加,称为并联反馈。

反馈信号 X_f 与输入信号 X_i 以电压形式叠加,称为串联反馈。

3. 反馈类型的判断方法

1)反馈电路的查找

输出回路与输入回路有联系的电路是反馈电路。反馈电路可以是一个元件,也可以是若干个,元件可能是电阻、电容或二极管等。

2)反馈类型的判断

参照对反馈类型的讨论可以判断出负反馈以下四种组态:

电压串联反馈、电流串联反馈、电压并联反馈、电流并联反馈。

判断是正反馈还是负反馈可以用电压瞬时极性法,在下文中结合具体电路进行讨论。

4. 反馈的一般表达式

设图 5-1 为负反馈放大器原理图,净输入信号为

$$X_d = X_i - X_f \tag{5-1}$$

基本放大电路放大倍数(又称开环增益)为

$$A = \frac{X_o}{X_d} \tag{5-2}$$

反馈系数为

$$F = \frac{X_f}{X_o} \tag{5-3}$$

反馈放大电路的放大倍数(又称为闭环增益)为

$$A_f = \frac{X_o}{X_i} = \frac{X_o}{X_d + X_f} = \frac{\dfrac{X_o}{X_d}}{1 + \dfrac{X_o}{X_d} \times \dfrac{X_f}{X_o}} = \frac{A}{1 + AF} \tag{5-4}$$

式(5-4)中(1+AF)称为反馈深度,当 $AF \gg 1$ 时为深度负反馈,此时 $A_f = \dfrac{1}{F}$,表明深度负反馈时的放大倍数仅由反馈系数决定。

5.1.2 负反馈的 4 种组态分析

1. 电压串联负反馈

图 5-2 所示是射极输出器,现在用反馈的概念来分析。

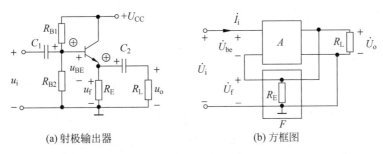

(a) 射极输出器　　　　　　　　(b) 方框图

图 5-2　射极输出器及其框图

1) 找反馈电路

R_E 是连接输出回路与输入回路的反馈电路,电路存在反馈。

2) 判断反馈类型(从图 5-2 方框图看)

从输出端看,R_E 直接接在 $\dot{U}_o$ 上,$\dot{U}_f = \dot{U}_o$,若 $\dot{U}_o = 0$ 则 $\dot{U}_f$ 消失,是电压反馈。

从输入端看,R_E 与输入电流 $\dot{I}_i$ 并未在同一节点,不会有电流叠加、不是并联反馈;$\dot{U}_f$ 的存在使得净输入 $\dot{U}_{be} = \dot{U}_i - \dot{U}_f$ 减少,形成电压叠加是电压串联负反馈。下面采用电压瞬时极性法判别是正反馈或负反馈。

在放大电路的输入端加入对地瞬时极性为正的电压,$\dot{U}_i$ 上升时图中用 ⊕ 表示,输出电压跟随输入电压变化也上升记为 ⊕,净输入电压 $\dot{U}_{be} = \dot{U}_i - \dot{U}_f$ 减小,所以为负反馈。

3) 特点

(1) 稳定输出电压:

$$当 R_L \downarrow \longrightarrow \dot{U}_o \downarrow \longrightarrow \dot{U}_f \downarrow \longrightarrow \uparrow \dot{U}_{be} = \dot{U}_i - \dot{U}_f \longrightarrow \dot{U}_o \uparrow$$

(2) 反馈系数 F:

$$F = \dot{U}_f / \dot{U}_o = 1 \quad 属于深度负反馈。$$

(3) 闭环电压放大倍数 A_{uf}:

$$A_{uf} \approx \frac{1}{F} = 1$$

2. 电流串联负反馈

如图 5-3 所示的电路是分压式稳定静态工作点电路,直流稳定静态工作点原理前面已讨论多次,在这里就不讨论了,只讨论交流情况。

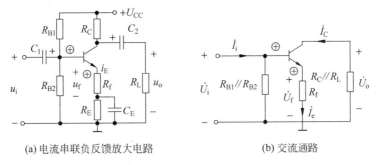

(a) 电流串联负反馈放大电路　　　　　　(b) 交流通路

图 5-3　电流串联负反馈

1）找反馈电路

R_f 是交流反馈电路。

2）判断反馈类型

从输出端看，R_f 未接在 $\dot{U}_o$ 上，$\dot{U}_f = R_f \dot{I}_e \approx R_f \dot{I}_c$ 与 $\dot{U}_o$ 无关、与 $\dot{I}_c$ 有关是电流反馈。

从输入端看，$\dot{U}_f$ 的存在使净输入 $\dot{U}_{be} = \dot{U}_i - \dot{U}_f$ 减少，形成电压叠加是串联负反馈。

在反馈放大电路的输入端加入对地瞬时极性为正的电压 $\dot{U}_i$ 上升时，图中用 $\oplus$ 号表示，反馈电压跟随输入电压变化也上升为 $\oplus$，净输入电压 $\dot{U}_{be} = \dot{U}_i - \dot{U}_f$ 减小，所以为负反馈。

3）特点

（1）稳定输出电流：

$$当换管后 \beta \uparrow \longrightarrow \dot{I}_c \uparrow \longrightarrow \dot{U}_f \uparrow \longrightarrow \downarrow \dot{U}_{be} = \dot{U}_i - \dot{U}_f \longrightarrow \dot{I}_c \downarrow$$

（2）反馈系数 F：

$$F = \dot{U}_f / \dot{I}_c \quad （单位：\Omega）$$

（3）闭环互导放大倍数 A_{gf}：

$$A_{gf} = \frac{\dot{I}_c}{\dot{U}_i} \quad （单位：S）$$

3. 电压并联负反馈

1）找反馈电路

图 5-4(a)中 R_f 是交流反馈电阻，同时提供晶体管直流基极偏置电流 I_B。

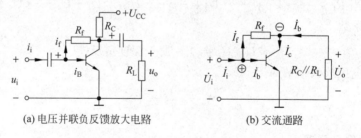

(a)电压并联负反馈放大电路　　　　　　(b)交流通路

图 5-4　电压并联负反馈

2）判断反馈类型

从输出端看，R_f 接在 $\dot{U}_o$ 上，若 $\dot{U}_o = 0$，$\dot{I}_f = \dfrac{\dot{U}_b - \dot{U}_o}{R_f} = \dfrac{\dot{U}_b}{R_f} \approx 0$，是电压反馈。

从输入端看，R_f 与输入电流 $\dot{I}_i$ 在同一节点，有电流叠加是并联反馈。

在反馈放大电路的输入端加入对地瞬时极性为正的电压 $\dot{U}_i$ 上升时，图中用 $\oplus$ 号表示，输出电压反相变化会下降，记为 $\ominus$，净输入电流 $\dot{I}_b = \dot{I}_i - \dot{I}_f$ 减小，所以为负反馈。

3）特点

（1）稳定输出电压：

$$当负载变化 R_L \uparrow \longrightarrow \dot{U}_o \uparrow \longrightarrow \dot{I}_f \uparrow \longrightarrow \dot{I}_b \downarrow \longrightarrow \dot{I}_c \downarrow \longrightarrow \dot{U}_o \downarrow$$

（2）反馈系数 F：

$$F = \dot{I}_f / \dot{U}_o \quad （单位：S）$$

（3）闭环互阻放大倍数 A_{rf}：

$$A_{rf} = \frac{\dot{U}_o}{\dot{I}_i} \quad （单位：\Omega）$$

4. 电流并联负反馈

图 5-5 所示是两极直接耦合放大电路及其交流通路。

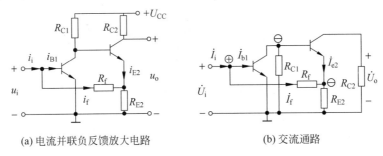

(a) 电流并联负反馈放大电路　　　　　　(b) 交流通路

图 5-5　电流并联负反馈

1）找反馈电路

R_f 是反馈电阻。

2）判断反馈类型

从输出端看，R_f 未接在 $\dot{U}_o$ 上，$\dot{I}_f = \dfrac{\dot{U}_{b1} - (\dot{I}_{e2} + \dot{I}_f)R_{E2}}{R_f}$ 与 $\dot{U}_o$ 无关，是电流反馈。

从输入端看，R_f 与输入电流 $\dot{I}_i$ 在同一节点，净输入 $\dot{I}_{b1} = \dot{I}_i - \dot{I}_f$，是并联反馈。

在反馈放大电路的输入端加入对地瞬时极性为正的电压 $\dot{U}_i$ 上升时，图中用 ⊕ 号表示，第二级发射极电位 $\dot{U}_{e2}$ 会下降，记为 ⊖，净输入电流 $\dot{I}_{b1} = \dot{I}_i - \dot{I}_f$ 减小，所以为负反馈。

3）特点

（1）稳定输出电流：

$$当\ \dot{I}_{e2} \uparrow \longrightarrow \dot{U}_{e2} \uparrow \longrightarrow \dot{I}_f \downarrow \longrightarrow \dot{I}_{b1} \uparrow \longrightarrow \dot{U}_{c1} \downarrow \longrightarrow \dot{U}_{be2} \downarrow \longrightarrow \dot{I}_{e2} \downarrow$$

（2）反馈系数 F：

$$F = \dot{I}_f / \dot{I}_{e2}$$

（3）闭环电流放大倍数 A_{if}：

$$A_{if} = \frac{\dot{I}_{e2}}{\dot{I}_i}$$

5.1.3　负反馈对放大电路的影响

1. 提高放大倍数的稳定性

放大电路受环境温度、电磁场变化，电网电压波动、电路元器件老化、参数变化等因素的

影响,将引起放大倍数改变。引入负反馈稳定了输出电压和输出电流、从而稳定了放大倍数。用 $\dfrac{|\mathrm{d}A|}{|A|}$ 和 $\dfrac{|\mathrm{d}A_\mathrm{f}|}{|A_\mathrm{f}|}$ 分别表示开环和闭环时的放大倍数相对变化量,相对变化量越小、稳定性越高。通过下面的求导可以确定两者之间关系。因为

$$A_\mathrm{f} = \frac{A}{1 + |\,AF\,|}$$

所以

$$\frac{|\,\mathrm{d}A_\mathrm{f}\,|}{|\,\mathrm{d}A\,|} = \frac{1}{1 + |\,AF\,|} - \frac{|\,AF\,|}{(1 + |\,AF\,|)^2} = \frac{1}{(1 + |\,AF\,|)^2}$$

上式两边除以 A_f 并整理后得到

$$\frac{|\,\mathrm{d}A_\mathrm{f}\,|}{|\,A_\mathrm{f}\,|} = \frac{1}{1 + |\,AF\,|} \times \frac{|\,\mathrm{d}A\,|}{|\,A\,|} \tag{5-5}$$

式(5-5)说明闭环放大倍数的变化率是开环放大倍数变化率的 $1/(1 + |AF|)$,即稳定性提高了 $(1 + |AF|)$ 倍。例如,当反馈深度 $(1 + |AF|) = 10$ 时,若 A 的相对变化 1%,那么 A_f 的相对变化将是 $1‰$。

2. 扩展通频带

图 5-6 给出了放大器在开环和闭环时的频率特性曲线。中频段开环放大倍数大、加入负反馈后放大倍数下降也较大;在高频段和低频段的放大倍数小、加入反馈后放大倍数下降也较小,这样使闭环放大倍数在相当宽的频率范围内保持稳定,从而展宽了频带。频带展宽的程度与反馈深度成正比,即 $BW_\mathrm{f} = (1 + |AF|)BW$。

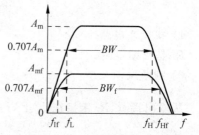

图 5-6　反馈放大器的频率特性

3. 减小非线性失真

由于放大电路是由晶体管、场效应管等非线性元件组成,如果输入电压是正弦波,但输出却不是正弦波,即产生了非线性失真,引入负反馈可以减小非线性失真,减小的原理可用如图 5-7 所示的负反馈框图来说明。

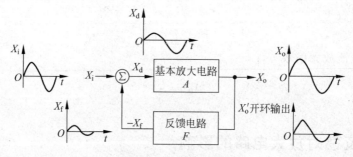

图 5-7　负反馈减小非线性失真

设放大器输入信号是正弦波,开环时输出是正半周大、负半周小的不对称波形。加入反馈后,反馈电压与输出电压成正比,具有正半周大、负半周小的特点,它与输入电压相减后,

净输入电压将是正半周幅度小、负半周幅度大的波形,这一波形正好补偿了放大器的非线性失真,使输出波形正、负半周趋于对称。

需要指出,负反馈只能减小反馈环内产生的非线性失真,对于输入信号本身固有的失真是不能通过负反馈来减小的。

4. 并联负反馈使输入电阻减小,串联负反馈使输入电阻增大

在图 5-8(a)所示的并联负反馈电路中,反馈放大器的输入电阻计算公式为

$$r_{if} = \frac{\dot{U}_i}{\dot{I}_d + \dot{I}_f} = \frac{\dot{U}_i}{\dot{I}_d(1+|AF|)} = \frac{r_i}{1+|AF|} \tag{5-6}$$

式中,电压反馈时 $X_o = \dot{U}_o$,　$F = \dot{I}_f / \dot{U}_o$,　$A = \dot{U}_o / \dot{I}_d$,　$\dot{I}_f = F\dot{U}_o = AF\dot{I}_d$

电流反馈时 $X_o = \dot{I}_o$,　$F = \dot{I}_f / \dot{I}_o$,　$A = \dot{I}_o / \dot{I}_d$,　$\dot{I}_f = F\dot{I}_o = AF\dot{I}_d$

在图 5-8(b)串联负反馈电路中,反馈放大器的输入电阻计算公式为

$$r_{if} = \frac{\dot{U}_i}{\dot{I}_i} = \frac{\dot{U}_d + \dot{U}_f}{\dot{I}_i} = \frac{\dot{U}_d(1+|AF|)}{\dot{I}_i} = (1+|AF|)r_i \tag{5-7}$$

式中,电压反馈时 $X_o = \dot{U}_o, F = \dot{U}_f / \dot{U}_o, A = \dot{U}_o / \dot{U}_d, \dot{U}_f = F\dot{U}_o = AF\dot{U}_d$

电流反馈时 $X_o = \dot{I}_o, F = \dot{U}_f / \dot{I}_o, A = \dot{I}_o / \dot{U}_d, \dot{U}_f = F\dot{I}_o = AF\dot{U}_d$

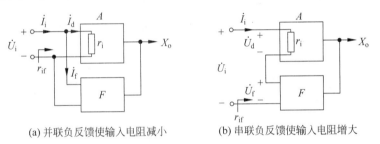

(a) 并联负反馈使输入电阻减小　　　(b) 串联负反馈使输入电阻增大

图 5-8　负反馈与输入电阻

5. 电压负反馈使输出电阻减小,电流负反馈使输出电阻增大

放大器的输出可以等效为一个恒压源和输出电阻的串联,输出电阻越小、输出电压越稳定。计算电压负反馈放大电路的输出电阻用加压求流法在图 5-9(a)中进行,从输出端看进去内部是除去独立源的,忽略流入到反馈电路的电流,其中 $X_d = -X_f = -F\dot{U}_2$,因为

$$\dot{I}_2 \approx \frac{\dot{U}_2 - A\dot{U}_d}{r_o} = \frac{\dot{U}_2(1+|AF|)}{r_o}$$

所以

$$r_{of} = \frac{\dot{U}_2}{\dot{I}_2} = \frac{r_o}{1+|AF|} \tag{5-8}$$

放大器的输出可以等效为一个恒流源和输出电阻的并联,输出电阻越大、输出电流越稳定。计算电流负反馈放大电路的输出电阻用加压求流法在图 5-9(b)中进行,从输出端看进去内部是除去独立源的,忽略反馈电路输入端电压,其中 $X_d = -X_f = -F\dot{I}_o$,因为

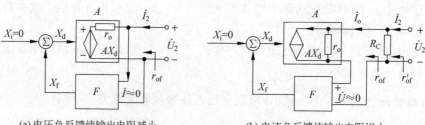

(a) 电压负反馈使输出电阻减小　　　　　(b) 电流负反馈使输出电阻增大

图 5-9　负反馈与输出电阻

$$\dot{I}_o \approx \frac{\dot{U}_2}{r_o} + AX_d = \frac{\dot{U}_2}{r_o} - |AF|\dot{I}_o$$

所以

$$r_{of} = \frac{\dot{U}_2}{\dot{I}_o} = (1 + |AF|)r_o \tag{5-9}$$

讨论：

(1) 在图 5-9 中的两个电路中求输出电阻,忽略了反馈电路的输入电流和输入电压是建立在非深度负反馈的理念上,负反馈电路对整个电路的输出有影响但不是很大。

(2) 电流负反馈电路的输出端往往是并联着 R_C,而 $R_C \ll r_{of}$,因此,$r'_{of} \approx R_C$。负反馈对放大电路的影响与反馈深度 $(1+AF)$ 有关,归纳起来列于表 5-1 中。

表 5-1　负反馈对电路的影响

增　　大	减　　小
稳定性提高 $\frac{\|dA_f\|}{\|A_f\|} = \frac{1}{1+\|AF\|} \times \frac{\|dA\|}{\|A\|}$	放大倍数减小 $A_f = \frac{A}{1+\|AF\|}$
通频带增大 $BW_f = (1+\|AF\|)BW$	非线性失真减小
串联负反馈使输入电阻增大 $r_{if} = (1+\|AF\|)r_i$	并联负反馈使输入电阻减小 $r_{if} = \frac{r_i}{1+\|AF\|}$
电流反馈使输出电阻增大 $r_{of} = (1+\|AF\|)r_o$	电压反馈使输出电阻减小 $r_{of} = \frac{r_o}{1+\|AF\|}$

5.2　集成运算放大器

采用半导体集成工艺在一小块硅片上将需要的元件按一定顺序连接起来,构成完整功能的整体电路,称为集成电路。集成电路与分立元件电路相比具有以下主要特点：

(1) 对称性好。集成电路内部各元件同处于一块硅片上,距离非常靠近且在同一工艺条件下制造的,因此元件性能参数比较一致,对称性好,适用于差动放大电路。

(2) 用晶体管、场效应管代替电阻、电容。在集成电路中制造晶体管、场效应管比制造电阻、电容等容易,且占用面积小,放大器中各级之间采用直接耦合方式。用晶体管组成的恒流源电路代替电阻可以获得较大电压放大倍数,在必须使用大电阻、大电容的地方采用外接的办法解决。

5.2.1　集成运算放大器的结构和传输特性

图 5-10(a)所示是集成运算放大器的原理电路,从中可以说明一般集成运算放大器的电路结构和工作原理。

1. 输入级

输入级是由晶体管 T_1、T_2、T_3 和电阻 R_C、R_E、R_W 组成的差动放大电路,R_W 是外接调零电位器,调整差动放大电路的对称性。输入级能够较好地抑制零点漂移,获得较高的共模抑制比和输入电阻。输入级还完成了从双端输入到单端输出的转换。当输入信号接到 u_- 端,而 u_+ 端接地时为单端输入、单端输出,T_2 的集电极电压 u_{C2} 与 u_- 同相,再经 T_4 的反相放大以及 T_6、T_7 的射极输出,最后输出电压 u_o 与 u_- 是反相的,故称 u_- 端为反相输入端。同理,若输入信号接到 u_+ 端,而 u_- 接地时,输出电压 u_o 与输入电压 u_+ 同相,故 u_+ 端为同相输入端。

2. 中间级

由晶体管 T_4、T_5 和 R_3、R_4 组成共射极放大电路,T_5 作为 T_4 的集电极有源电阻可以大大提高中间级的电压放大倍数。

3. 输出级

输出级是由晶体管 T_6、T_7 组成的 OCL 互补对称功率放大电路,具有输出电阻小、带负载能力强的特点,二极管 D_1、D_2 的作用是克服交越失真。

图 5-10(b)所示是运放的传输特性,分为线性区和饱和区。

线性区:当差模输入($u_- - u_+$)较小时,输出与输入是线性关系:$u_o = A_{ud}(u_- - u_+)$,由于 $A_{ud} > 10^4$,$|u_o| < U_{om}$ 是有限值,因此,必须引入深度负反馈减小净输入才能工作在线性区。

非线性区:运放工作在开环或引入正反馈时差模输入($u_- - u_+$)较大,工作在非线性区,此时输入与输出不满足线性关系,输出维持在 $+U_{om}$ 或 $-U_{om}$,$U_{om} < U_{CC}$。

图 5-10(c)所示为运放的符号,图 5-10(d)所示是运放 CF741 的管脚图和实际应用中的连线,其内部结构比较复杂,因此内部连线不能与图 5-10(a)完全对应。

5.2.2　集成运算放大器的主要参数

1. 开环差模电压放大倍数 A_{ud}

A_{ud} 是运放在开环状态、输出不接负载时的直流差模电压放大倍数,是决定运算精度的主要因素。高质量集成运放的 A_{ud} 可达 $10^4 \sim 10^7$。

2. 差模输入电阻 R_{id} 和输出电阻 R_o

R_{id} 是指运放两个输入端加差模信号时的等效电阻,反映了输入级从信号源取用电流的大小。一般 R_{id} 为 3MΩ 左右,若用场效应管做输入级则可达 10MΩ 以上。

R_o 是在没有接反馈电路时,输出级的输出电阻,一般为 500Ω 以下。

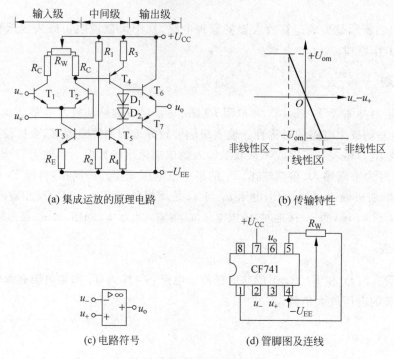

(a) 集成运放的原理电路　　　(b) 传输特性

(c) 电路符号　　　　　(d) 管脚图及连线

图 5-10　集成运放

3. 共模抑制比 CMRR

共模抑制比 CMRR 的定义是运放的差模电压放大倍数 A_{ud} 与共模放大倍数 A_{uc} 之比的绝对值,即 CMRR$=|A_{ud}/A_{uc}|$ 或 CMRR$=20\lg|A_{ud}/A_{uc}|$(dB)。一般达 100dB 以上。

4. 输入失调电压 U_{io} 及其温漂 $\dfrac{\mathrm{d}U_{io}}{\mathrm{d}T}$

理想情况下,输入电压为零时,输出电压也为零。但由于电路不对称,必须在输入端加一个补偿电压才使输出电压为零,这个输入的补偿电压又称做输入失调电压。一般为几毫伏。输入失调电压 U_{io} 受温度影响的程度用温度系数 $\dfrac{\mathrm{d}U_{io}}{\mathrm{d}T}$ 表示,虽然输入失调电压 U_{io} 可以通过调零电位器补偿,但不能解决输入失调电压 U_{io} 的温漂,U_{io} 为毫伏级。

5. 输入失调电流 I_{io} 及其温漂 $\dfrac{\mathrm{d}I_{io}}{\mathrm{d}T}$

输入为零时,两个输入端基极电流之差,$I_{io}=|I_{B1}-I_{B2}|$。I_{io} 越小、差动放大的对管 β 的对称性越好。I_{io} 的温度系数表示为 $\dfrac{\mathrm{d}I_{io}}{\mathrm{d}T}$。

6. 最大输出电压 U_{opp}(或输出峰-峰值电压)

输出不失真时的最大输出电压值,CF741 的 U_{opp} 约为 ±14V,即 28V。

7. 最大共模输入电压 U_{iCM}

差动放大电路对共模信号的抑制作用是有一定限度的,这个限度就是 U_{iCM},超出这个限度,管子将造成损坏,CF741 的 U_{iCM} 约为 $\pm 12V$。

5.2.3 理想运算放大器

分析运放的各种应用电路时,通常把运放看作是理想的,这使电路分析大为简化。理想运放的主要特征是:

$$\left.\begin{array}{ll}
\text{开环电压放大倍数} & A_u = \infty \\
\text{差模输入电阻} & R_{id} = \infty \\
\text{输出电阻} & R_o = 0 \\
\text{共模抑制比} & \text{CMRR} = \infty
\end{array}\right\} \tag{5-10}$$

此外,开环带宽为无穷大,失调及漂移电压均为零。

根据 $A_u = \infty$ 和 $R_{id} = \infty$ 以及输出电压 $|u_o| < U_{CC}$,u_o 是有限值,推论出两个重要结论,当运放工作在线性区时,两输入端电压近似短路、两输入端电流近似开路,即

$$\left.\begin{array}{l}
u_- \approx u_+ \quad \text{虚短} \\
i_- \approx i_+ \approx 0 \quad \text{虚断}
\end{array}\right\} \tag{5-11}$$

当 u_- 或 u_+ 有一端接地时,另一端可以称做"虚地",但如果任何一端都没有接地时,另一端是不可以称做"虚地"的,而只能称做"虚短"。

5.3 集成运算放大器的线性应用

由集成运放的传输特性可知,要使运放工作在线性区必须引入深度负反馈,目的是减小运放的净输入,保证输出电压不超出线性范围。反馈电阻 R_f 接在反相输入端将引入负反馈;反馈电阻 R_f 接在同相输入端将引入正反馈。

5.3.1 比例运算电路

1. 反相比例运算

电路如图 5-11 所示,输入信号加在反相输入端,反馈电阻 R_f 跨接在输出端和反相输入端之间,形成深度电压并联负反馈。为了提高电路输入级的对称性,同相端接入平衡电阻 R_P,$R_P = R_1 /\!/ R_f$,人们把它称做平衡电阻关系式。利用运放的两个结论:因为

$$u_- \approx u_+ \quad \text{及} \quad i_- \approx i_+ \approx 0$$

所以

$$i_f \approx i_i \approx \frac{u_i - u_-}{R_1} = \frac{u_i}{R_1}$$

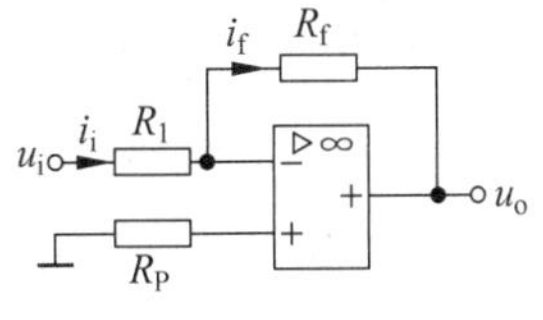

图 5-11　反相比例运算电路

$$u_{\circ} = -i_{f}R_{f} = -\frac{R_{f}}{R_{1}}u_{i} \qquad (5-12)$$

闭环电压放大倍数 $A_{uf} = -R_{f}/R_{1}$，反馈系数 $F = -R_{1}/R_{f}$，输入电阻 $R_{if} = u_{i}/i_{i} = R_{1}$。

反相比例运算电路特点：

（1）运放的反相输入端为虚地，其共模输入电压为零，因此该电路对集成运放的共模抑制比要求不高。

（2）输出电压对输入电压按比例反相放大，改变比例系数，可以方便地改变输出电压。

（3）这是电压并联负反馈电路，使输入电阻减小。

2. 同相比例运算

同相比例运算电路如图 5-12(a) 所示，输入信号加在同相输入端，反馈电阻 R_{f} 跨接在输出端和反相输入端之间，形成电压串联负反馈，平衡电阻 $R_{P} = R_{1} /\!/ R_{f}$。既然是同相端输入，若 $u_{i} > 0$，则输出 $u_{\circ} > 0$。在图 5-12 中，规定反馈电流的参考方向由高电位 $u_{\circ}$ 流入地，u_{-} 通过分压得到。因为

$$u_{-} = \frac{R_{1}}{R_{1} + R_{f}} \times u_{\circ}$$

所以

$$u_{\circ} = \left(1 + \frac{R_{f}}{R_{1}}\right) \times u_{-} = \left(1 + \frac{R_{f}}{R_{1}}\right) \times u_{i} \qquad (5-13)$$

上式中 $u_{-} \approx u_{+} = u_{i}$ 虚短而不虚地，闭环电压放大倍数 $A_{uf} = (1 + R_{f}/R_{1})$，反馈系数 $F = R_{1}/(R_{1} + R_{f})$，输入电阻 $R_{if} = \infty$。若 $R_{P} = R_{f} = 0$，$R_{1} = \infty$，就有 $u_{\circ} = u_{i}$，则构成如图 5-12(b) 所示的电压跟随器，利用其输入电阻高和输出电阻低的特点在电路中起缓冲、隔离作用。电路特点是：

（1）由于 $u_{-} \approx u_{+} = u_{i}$，相当于在输入端加有共模信号，对运放的共模抑制比要求较高。

（2）引入电压串联负反馈后可进一步提高输入电阻。

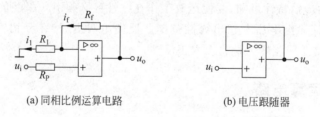

(a) 同相比例运算电路　　　　　(b) 电压跟随器

图 5-12　同相比例运算

5.3.2　和、差运算电路

1. 反相求和电路

反相求和电路如图 5-13 所示，图中三个输入端经电阻加在反相输入端，同相端经平衡电阻 R_{P} 接地。由于反相输入端为虚地，各输入电压彼此独立地通过各自的输入电阻转换为电流，在反相端汇合后经反馈电阻 R_{f} 转换成输出电压，从而实现了求和运算。因为

$$i_{f} = i_{1} + i_{2} + i_{3}$$

所以

$$u_o = -i_f R_f = -\left(\frac{u_1}{R_1} + \frac{u_2}{R_2} + \frac{u_3}{R_3}\right)R_f \tag{5-14}$$

当 $R_1 = R_2 = R_3 = R_f$ 时 $u_o = -(u_1 + u_2 + u_3)$，平衡电阻 $R_P = R_1 /\!/ R_2 /\!/ R_3 /\!/ R_f$。

2. 同相求和电路

同相求和电路如图 5-14 所示。利用节点电压法求出 U_+ 的电位，再按照同相比例运算式(5-13)就能很容易地得到输出电压的表达式。因为

$$U_+ = \frac{\dfrac{u_1}{R_1} + \dfrac{u_2}{R_2} + \dfrac{u_3}{R_3}}{\dfrac{1}{R_1} + \dfrac{1}{R_2} + \dfrac{1}{R_3}} = R'\left(\frac{u_1}{R_1} + \frac{u_2}{R_2} + \frac{u_3}{R_3}\right) \quad R' = R_1 /\!/ R_2 /\!/ R_3$$

所以

$$u_o = \left(1 + \frac{R_f}{R_0}\right)u_+ = \left(1 + \frac{R_f}{R_0}\right)R'\left(\frac{u_1}{R_1} + \frac{u_2}{R_2} + \frac{u_3}{R_3}\right) \tag{5-15}$$

当 $R' = R_f /\!/ R_0$ 时，$u_o = R_f\left(\dfrac{u_1}{R_1} + \dfrac{u_2}{R_2} + \dfrac{u_3}{R_3}\right)$。

同相求和电路电阻参数的选取不如反求和电路方便。另外，输入电压 U_+ 受到运放共模输入电压允许范围的限制，实际很少使用。

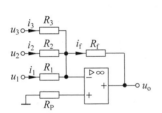

图 5-13　反相求和电路

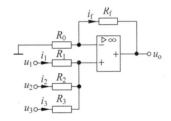

图 5-14　同相求和电路

3. 差动输入电路

运放的反相端和同相端都有输入信号时称做差动输入，如图 5-15 所示。分析两个输入端的输入信号对输出的贡献时可以用叠加原理，具体步骤如下。

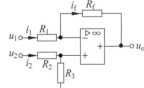

图 5-15　差动输入电路

当 u_1 单独作用时，令 $u_2 = 0$，得到 u_o'

$$u_o' = -\frac{R_f}{R_1}u_1$$

当 u_2 单独作用时，令 $u_1 = 0$，得到 u_o''

$$u_o'' = \left(1 + \frac{R_f}{R_1}\right)u_+ = \left(1 + \frac{R_f}{R_1}\right)\frac{R_3}{R_2 + R_3}u_2$$

输出电压为

$$u_o = u_o' + u_o'' = -\frac{R_f}{R_1}u_1 + \left(1 + \frac{R_f}{R_1}\right)\frac{R_3}{R_2 + R_3}u_2 \tag{5-16}$$

上式看上去不仅繁杂、实际应用中电阻调整不方便,而且还存在着对共模信号的抑制问题。下面讨论如何才能抑制对共模信号放大,首先将差动输入分解为一对共模输入和一对差模输入的叠加。因为

$$u_{\mathrm{ic}} = \frac{u_1 + u_2}{2}, \quad u_{\mathrm{id}} = \frac{u_1 - u_2}{2}$$

所以

$$u_1 = u_{\mathrm{ic}} + u_{\mathrm{id}}, \quad u_2 = u_{\mathrm{ic}} - u_{\mathrm{id}}$$

故

$$u_{\mathrm{o}} = \left[-\frac{R_{\mathrm{f}}}{R_1} + \left(1 + \frac{R_{\mathrm{f}}}{R_1}\right)\frac{R_3}{R_2 + R_3}\right]u_{\mathrm{ic}} + \left[-\frac{R_{\mathrm{f}}}{R_1} - \left(1 + \frac{R_{\mathrm{f}}}{R_1}\right)\frac{R_3}{R_2 + R_3}\right]u_{\mathrm{id}}$$

令 $\left[-\dfrac{R_{\mathrm{f}}}{R_1} + \left(1 + \dfrac{R_{\mathrm{f}}}{R_1}\right)\dfrac{R_3}{R_2 + R_3}\right] = 0$,使电路的共模电压放大倍数为零。当选择电阻参数为: $R_1 = R_2$,$R_{\mathrm{f}} = R_3$ 满足平衡电阻条件 $R_2 /\!/ R_3 = R_1 /\!/ R_{\mathrm{f}}$ 时,输出电压为

$$u_{\mathrm{o}} = -\frac{R_{\mathrm{f}}}{R_1}(u_1 - u_2)$$

例5-1　图 5-16 所示是由二级运放组成的和差电路,均为反相求和,不仅电阻调整十分方便、而且共模输入信号为零,是目前广泛使用的和差电路。电路的外部参数为 $R_1 = R_2 = R_3 = R_4 = R_5 = 5\mathrm{k}\Omega$,$R_{\mathrm{f1}} = R_{\mathrm{f2}} = 10\mathrm{k}\Omega$,求 u_{o2} 的表达式。

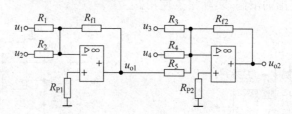

图 5-16　二级运放组成的和差电路

解:先求出第一级的输出 u_{o1},再求出第二级的输出 u_{o2}。

$$u_{\mathrm{o1}} = -\frac{R_{\mathrm{f1}}}{R_1}u_1 - \frac{R_{\mathrm{f1}}}{R_2}u_2 = -2(u_1 + u_2)$$

$$u_{\mathrm{o2}} = -\frac{R_{\mathrm{f2}}}{R_3}u_3 - \frac{R_{\mathrm{f2}}}{R_4}u_4 - \frac{R_{\mathrm{f2}}}{R_5}u_{\mathrm{o1}} = -2(u_3 + u_4 + u_{\mathrm{o1}})$$

$$= -2(u_3 + u_4) + 4(u_1 + u_2)$$

例5-2　如图 5-17 电路所示,$u_{\mathrm{i}} = 0.4\mathrm{V}$,$R_1 = 100\mathrm{k}\Omega$,$R_2 = R_{\mathrm{f}} = 50\mathrm{k}\Omega$,$R_3 = 5\mathrm{k}\Omega$,求 u_{o}。

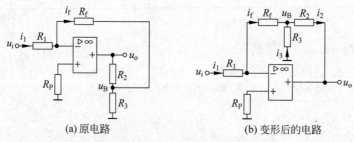

(a) 原电路　　　　　　　　(b) 变形后的电路

图 5-17　例 5-2 用图

解：从变形后的电路中先求出 B 点电位 u_B，再根据 $u_o = u_B - i_2 \times R_2$ 关系求出 u_o。

因为

$$u_B = -i_f R_f = -\frac{R_f}{R_1} u_i$$

$$i_2 = i_f + i_3 = \frac{u_i}{R_1} + \frac{0 - u_B}{R_3} = \frac{u_i}{R_1} + \frac{R_f u_i}{R_1 R_3} = \left(1 + \frac{R_f}{R_3}\right) \times \frac{u_i}{R_1}$$

所以

$$u_o = u_B - i_2 \times R_2 = -\frac{R_f}{R_1} u_i - \left(1 + \frac{R_f}{R_3}\right) \times \frac{R_2}{R_1} \times u_i$$

$$= -\frac{50 \times 10^3}{100 \times 10^3} \times 0.4 - \left(1 + \frac{50 \times 10^3}{5 \times 10^3}\right) \times \frac{50 \times 10^3}{100 \times 10^3} \times 0.4 = -2.4(\text{V})$$

5.3.3 积分、微分运算电路

1. 积分运算电路

把反相比例电路中的反馈电阻 R_f 换成电容 C，则构成基本积分电路，如图 5-18 所示。设电容上初始电压为零，输入一个阶跃电压后，电容上就有一个充电电流 i_f 对电容充电，积分时间常数 $\tau = R_1 C$。电容电压从零开始增大直到 $U_{om}(<u_{cc})$ 为止就结束充电，充电结束后 $i_f = 0$，输出电压维持不变，电路达到稳态。因为

$$i_f = \frac{u_i}{R_1}$$

所以

$$u_o = -u_c = -\frac{1}{C}\int i_f \mathrm{d}t = -\frac{1}{R_1 C}\int u_i \mathrm{d}t \tag{5-17}$$

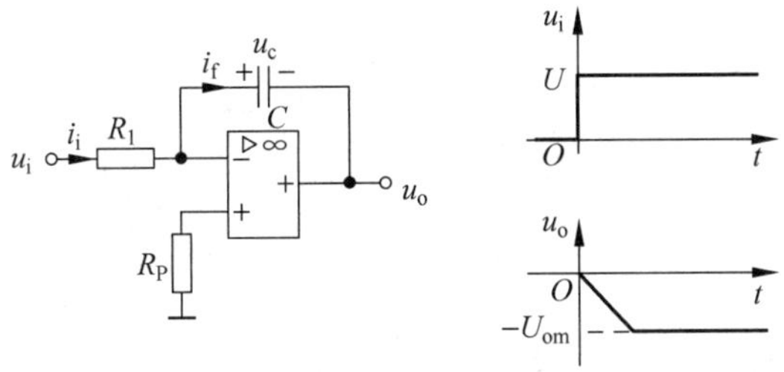

图 5-18 基本积分电路以及输入电压与输出电压的波形图

例 5-3 图 5-18 的积分电路中，若 $R_1 = 3\text{k}\Omega$，$C = 1\mu\text{F}$，$u_i = 0.6\text{V}$。求输出电压 u_o 从 0 变化到 -6V 时所需要的时间 $\Delta t = ?$

解：由式(5-17)可知

$$u_o = -\frac{1}{R_1 c}\int u_i \mathrm{d}t = -\frac{u_i}{R_1 C} t = -\frac{0.6}{3 \times 10^{-3}} t = -200t$$

$t = 0$ 时， $\qquad\qquad u_o(0) = 0\text{V}$

$t = t_1$ 时， $\qquad\qquad u_o(t_1) = -6\text{V} \quad t_1 = 6/200 = 3 \times 10^{-2}\text{s}$

因此，输出电压 u_o 从 0 变化到 -6V 时所需要的时间 $\Delta t = t_1 - 0 = 3 \times 10^{-2}\text{s}$。

2. 微分运算电路

微分运算电路如图 5-19 所示。由图可知,由于输入电路是由电容组成,而电容上的电流是对电容电压的微分,因此,在反馈电阻上得到的输出电压和输入电压成微分关系。若输入电压为 u_i 的正阶跃电压,电容电压的初态为 0V,而且信号源总是有内阻存在,因此电容的充电电流较大,但是一个有限值。随着电容器上电压的增大,充电电流减小,输出电压逐渐衰减、最后趋于零。

$$u_o = -i_c \cdot R_f = -R_f C \frac{du_i}{dt} \tag{5-18}$$

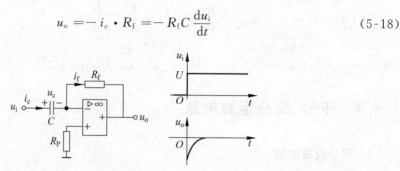

图 5-19　基本微分电路以及输入电压与输出电压的波形图

上面的微分电路存在两个问题:一是由于对输入信号中的快速变化分量敏感,所以高频噪声和干扰所产生的影响比较严重;二是微分电路对输入信号将产生滞后相移,如果它和运放产生的附加滞后相移之和达到 180°时,将引起自激振荡。解决上述问题最简单的办法是在电容支路里串联一个小电阻,以起到增大输入阻抗,抑制高频干扰和避免振荡的作用。

例 5-4　对图 5-20 所示电路,推导出 u_i 与 u_o 的关系式,即 $u_i = f(u_o)$。

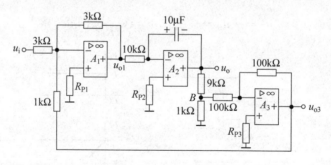

图 5-20　例 5-4 用图

解:第一步,列出 u_{o3} 的表达式。A_3 的输入是 u_B,由 u_o 经分压得到并按 -1 做比例运算。

$$u_B = 0.1u_o, \quad u_{o3} = -0.1u_o$$

第二步,列出 u_{o1} 的表达式。A_1 是反相求和运算电路,有两个输入信号:u_i 和 u_{o3}。

$$u_{o1} = -u_i - 3u_{o3} = -u_i + 0.3u_o$$

第三步,列出 u_o 的表达式。A_2 是积分运算电路。

$$u_o = -\frac{1}{RC}\int u_{o1}\,dt$$

$$= -\frac{1}{10\times 10^3 \times 10\times 10^{-6}}\int (-u_i + 0.3u_o)\,dt$$

$$=-10\int(-u_\mathrm{i}+0.3u_\mathrm{o})\,\mathrm{d}t$$

最后,对 u_o 的表达式两边求微分,将输入电压 u_i 提到方程的左边,就完成了题目的要求。

因为
$$\frac{\mathrm{d}u_\mathrm{o}}{\mathrm{d}t}=10u_\mathrm{i}-3u_\mathrm{o}$$

所以
$$u_\mathrm{i}=0.1\frac{\mathrm{d}u_\mathrm{o}}{\mathrm{d}t}+0.3u_\mathrm{o}$$

5.4　集成运算放大器的非线性应用

运放工作在开环、正反馈或外部接有非线性元件时,其输出电压与输入电压的关系是非线性的。在开环或正反馈状态,输入、输出电压往往比较大、容易造成器件损坏。为此,经常采用图 5-21 所示的输入和输出保护措施,输入保护是由两个钳位二极管反向并联在运放的输入端,钳制了输入电压不会超过二极管管压降。输出保护是由两个稳压二极管反向串联在运放的输出端,使输出电压被钳制在稳压值上。输出端的电阻 R 起限流保护作用,防止运放因输出短路电流过大而被损坏。

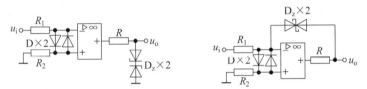

图 5-21　具有输入保护和输出保护的两例电路

5.4.1　运放外接非线性元件的应用电路

运放的反馈电路外接二极管、三极管等非线性元件时,电路仍属于闭环状态,但是输出与输入的关系不是线性的。

1. 具有不同比例系数的比例运算电路

图 5-22 所示为反相比例运算电路及其传输特性,反馈电路有两条支路,其中一条支路是由非线性元件二极管 D 与 R_f2 串联组成,另一条支路是 R_f1。当输出低电平时二极管 D 因反偏而截止,反馈电阻只有 R_f1;当输出高电平时二极管 D 因正偏而导通,反馈电阻是 $R_\mathrm{f1}\,/\!/\,R_\mathrm{f2}$,因此这是具有不同比例系数的比例运算电路。

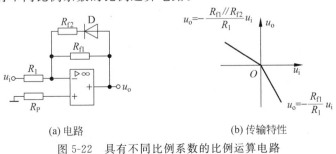

(a) 电路　　　　　　　　　(b) 传输特性

图 5-22　具有不同比例系数的比例运算电路

2. 精密二极管电路

只有输入电压大于开启电压U_{on}二极管才导通。由于二极管的正向压降和非线性特性的影响,使某些二极管应用电路输出存在误差。采用如图 5-23 所示的精密二极管电路,二极管两端电压相当于开环输出电压,其开启电压U'_{on}等于U_{on}除以运放的开环电压放大倍数A,即$U'_{on}=U_{on}/A$,更接近于理想二极管。设开环放大倍数$A=3\times10^4$,$U_{on}=0.6$V,则$U'_{on}=\dfrac{U_{on}}{A}=\dfrac{0.6}{3\times10^4}=20\mu$V。

3. 有源峰值检波器

图 5-24 所示是有源峰值检波器,输出电压u_o是电容上电压。当输入电压u_i大于输出电压u_o时,二极管导通、管压降近似为零,输出电压u_o跟随输入电压u_i变化;当输入电压u_i小于输出电压u_o时,二极管截止、电容无放电回路,输出电压u_o仍保持不变。

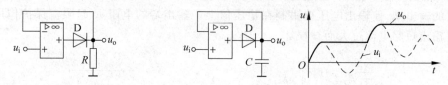

图 5-23　精密二极管电路　　　　图 5-24　有源峰值检波器电路和波形图

5.4.2　电压比较器

电压比较器是将一个输入的模拟信号去和一个参考电压相比较,视输入信号是大于还是小于参考电压来决定输出是高电平还是低电平。电压比较器的输出电位通常与数字电路的逻辑电位兼容,它可以用于越限报警、模数转换和波形变换中。

1. 单限比较器

单限比较器的电路如图 5-25 所示。单限是指有一个门限电压决定输出电压的变化。单限比较器常用作信号变换,如改变门限电压的大小和极性就可以改变输出矩形波的占空比。

单限比较器有多种连线方法,在图 5-25(a)和图 5-25(b)中输入电压u_i与参考电压U_R接在不同的输入端,其门限电压U_T等于参考电压U_R,即$U_T=U_R$;当参考电压$U_R=0$时,就称做过零比较器。

在图 5-25(c)中输入电压u_i与参考电压U_R接到同一端时,门限电压$U_T=-U_R$,证明如下:用节点电压法可以得出$U_-=1/2(U_R+u_i)$,只有在U_-由正电压变为负电压或由负电压变为正电压时输出才会变化,因此门限电压$U_T=-U_R$。

单限比较器抗干扰能力差,输入电压在门限电压附近变化时,输出在高电平U_{om}和低电平$-U_{om}$之间跳动,较稳定的电路是下面 5.4.3 节介绍的滞回比较器。

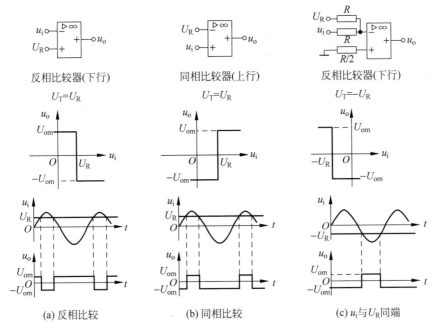

反相比较器(下行)　　　　同相比较器(上行)　　　　反相比较器(下行)

$U_T=U_R$　　　　　　　$U_T=U_R$　　　　　　　$U_T=-U_R$

(a) 反相比较　　　　　　(b) 同相比较　　　　　　(c) u_i 与 U_R 同端

图 5-25　几个单限比较器的例子以及它们的传输特性和波形图

2. 滞回比较器

图 5-26 所示是具有滞回特性的比较器,又称施密特电路。为了简化分析,先将外接的比较电压接地,即 $U_R=0$,输入信号仍接在反相端。R_f 断开时便是反相过零比较器。本例 R_f 接在同相端,在运放的同相端获得一个随输出变化的门限电压 U_+,它是由输出电压 U_o 经 R_f 和 R_2 的分压后在 R_2 上的电压。忽略稳压管正向压降,这个变化的门限电压 U_+ 为

当 $u_o=+U_Z$ 时,　　　　$u'_+=\dfrac{R_2}{R_2+R_f}U_Z=U_{TH}$ 称做上阈值

当 $u_o=-U_Z$ 时,　　　　$u''_+=\dfrac{-R_2}{R_2+R_f}U_Z=-U_{TH}$ 称做下阈值

$$\Delta U=U_{TH}-(-U_{TH})$$ 称做回差电压

从传输特性上可以看到:只有输入电压大于上阈值 U_{TH} 时,输出才会按照下行线翻转成为低电平 $-U_Z$;只有输入电压小于下阈值 $-U_{TH}$ 时,输出才会按照上行线翻转成为高电平 U_Z;输入电压在上、下阈值之间变化,输出将不变。回差电压越大、抗干扰能力越强。一般情况下 $U_R\neq0$,则上阈值和下阈值还要考虑 U_R 的作用。

3. 双限比较器

双限比较器如图 5-27 所示。它有两个门限电压 U_{R_1} 和 U_{R_2} 并且 $U_{R_1}>U_{R_2}$,发光二极管作显示用。从发光二极管是否发光能够判断出输入电压 u_i 的大概范围。它的工作原理分析如下:

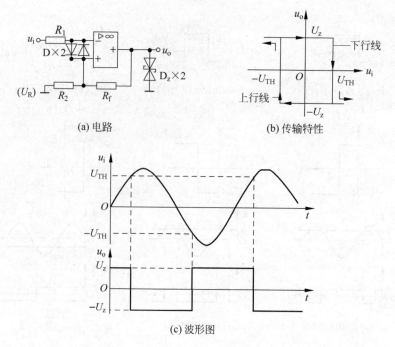

(a) 电路　　　　　　　　　　(b) 传输特性

(c) 波形图

图 5-26　滞回比较器

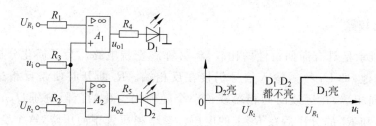

图 5-27　双限比较器电路和它的输出特性

当 $u_i > U_{R1}$（必然 $> U_{R2}$）时，$u_{o1} = u_{o2} > 0$，D_1 导通发光，D_2 截止。

当 $u_i < U_{R2}$（必然 $< U_{R1}$）时，$u_{o1} = u_{o2} < 0$，D_1 截止，D_2 导通发光。

当 $U_{R2} < u_i < U_{R1}$ 时，$u_{o1} < 0$，$u_{o2} > 0$，D_1、D_2 都是截止的，都不发光。

例 5-5　计算机电源检测电路如图 5-28 所示，电路中使用 LM311 集成电压比较器。当电源电压 U_{CC} 低落时，它能输出高电平的报警信号，使计算机立即采取保护数据的处理措施。电路中的基准电压 U_R 由稳压管 D_Z 的稳压值确定，根据需要可以选用不同的稳压值。比较器的输入电压 u_i 主要由 R_2、R_3、RP_1 的分压确定，正比于电源电压 U_{CC}。电压比较器为反相连接，当 $u_i > U_R$ 时，$U_O = U_L$；当 $u_i < U_R$ 时，$U_O = U_H$，门限电压 $U_T = U_R$。调节电位器 RP_1 可以使电路的适应范围扩大。

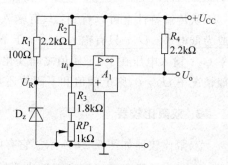

图 5-28　计算机电源检测电路

5.4.3　信号发生器

信号发生器不需要输入信号,就可以使输出电压从无到有、从小到大,直到稳定值。实现这一功能对电路结构的基本要求是:正反馈与负反馈同时出现,具有限幅或稳幅环节。

1. 方波发生器

方波发生器是由带正反馈的运放加上 RC 组成的电容充放电电路构成,如图 5-29 所示,输出由稳压管限幅。方波发生器没有输入信号,利用开关接通电源的瞬间在电路中产生不规则的电流变化形成的扰动电压(或称噪音电压)加在输入端,是 $u_+>u_-$ 还是 $u_->u_+$ 完全是随机的,无论如何差别总是存在,正反馈导致运放输出雪崩式翻转,故输出为高电平 U_Z 或低电平 $-U_Z$。输出电压又通过 R_f 和 R_2 的分压获得一个门限电压 $\pm U_{TH}$。假设当前输出电压为 U_Z,电容初始电压 $u_c(0)=0$,这时输出电压要通过 R_1 向电容充电……工作过程如下:

电容充电 $u_c\uparrow\to u_c>U_{TH}$ 时,u_o 下跳到 $-U_Z\to$电容放电 $u_c\downarrow$

$u_c<-U_{TH}$ 时,u_o 上跳到 U_Z

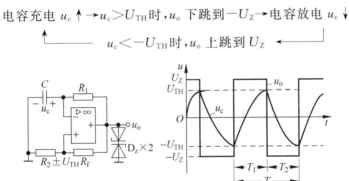

图 5-29　方波发生器及波形图

在方波发生器的输出端得到了一个方波,在电容上得到锯齿波电压,方波的周期 T 由电路参数决定,为电容充电时间 T_1 和放电时间 T_2 之和

$$T = T_1 + T_2 = 2R_1C\ln\left(1+\frac{2R_2}{R_f}\right) \tag{5-19}$$

上式表明,改变 R_1C 或 R_2/R_f 均能调整方波的周期,而方波的幅值可通过选择稳压管的稳压值 U_Z 来改变。如果想得到宽度可调的矩形波输出,必须使充、放电时间不等。采用图 5-30 所示电路代替积分电路的 R_1,则

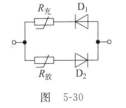

图　5-30

充电时间常数为　　$\tau_充=R_充 C$

放电时间常数为　　$\tau_放=R_放 C$

2. RC 正弦波发生器

RC 正弦波发生器是一种不需要输入信号就能输出一定频率和幅度正弦波信号的自激振荡电路,正弦波振荡电路有许多种,这里仅介绍 RC 桥式振荡电路。

1) 自激振荡条件

自激振荡原理可从图 5-31(a)方框图来分析。当开关 K 置于 1 端时,它是基本放大电路,输入正弦波,则输出也是正弦波。如果反馈电压与输入电压大小相等、相位相同,则当开关 K 置于 2 端时,输出电压将保持正弦波不变。放大器依赖其反馈电压自激而工作,反馈放大器就成了振荡器。稳态时自激振荡的条件推导如下:

基本放大电路的电压放大倍数 $\dot{A}=\dfrac{\dot{U}_o}{\dot{U}_i}$,   反馈系数 $\dot{F}=\dfrac{\dot{U}_f}{\dot{U}_o}$

满足自激振荡的条件是 $\dot{U}_f=\dot{U}_i$ 或 $\dot{A}\dot{F}=1$ (5-20)

式(5-20)中 $\dot{A}=A\angle\varphi_A$,$\dot{F}=F\angle\varphi_F$,表示基本放大电路和反馈电路对信号的幅度和相位上都会有影响。因此,$\dot{A}\dot{F}=1$ 又可以解释为

$$\left.\begin{array}{l}振幅平衡条件 \ |\dot{A}\dot{F}|=1 \\ 相位平衡条件 \ \varphi_A+\varphi_F=2n\pi, \quad n=0,1,2,\cdots\end{array}\right\} \qquad (5\text{-}21)$$

以上只是讨论了稳态情况,输出电压一开始并不存在,利用在 $t=0$ 接通电源的瞬间产生的扰动电压加在输入端,对它放大→正反馈→再放大→再正反馈→…→直到稳态幅值,输出电压的建立过程波形如图 5-31(b)表示。这就要求起振时 $|\dot{A}\dot{F}|>1$,稳幅后下降到 $|\dot{A}\dot{F}|=1$。

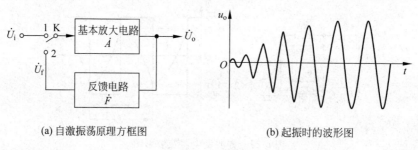

(a) 自激振荡原理方框图   (b) 起振时的波形图

图 5-31　自激振荡

2) 电路组成

RC 正弦波发生器电路如图 5-32(a)所示,虚框表示的部分实现 4 个功能。

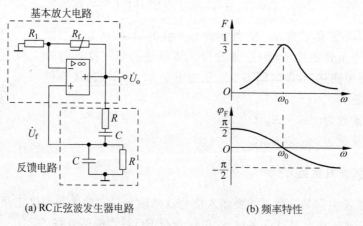

(a) RC 正弦波发生器电路   (b) 频率特性

图 5-32　RC 正弦波

(1) 基本放大电路是由运放和 R_1、R_f 组成的同相比例运算电路,其中
电压放大倍数

$$A = 1 + \frac{R_f}{R_1}, \quad \varphi_A = 0$$

功能一:放大电路——由运放实现,保证信号放大、提供振荡能量。

功能二:稳幅环节——由反馈电阻 R_f 实现。R_f 是具有负温度系数热敏电阻,随着输出电压增大 R_f 中的电流随之增加、阻值减小、电压放大倍数减小。

(2) 反馈电路是由电阻电容组成的串并联桥式振荡器,电路实现以下两个功能:

功能一:选频电路,最初的扰动电压是不规则的信号,选频电路将所需频率的信号挑选出来进行放大形成振荡,将不需要的信号加以抑制。

功能二:正反馈电路,对正反馈电路的要求是要满足振幅平衡条件和相位平衡条件。下面对正反馈电路做进一步分析,找出满足式(5-21)的两个平衡条件的具体参数。因为

$$\dot{F} = \frac{\dot{U}_f}{\dot{U}_o} = \frac{R \mathbin{/\mkern-5mu/} \dfrac{1}{\mathrm{j}\omega C}}{R + \dfrac{1}{\mathrm{j}\omega C} + R \mathbin{/\mkern-5mu/} \dfrac{1}{\mathrm{j}\omega C}} = \frac{1}{3 + \mathrm{j}\left(\omega CR - \dfrac{1}{\omega CR}\right)} \tag{5-22}$$

所以当 $\dot{F}$ 的虚部为零时满足相位平衡条件,令 $\omega CR - \dfrac{1}{\omega CR} = 0$,则振荡频率为 $\omega = \dfrac{1}{RC}$。此时 $F = 1/3$ 且 $\varphi_F = 0$。根据振幅平衡条件 $|\dot{A}\dot{F}| = 1$ 可以确定稳幅后基本放大电路的参数为:
稳幅时 $A = 1 + \dfrac{R_f}{R_1} = 3$ 或 $R_f = 2R_1$;起振时 $R_f > 2R_1$。

5.5　负反馈在直流稳压电源中的应用

电子设备中需要稳定的直流电源,获得直流电源的方法很多,如干电池、蓄电池、直流发电机等。但比较经济实用的办法是把交流电变换为直流电的各种半导体直流电源。它通常由 4 个部分组成,如图 5-33 所示。各部分的功能如下所述。

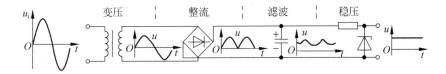

图 5-33　直流电源结构框图

电源变压器:将交流电源电压变换成符合整流电路所需要的交流电压。

整流电路:将交流电压变换为直流脉动电压。

滤波电路:将直流脉动电压变为平滑的直流电压。

稳压电路:在电源电压或负载变动时,使输出电压能保持稳定。

5.5.1　单相桥式全波整流电路和滤波电路

1. 单相桥式全波整流电路

单相桥式全波整流电路如图 5-34 所示,输入电压是正弦交流电,在输入电压的正半周 D_1、D_3 管导通,D_2、D_4 管截止;在输入电压的负半周 D_2、D_4 管导通,D_1、D_3 管截止。两管轮流导通,在负载电阻 R_L 上得到方向不变、大小改变的直流脉动电压。输出的直流电压 U_O 是瞬时值在一个周期的平均值。忽略二极管管压降,输出的直流电压 U_O 为

$$U_O = \frac{1}{2\pi}\int_0^{2\pi} u_o \mathrm{d}(\omega t) = \frac{1}{\pi}\int_0^{\pi} \sqrt{2}U_i \sin\omega t\, \mathrm{d}(\omega t) = 0.9U_i \tag{5-23}$$

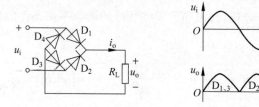

图 5-34　单相桥式全波整流电路及波形图

负载上的直流电流为

$$I_O = \frac{U_O}{R_L} = 0.9\frac{U_i}{R_L} \tag{5-24}$$

每个二极管在一个周期内只有半个周期工作,二极管的平均电流是负载电流的一半,即

$$I_D = \frac{1}{2}I_O = 0.45\frac{U_i}{R_L} \tag{5-25}$$

每个二极管承受的最大反向电压

$$U_{RM} = U_{iM} = \sqrt{2}U_i \tag{5-26}$$

2. 电容滤波电路

整流后的直流脉动电压含有大量交流成分,往往不能供设备使用,必须采取措施滤除其中的交流成分。滤波电路常用的有电容滤波电路、电感滤波电路以及它们的组合滤波电路。在此仅讨论电容滤波电路,如图 5-35 所示。

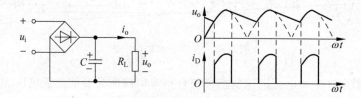

图 5-35　电容滤波电路及波形

利用电容存储电能的功能在滤波电路中起到削峰填谷的作用,这和第 2 章提到的电容可以提高电路的功率因数是一致的。当 $u_i > u_o$ 时,二极管导通、向电容充电;当 $u_i < u_o$ 时,

二极管截止、电容向电阻放电。电容 C 越大、电容存储的电荷越多。时间常数 $\tau = R_L C$ 越大、充放电的速度越慢、输出电压越平直。对全波整流要求的 $R_L C$ 值应满足

$$R_L C \geqslant (3-5)\frac{T}{2} \tag{5-27}$$

不接电容时的直流电压 $U_o = 0.9 U_i$，当接电容而不接负载电阻时 $U_o \approx 1.4 U_i$，一般取

$$U_o \approx 1.2 U_i \tag{5-28}$$

电容滤波的特点如下：

① 整流二极管的导通时间小于交流电周期的一半，流过二极管的电流为不连续的冲击电流，其幅值比输出平均电流大许多。因此，选择二极管的最大正向电流为 $I_F \geqslant (2 \sim 3) I_D$。

② 随着负载电流 I_o 的增加，输出直流电压下降明显，带负载能力不如电感滤波电路。

例 5-6　单相桥式全波整流电路，交流电源频率 $f = 50\text{Hz}$，负载电阻 $R_L = 120\Omega$，要求输出的直流电压 $U_o = 30\text{V}$，试选择整流二极管以及滤波电容。

解：二极管的平均电流　$I_D = \frac{1}{2} I_O = \frac{1}{2} \cdot \frac{U_O}{R_L} = \frac{1}{2} \cdot \frac{30}{120} = 0.125\text{A} = 125\text{mA}$

二极管的最大反向电压　$U_{RM} = \sqrt{2} U_i = \sqrt{2} \cdot \frac{U_O}{1.2} = \sqrt{2} \cdot \frac{30}{1.2} = 35\text{V}$

选择滤波电容：

因为 $R_L C = 5 \times \frac{T}{2}$，所以

$$C = \frac{5}{R_L} \times \frac{T}{2} = \frac{5}{120 \times 2 \times 50} = \frac{1}{2400} = 417\mu\text{F}$$

选用 0.5A/50V 的二极管和 $500\mu\text{F}/50\text{V}$ 的电解电容。

5.5.2　稳压电路

1. 串联型反馈式稳压电路

利用硅稳压管 D_Z 和调整电阻 R 组成的并联型稳压电路(见图 3-12(c))，在 R 上的损耗大，很少使用。用晶体管 T_1 代替调整电阻 R 的串联型反馈式稳压电路原理如图 5-36 所示，主要有 4 部分组成：

"采样电路"由 R_1、R_2、R_3 组成，采集输出电压的一部分作为反馈电压 U_f。

"基准电压"由稳压管 D_Z 和 R 提供一个稳定的基准电压 U_Z，R 为 D_Z 提供直流偏置。

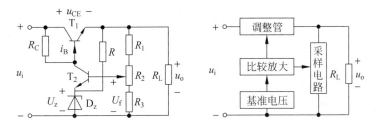

图 5-36　串联型稳压电路及其方框图

"比较放大"以 T_2、R_C 等组成。反馈电压 U_f 与基准电压 U_Z 比较后控制 T_2 的 u_{BE}。"调整管 T_1"。T_1 可以是 NPN 或 PNP 管子,通过调整其 u_{CE} 使输出电压保持稳定。稳压过程如下:

$$u_i \uparrow \longrightarrow u_o \uparrow \longrightarrow U_f \uparrow \longrightarrow u_{BE2} \uparrow \longrightarrow U_{C2} = U_{B1} \downarrow \longrightarrow I_{B1} \downarrow \longrightarrow u_{CE1} \uparrow \longrightarrow u_o \downarrow$$

上述稳压电路调整管工作在放大区、损耗大,电源转换效率一般在 $40\%\sim60\%$。

2. 稳压电源的主要技术指标

① 稳压系数 S。当 R_L 不变时,输出电压的相对变化量与输入电压的相对变化量之比是稳压系数。

$$S = \frac{\Delta U_o / U_o}{\Delta U_i / U_i} \bigg|_{RL=C} \tag{5-29}$$

② 输出电阻 r_o。输入电压不变时,负载电流变化 ΔI_o 引起的输出电压变化 ΔU_o 之比是输出电阻。

$$r_o = \frac{\Delta U_o}{\Delta I_o} \bigg|_{U_i=C} \tag{5-30}$$

3. 集成直流稳压电路

集成直流稳压电路将采样电路、基准电压、比较放大和调整管以及过载保护电路等集成在一个芯片内。目前集成稳压电路的规格种类繁多,具体电路结构差异很大。最简便的是三端集成稳压电路,它有三个引线端:输入端、输出端和公共接地端。W78×× 系列输出正电压,"××"表示输出电压值,W78×× 系列可提供 1.5A 电流和输出为 5V、6V、9V、12V、15V、18V、24V 等 7 挡正电压。W79×× 系列输出负电压。集成直流稳压电路的外形和符号如图 5-37 所示。

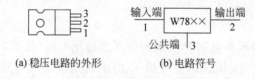

(a) 稳压电路的外形　　　(b) 电路符号

图 5-37　集成直流稳压电路外形图和电路符号

1) 基本应用电路

图 5-38 所示电路是稳定输出电压的应用,输出电压为稳压电路的标称值。连线时管脚上的电压 $U_1 > U_2 > U_3$,稳压电路的输入端并联电容可以进一步减小输入电压的纹波、清除自激振荡,输出端并联电容可以清除输出的高频噪音。使用时应注意输入端不要短路、输入端与输出端不要接反、接地端不要开路。

2) 输出电压可调的电路

当所需电压大于集成稳压电路输出电压时,可采用图 5-39 所示的接线提高输出电压,运算放大器起到电压跟随器的作用。输出电压是 R_1 和 R_2 上的电压之和,改变 R_2 的大小,就改变了输出电压的大小。电路由于接入 R_1 和 R_2 使输出电阻增大、输出电压稳定性降低。

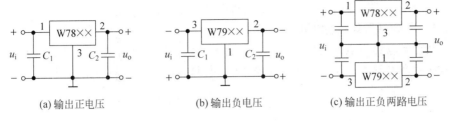

(a) 输出正电压　　　　(b) 输出负电压　　　　(c) 输出正负两路电压

图 5-38　固定输出电压的应用电路

$$u_o = U_{R_1} + \frac{U_{R_1}}{R_1} \times R_2 = \left(1 + \frac{R_2}{R_1}\right)U_{R_1} = \left(1 + \frac{R_2}{R_1}\right) \times 15$$

3) 扩大输出电流的电路

扩大输出电流的电路如图 5-40 所示。为了扩大输出电流,需要外接一个 PNP 型的晶体管,晶体管发射极电阻 R_1 起限流保护作用。若二极管正向压降与晶体管发射结压降相等的情况下,有 $I_E R_1 = I_D R_2$,所以 $I_E = (R_2/R_1)I_D$。忽略三极管基极电流和流出 W7815 公共端电流的情况下,可得输出电流为

$$I_L = I_C + I_D \approx I_E + I_D = \left(1 + \frac{R_2}{R_1}\right)I_D$$

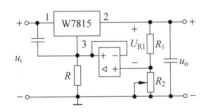

图 5-39　输出电压可调的电路

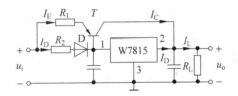

图 5-40　扩大输出电流的电路

5.5.3　开关电源

开关电源的全称是"无工频变压器开关稳压电源"。它不用电源变压器,将整流、滤波、稳压以及过载保护电路全部集成在一个集成块中,只引出 4 个管脚作为输入端和输出端,体积只有小火柴盒那么大。最大特点是调整管工作在开关状态、损耗小、电源转换效率达到 70%～90%、输入交流电压允许的变化范围大,使用维护十分方便。目前,在计算机、广播电视和一般电子仪器中被广泛使用。开关电源与图 5-37 中的串联型稳压电路相比,开关电源输出电压的噪声大,不适用作精密模拟电路的电源。

1. 开关电源的结构

开关电源的结构如图 5-41 所示,各部分的组成及功能叙述如下:

(1) 整流与滤波电路。实现将交流电转换成比较平滑的、但有纹波的直流电。

(2) 采样电路。由 R_1、R_2 组成,可以获得反馈电压 U_f。

(3) 调整管 T。调整管 T 工作在开关状态,开关电源由此得名。晶体管饱和导通时 I_C 较大、U_{CES} 很小;截止时 $I_C = I_{CES} \approx 0$,管子损耗小。晶体管导通或截止是由脉宽调制器的输出 u_{o2} 控制的。

（4）LC 滤波电路。电感 L 串联在输出电路中,电感阻止输出电流的变化;而电容 C 与负载电阻 R_L 并联试图保持输出电压不变。二极管 D 作为续流二极管使用,晶体管导通时,电流经过电感向电容充电并流入负载;晶体管截止时,电感中的电流经过电阻 R_1、R_2、R_L、续流二极管回到电感中。尽管有 LC 滤波,开关电源的输出电压还是纹波较大。

（5）脉宽调制器。由两级电压比较器组成,工作原理将在下面分析。

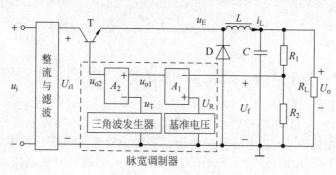

图 5-41　开关电源的结构

2. 脉宽调制器的工作原理

脉宽调制器由两级电压比较器组成,第一级 A_1 用反馈电压 U_f 和基准电压 U_R 比较;第二级 A_2 用 u_{o1} 与三角波电压 u_T 比较,输出 u_{o2} 控制调整管导通或截止,调整管导通时间 t_{on} 与三角波周期之比称做占空比,用 δ 表示。第二级输入与输出电压的波形图如图 5-42 所示。

当 U_o=标称值时,$U_f=U_R$,$u_{o1}=0$;u_{o2} 控制调整管导通时间是三角波的半个周期。

U_o>标称值时,$U_f>U_R$,$u_{o1}=-U_{o1}$;u_{o2} 控制调整管导通时间短一点。

U_o<标称值时,$U_f<U_R$,$u_{o1}=+U_{o1}$;u_{o2} 控制调整管导通时间长一点。

$\pm U_{o1}$、$\pm U_{o2}$ 分别是运放 A_1、A_2 的输出峰-峰值电压。

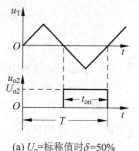 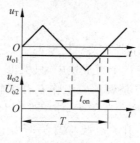 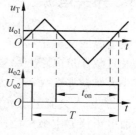

(a) U_o=标称值时 δ=50%　　　　(b) U_o>标称值时 δ<50%　　　　(c) U_o<标称值时 δ>50%

图 5-42　A_2 的输入输出波形

习　题　5

5-1　试回答:

（1）什么是反馈? 为什么要引入反馈?

（2）有哪些类型的反馈? 不同类型的反馈是如何判断的?

（3）什么是深度反馈? 条件是什么?

　　(4) 列举社会生产和生活、环保中存在的负反馈和正反馈例子,从中给我们带来什么样的经验和教训?

5-2　判断图 5-43 电路中的反馈类型,若一个电路有几路反馈,要求分别进行说明。

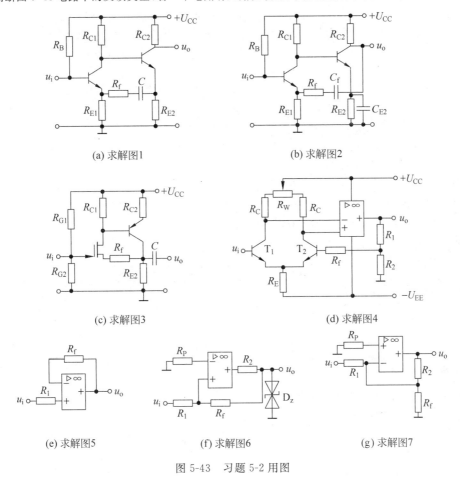

(a) 求解图1　　　　　　　　　　　　(b) 求解图2

(c) 求解图3　　　　　　　　　　　　(d) 求解图4

(e) 求解图5　　　　　(f) 求解图6　　　　　(g) 求解图7

图 5-43　习题 5-2 用图

5-3　判断下面的说法是否正确,并说明理由。

　　(1) 在深度负反馈时 $A_f = 1/F$,和晶体管的参数无关,因此可以任选管子。

　　(2) 负反馈可以减少非线性失真,因此,只要信号失真了,加一极负反馈放大器就一定能矫正成为高保真的信号。

　　(3) 负反馈可以扩大通频带,因此,可以用低频管代替高频管。

　　(4) 负反馈可以提高放大倍数的稳定性,也就是提高了输出电压的稳定性,也就增强了带负载能力。

5-4　选择反馈类型进行填空:

　　(1) 要求输入电阻大、输出电流稳定,应选用_____。

　　(2) 某传感器产生的电压信号(几乎不能提供电流),经放大后要求输出电压与信号电压成正比,该放大电路应选用_____。

　　(3) 希望获得一个电流控制的电流源,应选用_____。

　　(4) 希望获得一个电流控制的电压源,应选用_____。

5-5　负反馈放大电路中,要求开环电压放大倍数 $A_u = 10^5$,闭环电压放大倍数 $A_{uf} = 10$。问反馈深度 $(1 + |AF|)$ 是多大? 反馈系数 F 是多大?

5-6　图 5-44 所示是两款放大电路,请写出稳定静态工作点的过程。

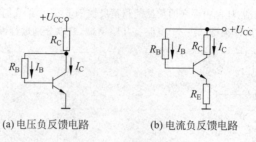

(a) 电压负反馈电路　　　　　(b) 电流负反馈电路

图 5-44　习题 5-6 用图

5-7　根据题目要求在图 5-45 中的合适位置画上反馈电阻 R_f 以及信号源 u_S。

(1) 使放大器输入电阻增加；

(2) 使运放的放大倍数 $A_{uf}=100$，R_f 为多大？

5-8　在图 5-46 电路中，$R_1=1\text{k}\Omega$，$R_f=R=10\text{k}\Omega$，求：(1)R_{P1}、R_{P2} 以及 u_o 与 u_i 的函数关系，$u_o=u_{o2}-u_{o1}$。

(2)若电源电压为 ±18V，$u_i=1$V，电路能否正常工作？为什么？

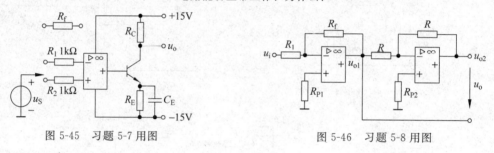

图 5-45　习题 5-7 用图　　　　　　　　图 5-46　习题 5-8 用图

5-9　试求图 5-47 电路中，K 闭合与断开时的电压放大倍数。

5-10　已知图 5-48 电路中有关参数，试求 A_2 的门限电压，并画出 u_{o1} 和 u_o 的波形。

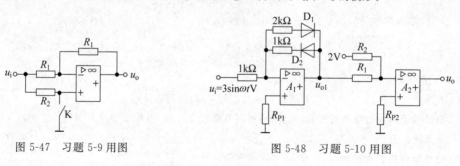

图 5-47　习题 5-9 用图　　　　　　　　图 5-48　习题 5-10 用图

5-11　分析图 5-49 电路中理想运放输出 u_{o1} 和 u_o 与输入 u_{i1} 和 u_{i2} 的运算关系。

5-12　已知图 5-50 电路中 $u_{i1}=1\sin\omega t$ V，试求 A_1 的门限电压，并作出 u_{o1} 和 u_o 波形图。

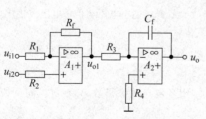

图 5-49　习题 5-11 用图

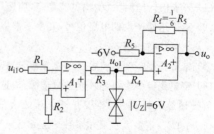

图 5-50　习题 5-12 用图

5-13　试用理想运算放大器设计实现以下求和运算的电路。

(1) $u_o = -(u_{i1} + 10u_{i2} + 2u_{i3})$

(2) $u_o = -5u_{i1} + 1.5u_{i2} + 0.1u_{i3}$

5-14　有一单相桥式全波整流电路,要求输出 110V 的直流电压和 3A 的直流电流。求电源变压器的副边电压以及选择整流二极管。

5-15　在单相桥式全波整流、电容滤波电路中,已知 $U_2 = 20V$, $R_L = 40\Omega$, $C = 1000\mu F$。若用直流电压表测量输出电压 U_o 出现以下各值,试说明哪些是正常值? 哪些是故障? 并分析原因。

(1) 28V　　(2) 24V　　(3) 18V　　(4) 9V

5-16　图 5-51 所示是简单串联型稳压电路,试分析当电网电压波动时,电路是怎样工作的?

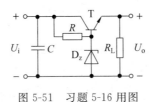

图 5-51　习题 5-16 用图

5-17　计算图 5-52 电路的输出电压 U_o。

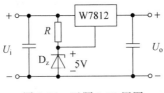

图 5-52　习题 5-17 用图

5-18　电路如图 5-53 所示,电路的输出电压 U_o 为 6～10V 可调。已知 $R_1 = 100\Omega$, $U_Z = 3V$,求 R_2 和 R_W 应选多大?

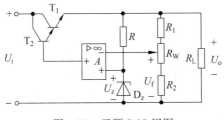

图 5-53　习题 5-18 用图

第6章 数字电路基础

前 5 章讨论的是模拟电路,模拟电路处理的是模拟信号,它是通过电信号模拟速度、温度、压力、语音等在时间和数值上均作连续变化的信号。从本章开始讨论数字电路,数字电路处理的信号是在时间和数值上都是离散的信号,利用电子器件的导通和截止产生的高电平和低电平可以有效地识别和处理具有两种状态的离散信号,故数字电路又被称做开关电路。数字电路具有速度快、精度高和抗干扰能力强等优点。自 20 世纪 90 年代以来,数字化已经成为信息处理的发展方向,渗透到科技、生产、娱乐和家用电器的各个方面,数字电子计算机是数字系统的典型代表。本章首先讨论数制与编码、逻辑代数的基本定律和规则、逻辑函数的化简、简单逻辑门电路,然后进入后续章节对具体数字电路的分析与设计。

6.1 数制与编码

6.1.1 数制与数制转换

数制是指进位记数制的方法,人们日常普遍使用的是十进制记数方法,有些地方也采用其他进制,如时间的分秒是六十进制。为了便于实现,在数字电路中采用二进制数,但二进制数表示一个数会太长,也不便记忆,所以有时也采用八进制、十进制或十六进制数表示。R 进制数的特点是:基本数符为 R 个,基数为 R,逢 R 进一。R 也是记数制的模。

下面列出常用的几种进位记数制,如表 6-1 所示。

表 6-1 几种常用进制对照表

十进制	二进制	八进制	十六进制
0~9	0,1	0~7	0~9,A~F
0	0	0	0
1	1	1	1
2	10	2	2
3	11	3	3
4	100	4	4
5	101	5	5
6	110	6	6
7	111	7	7

续表

十进制	二进制	八进制	十六进制
0~9	0,1	0~7	0~9,A~F
8	1000	10	8
9	1001	11	9
10	1010	12	A
11	1011	13	B
12	1100	14	C
13	1101	15	D
14	1110	16	E
15	1111	17	F
16	10000	20	10

1. 数的位置表示法和多项式表示法

十进制数 123.9 可以写成：

位置表示法　　　　　　　　多项式表示法

$$(1 \quad 2 \quad 3 . 9)_{10} = 1 \times 10^2 + 2 \times 10^1 + 3 \times 10^0 + 9 \times 10^{-1}$$

↓　　↓　　↓　↓

权值：$10^2 \quad 10^1 \quad 10^0 \quad 10^{-1}$

位置表示法中每一位数所处的位置不同,它所具有的值就不同。每一位数其值的大小由这一位的基数和这一位权值的乘积决定。其中 10^2、10^1、10^0、10^{-1} 分别表示百位、十位、个位、十分位的权值。为了避免混淆,应该用下标表示数的"模"或特别说明该数的数制。否则,认为是十进制数。等号的右边是多项式表示法,主要用于不同进制间的转换。任意一个 R 进制具有 n 位整数和 m 位小数的数按权展开式为

$$(B_{n-1} \cdots B_1 B_0 . B_{-1} \cdots B_{-m})_R$$
$$= B_{n-1} \times R^{n-1} + \cdots + B_1 \times R^1 + B_0 \times R^0 + B_{-1} \times R^{-1} + \cdots + B_{-m} \times R^{-m}$$

2. 二进制数的运算规则

$0 + 0 = 0$	$0 - 0 = 0$	$0 \times 0 = 0$	$0 \div 1 = 0$
$0 + 1 = 1$	$0 - 1 = 1$(借一当二)	$0 \times 1 = 0$	$1 \div 1 = 1$
$1 + 0 = 1$	$1 - 0 = 1$	$1 \times 0 = 0$	(0 不能作除数)
$1 + 1 = 10$(逢二进一)	$1 - 1 = 0$	$1 \times 1 = 1$	

例 6-1　$(1011.11)_2 + (100.10)_2 = (10000.01)_2$；

　　　　　$(1011.11)_2 - (100.10)_2 = (111.01)_2$。

被加数 ＝ 1011.11　　　　　　被减数 ＝ 1011.11
＋)加数 ＝　100.10　　　　　－)减数 ＝　100.10
＋)进位 ＝ 1111.00　　　　　－)借位 ＝ 1000.00
　　和 ＝10000.01　　　　　　　差 ＝ 0111.01

例 6-2　$(10110.11)_2 \times (101.1)_2 = (1111101.001)_2$

$(10110)_2 \div (101)_2 = (100)_2 \cdots 余(10)_2$

$$
\begin{array}{r}
10110.11 \\
\times\ \ \ 101.1 \\
\hline
101101\ 1 \\
1011011\ \ \\
1011011\ \ \ \ \\
\hline
1111101.001
\end{array}
$$

$$
\begin{array}{r}
100 \quad ---商 \\
101\ /\overline{\ 10110\ } \\
\underline{101\quad} \\
10 \ ---余数
\end{array}
$$

3. 数制转换

常用二进制数位权的十进制转换如表 6-2 所示。

表 6-2　常用二进制数位权的十进制转换

$2^0 = 1$	$2^5 = 32$	$2^{10} = 1024 \approx 10^3$　(1K)　1 千	$2^{-2} = 0.25$
$2^1 = 2$	$2^6 = 64$	$2^{20} \approx 10^6$　(1M)　1 兆	$2^{-3} = 0.125$
$2^2 = 4$	$2^7 = 128$	$2^{30} \approx 10^9$　(1G)　1 吉	$2^{-4} = 0.0625$
$2^3 = 8$	$2^8 = 256$	$2^{40} \approx 10^{12}$　(1T)　1 特	$2^{-5} = 0.03125$
$2^4 = 16$	$2^9 = 512$	$2^{-1} = 0.5$	

1）任意进制数转换成十进制数

方法是将数按权展开,在十进制中求和。

例 6-3　将二进制数$(11111111)_2$转换成十进制数。

解：$(11111111)_2 = 1 \times 2^7 + 1 \times 2^6 + 1 \times 2^5 + 1 \times 2^4 + 1 \times 2^3 + 1 \times 2^2 + 1 \times 2^1 + 1 \times 2^0$

　　　　　　　$= 128 + 64 + 32 + 16 + 8 + 4 + 2 + 1$

　　　　　　　$= (255)_{10}$

某些有规律的二进制数可以通过观察直接转化。若二进制数是连续 n 个 1,就等于 $2^n - 1$。即：$(11111111)_2 = (100000000 - 1)_2 = (2^8 - 1)_{10} = (255)_{10}$

例 6-4　将十六进制数$(ABC.F)_{16}$转换成十进制数。

解：先将 ABCF 写成十进制数,然后"加权"并在十进制数中求和。

　　　　$(ABC.F)_{16} = 10 \times 16^2 + 11 \times 16^1 + 12 \times 16^0 + 15 \times 16^{-1}$

　　　　　　　　　　$= 2560 + 176 + 12 + 0.9375$

　　　　　　　　　　$= (2748.9375)_{10}$

2）十进制数转换成任意进制

方法是整数部分和小数部分分别进行转换。

整数部分：除基取余,直到商为零。

小数部分：乘基取整,按精度要求确定位数。

例 6-5　将十进制数$(19.57)_{10}$转换成二进制数。

解：小数部分乘以基数后将整数移出,继续对小数部分乘基取整,直到达到精度要求为止。对精确没有要求时,一般保留 4 位小数,其误差小于 2^{-4}。

$$小数部分　0　.57$$

整数部分　　　　　　　　　　　　　　　　$\times 2$

$2\underline{|19}\cdots 余1 = b_0$　(低位) →　(高位) $b_{-1} = 1$　　.14　(移出整数1)

$2\underline{|9}\cdots 余1 = b_1$　　　　　　　　　　　　　　$\times 2$

$2\underline{|4}\cdots 余0 = b_2$　　↑　　　　↓　$b_{-2} = 0$　　.28　(移出整数0)

$2\underline{|2}\cdots 余0 = b_3$　　　　　　　　　　　　　　$\times 2$

$2\underline{|1}\cdots 余1 = b_4$　(高位)　(低位) $b_{-3} = 0$　　.56　(移出整数0)

商 0　　　　　　　　　　　　　　　　　　$\times 2$

　　　　　　　　　　　　　　$b_{-4} = 1$　　.12　(移出整数1)

$$(19.57)_{10} = (10011.1001)_2$$

例 6-6　将 $(19.57)_{10}$ 转换成七进制数。

解：

$$小数部分　0　.57$$

整数部分　　　　　　　　　　　　　　　　$\times 7$

$7\underline{|19}\cdots 余5 = b_0$　　　→　　　$b_{-1} = 3$　　.99　(移出整数3)

$7\underline{|2}\cdots 余2 = b_1$　　　　　　　　　　　　　$\times 7$

商0　　　　　　　　　　　　$b_{-2} = 6$　　.93　(移出整数6)

　　　　　　　　　　　　　　　　　　　　$\times 7$

　　　　　　　　　　　　$b_{-3} = 6$　　.51　(移出整数6)

所以 $(19.57)_{10} = (25.366)_7$

3）二进制、八进制、十六进制之间的相互转换

由于八和十六都是二的整倍数关系，因此它们之间的转换变得十分简单。方法是以小数点为中心向两边划分，每三位二进制数是一位八进制数；每四位二进制数是一位十六进制数，不足部分可以在二进制数的两边加零。

例 6-7　将二进制数 $(101110101111.1011)_2$ 转换成八进制数和十六进制数。

八进制数　　5　　6　　5　　7　　.　　5　　4

二进制数　　101　110　101　111　.　101　100

十六进制数　　B　　　A　　　F　　.　　B

所以 $(101110101111.1011)_2 = (5657.54)_8 = (BAF.B)_{16}$

4）R_1 进制转换为 R_2 进制

方法是，先将 R_1 进制数转换成十进制数，然后再转换成 R_2 进制数。

6.1.2　符号数在机器中的表示——原码、反码和补码

二进制数可以分为无符号数和有符号数，像地址、人数属于无符号数；而算术运算中的数大多是有符号数，一般把有符号数在计算机中的表示都称做机器数，而这个符号数是机器

数的真值。

1. 定点数与浮点数

定点数是指小数点固定的数。计算机中的定点数又分为定点整数和定点小数,如图 6-1 所示。用定点整数表示纯整数,最高位是符号位 N_f、其余都是数值位,小数点隐含在数值位的右边。用定点小数表示纯小数,最高位是符号位 N_f,其余都是数值位,小数点隐含在符号位与数值位之间。"隐含"代表一种约定,在这里约定了小数点的位置、实际上小数点不占用数据位。手工书写时为了清楚起见,通常定点整数用逗号","将符号位与数值位分开,定点小数用小数点"."将符号位与数值位分开。

(a) 定点整数　　　　　　(b) 定点小数

图 6-1　定点数

例 6-8　$N_1 = +1111011$　　在机内表示为 $[N_1] = N_{f_1}, 1111011$

$\quad\quad\quad N_2 = +0.1111011$　　在机内表示为 $[N_2] = N_{f_2}. 1111011$

浮点数是指小数点不固定的数。任何一个二进制数都可以表示成纯小数与一个 2 的次幂的乘积。浮点数由阶码 E 和尾数 M 两部分组成,阶码用定点整数表示 2 的次幂、尾数用定点小数表示纯小数。二进制数 N 的一般形式为

$$N = 2^E \times M$$

上式中的阶码若变化、尾数也应作相应变化,阶码在机器中也用二进制数表示。

例 6-9　$(1110.101)_2 = (2^4 \times 0.11101010)_2 = (2^5 \times 0.01110101)_2$,如图 6-2 所示。

(a) 浮点数 $2^4 \times 0.11101010$　　　　　(b) 浮点数 $2^5 \times 0.01110101$

图 6-2　例 6-9 的数在机器中的表示

2. 原码、反码和补码

1) 原码

原码只对数的符号进行数值化处理。整数的原码应在数值前加一位符号位,纯小数的原码将小数点的前一位作为符号位。正数的符号位是 0、负数的符号位是 1,数值保持不变。

例 6-10　　　　　　$N_1 = +\quad 1101 \rightarrow [N_1]_原 = 0,1101$

$\quad\quad\quad\quad\quad\quad\quad\quad N_2 = -\quad 1101 \rightarrow [N_2]_原 = 1,1101$

$\quad\quad\quad\quad\quad\quad\quad\quad N_3 = +0.0101 \rightarrow [N_3]_原 = 0.0101$

$\quad\quad\quad\quad\quad\quad\quad\quad N_4 = -0.0101 \rightarrow [N_4]_原 = 1.0101$

一个 n 位整数 N 的原码一般表示式为

$$[N]_原 = \begin{cases} N, & 0 \leqslant N < 2^n \\ 2^n - N, & -2^n < N \leqslant 0 \end{cases}$$

一个 m 位小数 N 的原码一般表示式为

$$[N]_{原} = \begin{cases} N, & 0 \leqslant N < 1 \\ 1 - N, & -1 < N \leqslant 0 \end{cases}$$

原码的表示法简单,但是加、减运算较复杂。若作加法运算,只有两数的符号位相同时才将两数值相加;两数的符号位不同时将两数值相减,差的符号是较大数的符号。减法还要麻烦。为了简化运算,通常把带符号数表示成反码和补码。

2) 反码

正数的反码等于正数的原码;负数的反码是在原码的基础上符号位保持不变、数值按位求反。

例 6-11　　　　　$N_1 = +1101$　　　→　　　$[N_1]_{反} = 0,1101$

　　　　　　　　　　$N_2 = -1101$　　　→　　　$[N_2]_{反} = 1,0010$

　　　　　　　　　　$N_3 = +0.0101$　　→　　　$[N_3]_{反} = 0.0101$

　　　　　　　　　　$N_4 = -0.0101$　　→　　　$[N_4]_{反} = 1.1010$

一个 n 位整数 N 的反码一般表示式为

$$[N]_{反} = \begin{cases} N, & 0 \leqslant N < 2^n \\ (2^{n+1} - 1) + N, & -2^n < N \leqslant 0 \end{cases}$$

一个 m 位小数 N 的反码一般表示式为

$$[N]_{反} = \begin{cases} N, & 0 \leqslant N < 1 \\ (2 - 2^{-m}) + N, & -1 < N \leqslant 0 \end{cases}$$

3) 补码

$$[正数]_{补码} = [正数]_{反码} = [正数]_{原码};$$

负数的补码是在反码的基础上符号位保持不变、数值的最低位加 1。

例 6-12　　$N_1 = +\ \ 1101$　→　$[N_1]_{补} = 0,1101$

　　　　　　$N_2 = -\ \ 1101$　→　$[N_2]_{补} = 1,0011$　　* $[N_2]_{补} \neq 1,00101$

　　　　　　$N_3 = +0.0101$　→　$[N_3]_{补} = 0.0101$

　　　　　　$N_4 = -0.0101$　→　$[N_4]_{补} = 1.1011$

注意:这里强调数值的最低位加 1,而不是多加 1 位。

一个 n 位整数 N 的补码一般表示式为

$$[N]_{补} = \begin{cases} N, & 0 \leqslant N < 2^n \\ 2^{n+1} + N, & -2^n < N \leqslant 0 \end{cases}$$

一个 m 位小数 N 的补码一般表示式为

$$[N]_{补} = \begin{cases} N, & 0 \leqslant N < 1 \\ 2 + N, & -1 < N \leqslant 0 \end{cases}$$

通过观察表 6-3,特别是含"*"的行,可以总结出补码的性质:

(1) $[+0]_{原} \neq [-0]_{原}$

　　$[+0]_{反} \neq [-0]_{反}$

　　$[+0]_{补} = [-0]_{补}$,0 的补码唯一。

(2) 补码表示负数可以比表示正数多一个单位。$n+1$ 位补码可以表示 n 位整数的范围是:$-2^n \sim +(2^n - 1)$;$m+1$ 位补码表示 m 位小数的范围是 $-1 \sim +(1 - 2^{-m})$。注意,定点小数可以表示整数 -1,但不能表示整数 $+1$。

表 6-3 m 位纯小数 N 的 $[N]_原$、$[N]_反$ 和 $[N]_补$ 的几个典型值

真 值	$[N]_原$	$[N]_反$	$[N]_补$
$0.111\cdots11$	$0.111\cdots11$	$0.111\cdots11$	$0.111\cdots11$
$0.111\cdots10$	$0.111\cdots10$	$0.111\cdots10$	$0.111\cdots10$
$\vdots$	$\vdots$	$\vdots$	$\vdots$
$0.000\cdots01$	$0.000\cdots01$	$0.000\cdots01$	$0.000\cdots01$
$0.000\cdots00$	$0.000\cdots00$	$0.000\cdots00$	$0.000\cdots00$ *
$-0.000\cdots00$	$1.000\cdots00$	$1.111\cdots11$	$0.000\cdots00$ *
$-0.000\cdots01$	$1.000\cdots01$	$1.111\cdots11$	$1.111\cdots11$
$\vdots$	$\vdots$	$\vdots$	$\vdots$
$-0.111\cdots10$	$1.111\cdots10$	$1.000\cdots01$	$1.000\cdots10$
$-0.111\cdots11$	$1.111\cdots11$	$1.000\cdots00$	$1.000\cdots01$
$-1.000\cdots00$	不存在	不存在	$1.000\cdots00$ *

(3) 真值是带符号的数,而机器数是无符号的数。由于负数的符号位是 1、正数的符号位是 0,因此,负数的补码总是大于正数的补码。

(4) 补码的加减运算十分方便,操作时采用双符号位连同数值一起运算,如果减去一个正数,就看作是加上一个负数。和的双符号位"相同"时表示没有溢出、双符号位"不同"时表示有溢出,溢出时机器会报警并设置溢出标志位为 1。在保存和传送时仍采用一位符号位。

例 6-13 已知 $[X]_补=0.1101$,$[Y]_补=0.1011$,求 $[X+Y]_补$ 和 $[X-Y]_补$。

解:

$$\begin{array}{r} [X]_补=00.1101 \\ +[Y]_补=00.1011 \\ \hline [X+Y]_补=01.1000 \quad 溢出 \end{array} \qquad \begin{array}{r} [X]_补=00.1101 \\ +\ [-Y]_补=11.0101 \\ \hline [X-Y]_补=00.0010 \end{array}$$

答:$[X+Y]_补$ 有溢出,$[X-Y]_补=0.0010$。

6.1.3 十进制数的二进制编码——BCD 码

BCD(binary coded decimal)码是用 4 位二进制数表示 1 位十进制数的编码方法。在 4 位二进制数的 16 种编码中只用到 10 个,另外 6 个无效,是禁止出现的编码。常用的 BCD 码如表 6-4 所示。

8421BCD 码是有权码,各位的权分别是 8、4、2、1。

余 3 码等于 8421BCD 码加上 $(0011)_2$,是无权码,但却是自补码。

2421 码有权码,各位的权分别是 2、4、2、1。它也是自补码,2421 码的前 5 个编码与 8421BCD 码相同,后 5 个与前 5 个编码互补。

自补码的特点是将数中的每一位求补,得到该数的补码。

例如,2 和 7 对于 9 来说是互补的,将表示 2 的余三码 0101 逐位求反,得到 7 的余三码 1010;将表示 3 的 2421 码 0011 逐位求反,得到 6 的 2421 码 1100。

例 6-14

$$\begin{aligned}(247.9)_{10}&=(0010\ 0100\ 0111.1001)_{8421BCD码}\\&=(0101\ 0111\ 1010.1100)_{余3码}\\&=(0010\ 0100\ 1101.1111)_{2421码}\end{aligned}$$

表 6-4　BCD 码表

十进制数	8421 码	余 3 码	2421 码
0	0000	0011	0000
1	0001	0100	0001
2	0010	0101	0010
3	0011	0110	0011
4	0100	0111	0100
5	0101	1000	1011
6	0110	1001	1100
7	0111	1010	1101
8	1000	1011	1110
9	1001	1100	1111
	1010	0000	0101
	1011	0001	0110
6 个	1100	0010	0111
无效编码	1101	1101	1000
	1110	1110	1001
	1111	1111	1010

6.1.4　可靠性编码

代码在传送过程中可能会受到干扰发生错误。表 6-5 列出常用的可靠性编码是一种自校验码,它能发现错误,但不能纠正错误,实现起来也比较容易。有一种叫做"海明码"的可以验错也能纠错,由于原理和实现都比较麻烦,这里就不介绍了。

表 6-5　可靠性编码表

二进制数	格雷码	偶校验位	奇校验位	二进制数	格雷码	偶校验位	奇校验位
0000	0000	0	1	1000	1100	1	0
0001	0001	1	0	1001	1101	0	1
0010	0011	1	0	1010	1111	0	1
0011	0010	0	1	1011	1110	1	0
0100	0110	1	0	1100	1010	0	1
0101	0111	0	1	1101	1011	1	0
0110	0101	0	1	1110	1001	1	0
0111	0100	1	0	1111	1000	0	1

1. 格雷码

格雷码(Gray code)是循环码中最典型的代表,特点是任何两个相邻的二进制数的编码中仅有一位不同并且最大码组 1000 和最小码组 0000 头尾相接使全部码组按序循环。格雷码是无权码,形式也有多种。表 6-5 中格雷码实现的方法是:在二进制数前加一个 0,对相邻的两位求异得到。

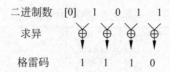

2. 奇偶校验码

偶校验码,在二进制数的最高位前加一位校验位,使数据中"1"的个数是偶数。

奇校验码,在二进制数的最高位前加一位校验位,使数据中"1"的个数是奇数。

例 6-15
$$(1001101)_2 = (1101011)_{格雷码}$$
$$= (0\ 1001101)_{偶校验码}$$
$$= (1\ 1001101)_{奇校验码}$$

6.1.5　字符编码

数字计算机处理的数据不仅有数字,还有字母和文字等符号。随着计算机的普及和发展,用户使用计算机的界面越来越方便,不仅有西文界面,同时也有本民族文字的界面。下面就介绍常用的两种字符编码。

1. ASCII 码

美国信息交换标准代码(American Standard Code for Information Interchange,ASCII 码)采用低 7 位二进制数编码,加上最高位 b_7 作校验位构成一个字节(8 位二进制数)。在计算机 DOS 操作系统下从键盘输入的数据和输出到显示器的数据都用 ASCII 码表示,如表 6-6 所示。

表 6-6　ASCII 码表

位 $b_6 b_5 b_4 \rightarrow b_3 b_2 b_1 b_0 \downarrow$	000	001	010	011	100	101	110	111
0000	NUL	DLE	SP	0	@	P	`	p
0001	SOH	DC1	!	1	A	Q	a	q
0010	STX	DC2	"	2	B	R	b	r
0011	ETX	DC3	#	3	C	S	c	s
0100	EOT	DC4	$	4	D	T	d	t
0101	ENQ	NAK	%	5	E	U	e	u
0110	ACK	SYN	&	6	F	V	f	v
0111	BEL	ETB	'	7	G	W	g	w
1000	RS	CAN	(	8	H	X	h	x
1001	HT	EM	)	9	I	Y	i	y
1010	LF	SUB	*	:	J	Z	j	z
1011	VT	ESC	+	;	K	[	k	{
1100	FF	FS	,	<	L	\	l	|
1101	CR	GS	—	=	M	]	m	}
1110	SO	RS	.	>	N	^	n	~
1111	SI	US	/	?	O	__	o	DEL

2. 汉字内码

汉字内码是双字节编码,由区位码组成国标码,再在国标码的基础上加上 $(8080)_{16}$,是为了在每个字节的 b_7 位设置 1 表示这是汉字,而不是西文。经过汉化的计算机操作系统可以有良好的中文界面。汉字内码的详细内容请查看有关书籍。

6.2　逻辑代数的基本概念、基本定律及规则

逻辑是指事物的因果关系。在逻辑代数中用逻辑变量 A、B、C、D 代表引起事物变化的原因或条件、用逻辑函数 F 代表事物变化的结果,建立反映因果关系的逻辑函数表达式 $F=f(A,B,C,D)$。条件和结果只有两种可能:条件具备与不具备、结果成功与不成功、是与非、真与假、好与坏、有与无、开关接通与断开等。在逻辑代数中我们用 0 和 1 来表示这两个完全对立又相互依赖的状态。逻辑代数中有些规则和普通代数相同,有些则完全不同,应注意区别。

6.2.1　逻辑代数的基本概念

事物的逻辑关系千变万化,是由"与"、"或"、"非"这三种基本运算组合而成的。描述逻辑关系的方法有逻辑函数式、真值表、卡诺图等多种方法,本节首先介绍逻辑函数式和真值表。真值表包含了全部逻辑变量所有可能的取值以及在这些取值下逻辑函数。

1. "与"运算

如图 6-3 所示,两个开关 A 和 B 串联后控制一盏灯 F,只在 A 和 B 同时接通电路时,灯才会亮。需要几个条件同时具备才能获得成功的逻辑关系是"与"运算。建立它们的逻辑函数表达式有以下几步:

第一步:列真值表

首先定义逻辑变量和逻辑函数:设 A 和 B 表示两个开关的状态,1 表示接通,0 表示断开;F 表示灯的状态,1 表示灯亮,0 表示灯灭。

真值表

A	B	F
0	0	0
0	1	0
1	0	0
1	1	1

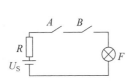

(a) A 开关与 B 开关串联　　　　　(b) 真值表

图 6-3　与运算的例子

第二步:根据真值表写出逻辑函数表达式

　　　　$F = A \cdot B$　　　读作 F 等于 A 与 B,或 F 等于 A 与 B 的逻辑乘

实现"与"运算的电路称为"与门",图 6-4 所示是由二极管构成的二输入与门电路和与门符号,图中 A、B 是与门的输入端,F 是与门的输出端。只有输入电位 V_A、V_B 均为高电平接近 5V 时,D_1、D_2 截止、输出电位近似 5V;只要 V_A、V_B 中有一个是低电平(0~0.3V),将有二极管导通,输出电位近似 0V。规定用 1 表示高电平、用 0 表示低电平,得到与图 6-3 电路对应的真值表,这是正逻辑约定的表示方法;反之,用 1 表示低电平、用 0 表示高电平,这是负逻辑约定的表示方法。

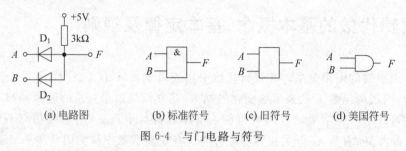

(a) 电路图　　　　(b) 标准符号　　　(c) 旧符号　　　(d) 美国符号

图 6-4　与门电路与符号

2. "或"运算

如图 6-5 所示,两个开关 A 和 B 并联后控制一盏灯 F,A、B 中只要有一个接通,灯就会亮。在几个条件中只要有一个条件具备就能成功的逻辑关系是"或"运算,列出的真值表和函数表达式如下:

$$F = A + B \qquad 读作 F 等于 A 或 B,或 F 等于 A 和 B 的逻辑加$$

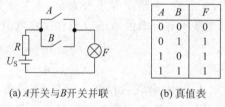

A	B	F
0	0	0
0	1	1
1	0	1
1	1	1

(a) A 开关与 B 开关并联　　　(b) 真值表

图 6-5　或运算的例子

图 6-6 所示是由二极管构成的两输入或门电路以及或门的符号,输入电位 V_A、V_B 中只要有一个是高电平,输出电位 F 就为高电平;V_A 和 V_B 全为 0V 时,F 才是 0V。

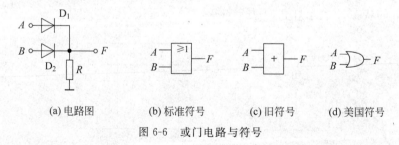

(a) 电路图　　　　(b) 标准符号　　　(c) 旧符号　　　(d) 美国符号

图 6-6　或门电路与符号

3. "非"运算

图 6-7 所示是"非"运算的例子,灯亮这一事物是以条件 A(闭合)的否定为依据。"非"是否定或相反的意思。非门电路及符号如图 6-8 所示。

$$F = \overline{A} \quad 读作 F 等于 A 的反$$

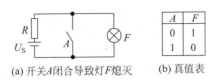

(a) 开关A闭合导致灯F熄灭　　　　(b) 真值表

图 6-7　非运算的例子

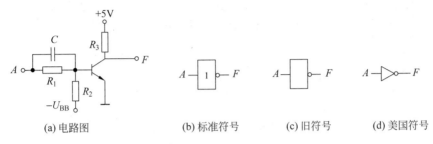

(a) 电路图　　　(b) 标准符号　　　(c) 旧符号　　　(d) 美国符号

图 6-8　非门电路图及符号

6.2.2　逻辑代数的基本定律及规则

1. 逻辑函数"相等"的概念

设逻辑函数 F 和 G 都是具有 n 个变量的逻辑函数,对于这 n 个变量的 2^n 种组合中的任意一组输入,若 F 和 G 的输出都相同,则称这两个函数相等。因此,如果两个逻辑函数的真值表相同,则这两个逻辑函数就一定相同,就可以将复杂函数化简为简单函数。下面介绍的逻辑代数的基本定律及规则都可以用真值表来证明。

例 6-16　用真值表证明 $\overline{A+B} = \overline{A} \cdot \overline{B}$ 以及 $\overline{A \cdot B} = \overline{A} + \overline{B}$,如图 6-7 所示。

表 6-8　真值表证明 $\overline{A+B} = \overline{A} \cdot \overline{B}$ 以及 $\overline{A \cdot B} = \overline{A} + \overline{B}$

A	B	$\overline{A+B} = \overline{A} \cdot \overline{B}$		$\overline{A \cdot B} = \overline{A} + \overline{B}$	
0	0	1	1	1	1
0	1	0	0	1	1
1	0	0	0	1	1
1	1	0	0	0	0

2. 逻辑代数的基本定律和常用公式

逻辑代数的基本定律和常用公式如表 6-8 所示。

讨论:

(1) 反演律又称做德·摩根定律,可以用于逻辑函数的"与或式"转换到"与非与非式"和用于求反函数。反演律可以推广到 n 个变量,如:

$$\overline{A_1 \cdot A_2 \cdots A_n} = \overline{A_1} + \overline{A_2} + \cdots + \overline{A_n} \quad 或 \quad A_1 \cdot A_2 \cdots A_n = \overline{\overline{A_1} + \overline{A_2} + \cdots + \overline{A_n}}$$

$$\overline{A_1 + A_2 + \cdots + A_n} = \overline{A_1} \cdot \overline{A_2} \cdots \overline{A_n} \quad 或 \quad A_1 + A_2 + \cdots + A_n = \overline{\overline{A_1} \cdot \overline{A_2} \cdots \overline{A_n}}$$

表 6-8　逻辑代数的基本定律和常用公式

名　称	公　式	名　称	公　式
0-1律	$A \cdot 1 = A$ $A \cdot 0 = 0$ $A + 1 = 1$ $A + 0 = 0$	吸收律	$A + AB = A$ $A + \overline{A}B = A + B$ $A \cdot (\overline{A} + B) = AB$ $AB + \overline{A}C + BC = AB + \overline{A}C$
还原律	$\overline{\overline{A}} = A$		$(A+B) \cdot (\overline{A}+C) \cdot (B+C) = (A+B) \cdot (\overline{A}+C)$
重叠律	$A \cdot A = A$ $A + A = A$	结合律	$(A \cdot B) \cdot C = A \cdot (B \cdot C)$ $(A+B)+C = A+(B+C)$
互补律	$A \cdot \overline{A} = 0$ $A + \overline{A} = 1$	分配律	$A \cdot (B+C) = A \cdot B + A \cdot C$ $A + B \cdot C = (A+B) \cdot (A+C)$
交换律	$A \cdot B = B \cdot A$ $A + B = B + A$	异或式 同或式	$A \oplus B = \overline{A}B + A\overline{B}$　　$0 \oplus A = A$ $A \odot B = \overline{A}\,\overline{B} + AB$　　$1 \oplus A = \overline{A}$ $A \oplus B = \overline{A \odot B}$
反演律	$\overline{A \cdot B} = \overline{A} + \overline{B}$ $\overline{A + B} = \overline{A} \cdot \overline{B}$		$\overline{A \oplus B} = A \odot B$

下面是容易出错的两个例子：$\overline{A+B} \neq \overline{A} + \overline{B}$，　$\overline{A \cdot B} \neq \overline{A} \cdot \overline{B}$。

(2) 吸收律非常有效地对函数化简，其中 $AB + \overline{A}C + BC = AB + \overline{A}C$ 又被称为多(冗)余律。该式可以描述为在一个"与或式"中，如果有一个乘积项 AB 包含了原变量 A，另一个乘积项 $\overline{A}C$ 包含了反变量 $\overline{A}$，而这两个乘积项的其余因子 BC 全是第三个乘积项的因子，则第三个乘积项是多余的；若第三项还包含其他因子时，该式也成立。例如：

$$AB + \overline{A}C + BC = AB + \overline{A}C \quad 推广为 \quad AB + \overline{A}C + BCDEF = AB + \overline{A}C$$

注意：如果第三个乘积项的因子中没有包含前两个乘积项中除互补变量 A 与 $\overline{A}$ 外的所有因子，则第三个乘积项不是多余的。例如，下式第三个乘积项中没有包含 W，它是错误的。

$$AB + \overline{A}CW + BCDEF \neq AB + \overline{A}CW$$

下面对该式加以证明：

$$AB + \overline{A}C + BC$$
$$= AB + \overline{A}C + BC(A + \overline{A})$$
$$= AB + \overline{A}C + ABC + \overline{A}BC$$
$$= AB(1+C) + \overline{A}C(1+B) = AB + \overline{A}C$$

同理，$(A+B) \cdot (\overline{A}+C) \cdot (B+C) = (A+B) \cdot (\overline{A}+C)$ 是多余律的或与式，可以推广到

$$(A+B) \cdot (\overline{A}+C) \cdot (B+C+D+E+F) = (A+B) \cdot (\overline{A}+C)$$

3. 逻辑代数的三个重要规则

1) 代入规则

任何一个含有变量 A 的逻辑等式中，在 A 出现的所有地方都代之以同一个逻辑函数，则等式仍然成立。代入规则可以将基本定律扩展到多变量的公式中。

例 6-17　根据 $A + \overline{A} = 1$，将 A 代之以 AB，则 $AB + \overline{AB} = 1$

注意错误的代入：$AB + \overline{A} \cdot \overline{B} \neq 1$

例 6-18　据 $\overline{A+B} = \overline{A} \cdot \overline{B}$，将 B 代之以 $B+C$，则 $\overline{A+(B+C)} = \overline{A} \cdot \overline{B+C} = \overline{A} \cdot \overline{B} \cdot \overline{C}$。

2) 反演规则

如果将逻辑函数 F 中所有的"+"换成"·","·"换成"+",1 换成 0,0 换成 1,原变量换成反变量,反变量换成原变量,于是就得到该函数的反函数 $\overline{F}$。这就是反演规则,反演规则可以用来求反函数。

3) 对偶规则

如果将逻辑函数 F 中所有的"+"换成"·","·"换成"+",1 换成 0,0 换成 1,而变量保持不变,则得到该函数的对偶函数 F'。

注意:

(1) 应保证 F、$\overline{F}$ 和 F' 三者运算顺序相同,必要时可以加括号。

(2) 二次求反或二次对偶都可以得到原函数,应用反演规则和对偶规则可以将"与或式"的定律和公式推广到"或与式"中应用。

(3) 一般情况下 $F \neq \overline{F}$,$F \neq F'$,$\overline{F} \neq F'$。但常数 0 和 1 不适用于 $\overline{F} \neq F'$,0 和 1 互为对偶,也互为反码,即 $\overline{0}=0'$,$\overline{1}=1'$。

(4) 若两个原函数相等 $F_1=F_2$,则 $\overline{F}_1=\overline{F}_2$,$F'_1=F'_2$。

例 6-19　用对偶规则证明 $(A+B) \cdot (\overline{A}+C) \cdot (B+C)=(A+B) \cdot (\overline{A}+C)$。

证明: 上式的对偶式为 $AB+\overline{A}C+BC=AB+\overline{A}C$,该式的正确性已经证明过了,对"与或式"右边再次对偶,就得到上面"或与式"的证明:

$$[AB+\overline{A}C]' - (A+B) \cdot (\overline{A}+C) \quad 左边 = 右边,证毕。$$

例 6-20　求 F_1 和 F_2 的反函数和对偶函数。

解:

$$F_1=AB+\overline{C} \cdot \overline{D} \qquad\qquad F_2=A+\overline{B} \cdot (C\overline{D}+\overline{E}G)$$

$$\overline{F}_1=(\overline{A}+\overline{B}) \cdot (C+D) \qquad \overline{F}_2=\overline{A} \cdot [B+(\overline{C}+D) \cdot (E+\overline{G})]$$

$$F'_1=(A+B) \cdot (\overline{C}+\overline{D}) \qquad F'_2=A \cdot [\overline{B}+(C+\overline{D}) \cdot (\overline{E}+G)]$$

6.3　逻辑函数化简

6.3.1　逻辑函数化简的意义

对逻辑函数化简应当消去不必要的中间逻辑变量,可以使逻辑关系更加明晰,使逻辑电路更加简单、安全、可靠。逻辑函数最简式的要求是:以与或式为基本形式,使乘积项最少、每个乘积项中所含变量的个数也最少。逻辑函数的最简形式往往不唯一。另外,逻辑函数的与或式可以很方便地变换成或与式、与非与非式、或非或非式、与或非式等,使得逻辑电路的实现有多种选择。

例如:

$$\begin{aligned}
F&=AB+\overline{A}C & \text{与或式}\\
&=\overline{\overline{AB} \cdot \overline{\overline{A}C}} & \text{利用反演律得到与非与非式}\\
&=(A+C) \cdot (\overline{A}+B) & \text{对与或式用分配律得到或与式}\\
&=\overline{\overline{A+C}+\overline{\overline{A}+B}} & \text{利用反演律得到或非或非式}\\
&=\overline{\overline{A} \cdot \overline{C}+A \cdot \overline{B}} & \text{利用反演律得到与或非式}
\end{aligned}$$

6.3.2 公式法化简

公式法化简要求熟记并灵活应用逻辑代数中的基本公式、定律和规则。常用下列方法。

1）消去法

消去法利用互补率、吸收律、多余律消去"逻辑变量"或"与项"，如例 6-22、例 6-23。

2）配项法

对不易识别是否为最简的公式先配上有关项成为标准与或式，重新组合可以消去更多的项，如例 6-25。

3）二次对偶法

二次对偶法主要用于对"或与式"的化简。通常人们对"与或式"的化简比较熟练，先将"或与式"对偶成"与或式"进行化简，再将结果对偶成"或与式"。

例 6-21 化简：

$$F = AB\overline{C} + \overline{A}B\overline{C} + \overline{A}\overline{B}\overline{C} + A\overline{B}\overline{C}$$
$$= \overline{C}(AB + \overline{A}B + \overline{A}\overline{B} + A\overline{B}) \qquad \text{分配律、互补律}$$
$$= \overline{C}$$

例 6-22 化简：

$$F = \overline{A}\overline{B} + (AB + A\overline{B} + \overline{A}B)C$$
$$= \overline{A}\overline{B} + (A + B)C \qquad \text{分配律、互补律}$$
$$= \overline{A}\overline{B} + \overline{\overline{A}\overline{B}}\, C \qquad \text{反演律}$$
$$= \overline{A}\overline{B} + C \qquad \text{吸收律}$$

例 6-23 化简：

$$F = \overline{\overline{AB + C} + \overline{A(\overline{B} + \overline{C})}}$$
$$= (AB + C) \cdot \overline{A(\overline{B} + \overline{C})} \qquad \text{反演律}$$
$$= (AB + C) \cdot (\overline{A} + BC) \qquad \text{反演律}$$
$$= ABC + \overline{A}C + BC \qquad \text{分配律}$$
$$= \overline{A}C + BC \qquad \text{吸收律}$$

例 6-24 化简：

$$F = AB + A\overline{C} + \overline{A}B + \overline{B}C + \overline{A}C + BC$$
$$= AB + A\overline{C} + \overline{A}B + \overline{A}C \qquad \text{多余律}$$
$$= AB(C + \overline{C}) + A\overline{C}(B + \overline{B}) + \overline{A}B(C + \overline{C}) + \overline{A}C(B + \overline{B}) \qquad \text{配项}$$
$$= ABC + AB\overline{C} + A\overline{B}\overline{C} + \overline{A}BC + \overline{A}\overline{B}C + \overline{A}CB$$
$$= AB + \overline{B}\overline{C} + \overline{A}C \quad (\text{或}\ \overline{A}B + A\overline{C} + BC) \qquad \text{结果不唯一}$$

例 6-25 用公式法证明：$A\overline{B} + B\overline{C} + C\overline{A} = \overline{A}B + \overline{B}C + \overline{C}A$。

证明： 该式等号左边和右边互为冗余。在下面的证明中，根据吸收律使等式的左边增加了 3 个冗余项(用下划线表示)成为 6 项，增加的这 3 个多余项正是等号右边的 3 项。把 6 个乘积项分成 3 组，利用吸收律消去出现在左边的 3 项、保留出现在右边的 3 项，每个乘积项可以使用多次，分组如下：

$$左边 = A\overline{B} + B\overline{C} + C\overline{A} = A\overline{B} + B\overline{C} + C\overline{A} + \underset{\underline{}}{\overline{A}B + \overline{B}C + \overline{C}A} = \overline{A}B + \overline{B}C + \overline{C}A = 右边$$

第 1 组　$C\overline{A} + \overline{A}B + \overline{B}C = \overline{A}B + \overline{B}C$　在被消去项 $C\overline{A}$ 的下面用(1)标识。

第 2 组　$A\overline{B} + \overline{B}C + \overline{C}A = \overline{B}C + \overline{C}A$　在被消去项 $A\overline{B}$ 的下面用(2)标识。

第 3 组　$B\overline{C} + \overline{A}B + \overline{C}A = \overline{A}B + \overline{C}A$　在被消去项 $B\overline{C}$ 的上面用(3)标识。

6.3.3　卡诺图化简

卡诺图是逻辑函数化简的图形方法,是建立在逻辑函数标准与或式的基础上,卡诺图化简法十分直观、简便,而且有规律可循。

1. 最小项和标准与或式

最小项的定义:一个 n 变量逻辑函数的"与或"式中,每个与项都是由 n 个变量组成,每个变量或者以原变量形式、或者以反变量形式在与项中出现一次且仅出现一次。这样的与项被称为 n 变量的最小项。

标准与或式——函数的与或式中全部与项都是由最小项组成,函数标准与或式是唯一的。

最小项的编号:在最小项中,用 1 代替原变量,用 0 代替反变量,可以得到一个二进制数,与其对应的十进制数就是该最小项的编号。例如:

$$A\overline{B}C = m_5$$
$$\downarrow \qquad \uparrow$$
$$(101)_2 = (5)_{10}$$

例 6-26　写出下面函数的最小项之和表达式。

$$F(A, B, C) = \overline{A}\,\overline{B}\,\overline{C} + \overline{A}BC + A\overline{B}C \qquad 标准与或式$$

$$= m_0 + m_3 + m_5 = \sum m(0, 3, 5) \qquad 最小项之和表达式,\sum 是求和的运算符$$

最小项的三个重要性质:

(1) 任意一个最小项,只有一组变量的取值可以使其为 1,其余 $2^n - 1$ 种取值都使为 0。最小项取值为 1 的几率小,故称最小项。例如,仅在 $A = 1$、$B = 0$、$C = 1$ 时 $A\overline{B}C$ 为 1。

(2) n 变量的所有 2^n 个最小项之和恒为 1。例如,$\overline{A}\,\overline{B} + \overline{A}B + A\overline{B} + AB = 1$。

(3) 任意两个不同的最小项之积必为 0,即 $m_i \times m_j = 0$,$(i \neq j)$。例如,$\overline{A}B \times \overline{A}\,\overline{B} = 0$。

怎样得到函数的标准与或式呢?

方法一:配项法(略)。

方法二:列真值表法——真值表中每个函数为 1 的行是一个最小项,当变量取值为 1 时就写原变量,变量取值为 0 时就写反变量;把所有最小项相加得到函数的标准与或式。

例 6-27 将函数 $F(A,B,C,D)=AC+BC+\bar{B}D+\bar{C}D+AB$ 表示为最小项之和。

解：列真值表如表 6-9 所示,将函数为 1 的行表示成最小项,所有最小项之和就是函数的标准与或式。卡诺图如图 6-9 所示。

表 6-9　例 6-27 的真值表

A	B	C	D	F	$\bar{F}$
0	0	0	0	0	1
0	0	0	1	1	0
0	0	1	0	0	1
0	0	1	1	1	0
0	1	0	0	0	1
0	1	0	1	1	0
0	1	1	0	1	0
0	1	1	1	1	0
1	0	0	0	0	1
1	0	0	1	1	0
1	0	1	0	1	0
1	0	1	1	1	0
1	1	0	0	1	0
1	1	0	1	1	0
1	1	1	0	1	0
1	1	1	1	1	0

$$
\begin{aligned}
F(A,B,C,D) &= \sum m(1,3,5,6,7,9-15) \quad \text{最小项之和} \\
&= \overline{\sum m(0,2,4,8)} \\
&= \prod M(0,2,4,8) \quad \text{最大项之积}
\end{aligned}
$$

CD＼AB	00	01	11	10
00	0	0	1	0
01	1	1	1	1
11	1	1	1	1
10	0	1	1	1

卡诺图

图 6-9　例 6-27 的卡诺图

2. 最大项和标准或与式

最大项的定义：一个 n 变量逻辑函数的"或与"式,每个或项都是由 n 个变量组成,每个变量或以原变量形式、或以反变量形式在或项中出现一次且仅出现一次。这样的或项被称为 n 变量的最大项。

标准或与式——函数的或与式中全部或项都是由最大项组成的,标准或与式是唯一的。

最大项的编号：在最大项中,用 0 代替原变量、用 1 代替反变量,可以得到一个二进制数,与其对应的十进制数就是该最大项的编号。例如：

$$A+\bar{B}+C=M_2$$
$$\downarrow \qquad \uparrow$$
$$(010)_2 = (2)_{10}$$

例 6-28　$F(A,B,C)=(A+\bar{B}+C)(\bar{A}+B+C)(A+\bar{B}+\bar{C})$　标准或与式
$$= M_2 \cdot M_4 \cdot M_3 = \prod M(2,4,3)$$

最大项之积表达式,$\prod$ 是求积的运算符。

最大项的三个重要性质：

(1) 对于任意一个最大项,只有一组变量的取值可以使其为 0,其余 2^n-1 种取值都使其为 1。最大项取值为 1 的几率大,故称最大项。例如,仅在 $A=0$、$B=1$、$C=0$ 时 $A+\bar{B}+C$ 为 0。

(2) n 变量的所有 2^n 个最大项之积恒为 0。例如,$(\bar{A}+\bar{B})(\bar{A}+B)(A+\bar{B})(A+B)=0$。

(3) 任意两个不同的最大项之和必为 1,即 $M_i+M_j=1$,$(i\neq j)$。例如：
$$(\bar{A}+\bar{B})+(\bar{A}+B)=1$$

3．函数的最小项之和表达式与最大项之积表达式的关系

逻辑函数可以用最小项之和表示也可以用最大项之积表示。从例 6-27 的真值表可以看出，在输入变量的所有编码下逻辑函数若不是 1 就是 0。在这种情况下，其反函数就是那些为 0 的行，即 $\bar{F}(A,B,C,D)=\sum m(0,2,4,8)$，对反函数再次求反就可以得到原函数的最大项之积表达式。

$$
\begin{aligned}
F(A,B,C,D)=\bar{\bar{F}}&=\overline{\sum m(0,2,4,8)}\\
&=\overline{\overline{\bar{A}\bar{B}\bar{C}\bar{D}+\bar{A}B\bar{C}\bar{D}+\bar{A}\bar{B}C\bar{D}+A\bar{B}\bar{C}\bar{D}}}\\
&=(A+B+C+D)(A+B+\bar{C}+D)(A+\bar{B}+C+D)(\bar{A}+B+C+D)\\
&=M_0\cdot M_2\cdot M_4\cdot M_8=\prod M(0,2,4,8)
\end{aligned}
$$

4．卡诺图化简

一个 n 变量逻辑函数的卡诺图是用 2^n 个小方块组成，每个小方块代表一个最小项，卡诺图边框外坐标中的变量是按照循环码编码，循环码编码保证了相邻的最小项中只有一位变量不同、是互补的，因此，相邻的两个最小项可以合并同时消去互补变量。图 6-10 所示是卡诺图的画法，同学们要清楚地牢记每个最小项的位置与变量的关系，在卡诺图中正确地表示逻辑函数是卡诺图化简的第一步。

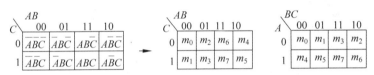

(a) 三变量卡诺图的两种画法

(b) 二、四、五变量的卡诺图

图 6-10　卡诺图

知道了每个最小项的位置，就可以用卡诺图来表示函数并化简。卡诺图化简有以下规律：

（1）卡诺图化简的最大优点是将逻辑上可以合并的最小项表示在卡诺图上是几何位置的相邻。图 6-11 所示是对相邻最小项合并的例子，相邻表现在这几方面：

相接——两个最小项紧挨着。

相对——两个最小项在一行或一列的两头。

相重——五变量以上的卡诺图中两个最小项是上下重合的。

（2）对相邻的 2^n 个最小项画卡诺圈合并成一个与项将消去 n 个变量。卡诺圈越大，消去的变量越多，与项越简单。

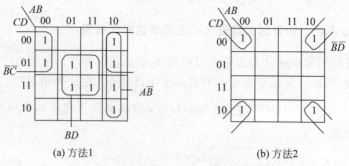

(a) 方法1　　　　　　　　　　(b) 方法2

图 6-11　卡诺图化简——对相邻的最小项进行合并

（3）每个卡诺圈尽可能多地包含"新"（未被其他卡诺圈包含过的）的最小项，但至少要包含一个"新"的最小项，这样的与项才不会是多余的。

（4）求函数的最小覆盖，即卡诺圈要覆盖所有最小项，而且卡诺圈最少。为此，

函数为 1 的项少而集中，就圈 1 得到原函数的"与或式"。

函数为 0 的项少而集中，就圈 0 得到反函数的"与或式"，利用反演律得到原函数的"或与式"。

例 6-29　卡诺图化简：

$$F(A,B,C,D) = \sum m(0,1,4,6,9,13,14,15)$$

解：在图 6-12 中用两种方法化简中合并的最小项不同，化简的结果会不同，两者都是正确的、最简的。

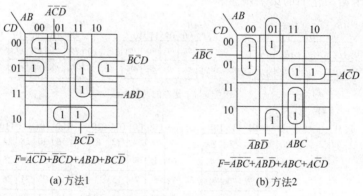

$F = \overline{A}\overline{C}D + \overline{B}\overline{C}D + ABD + BC\overline{D}$

(a) 方法1

$F = \overline{A}\overline{B}\overline{C} + \overline{A}B\overline{D} + ABC + A\overline{C}D$

(b) 方法2

图 6-12　例 6-29 的卡诺图两种化简方法

例 6-30　用卡诺图化简函数为最简或与式

$$F(A,B,C,D) = \sum m(1,3,4,5,10-15)$$

解：在如图 6-13 所示的卡诺图中，对 0 画卡诺圈可以得到反函数的与或式，再对其取反就得到原函数的最简或与式。

$$F = \overline{A\overline{B}\overline{C} + \overline{A}BC + \overline{A}\,\overline{B}\overline{D}}$$
$$= (\overline{A} + B + C)(A + \overline{B} + \overline{C})(A + B + D)$$

例 6-31　卡诺图化简：

$$F(A,B,C,D,E) = \sum m(2,6,8,9,15,18,22,24,25,31)$$

解：在如图 6-14 所示的卡诺图中，左边为 1 的小方块和右边为 1 的小方块上下是重叠的，可以合并。

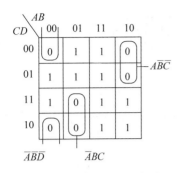
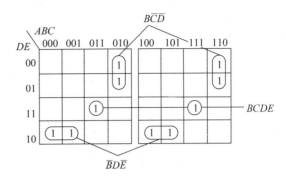

图 6-13　例 6-30 的卡诺图　　　　　　图 6-14　例 6-31 的卡诺图 $F = B\overline{CD} + \overline{B}D\overline{E} + BCDE$

5. 包含无关项的逻辑函数化简

n 变量的逻辑函数在所有 2^n 种编码下都有确定的值是 1 或是 0,这样的逻辑函数称做完全定义的函数。如果 n 变量的某些编码是无效的、禁止出现的,则在无效编码时函数的取值是不确定的,这样的逻辑函数就称做不完全定义函数。由于无效态与逻辑函数的取值无关,故无效态被称做无关项或约束项。无关项在真值表及卡诺图中用"×"或 d 表示逻辑函数取值不确定,可以是 1 或 0。因此,对函数化简有帮助就把无关项的取值看作 1,对函数化简没帮助就把无关项的取值看作 0,没必要覆盖所有无关项。

例 6-32　用图 6-15 所示的卡诺图化简下面逻辑函数为最简与或式。

$$\begin{cases} F(A,B,C,D) = \sum m(2,3,4,6,8) \\ AB + AC = 0 \quad 约束条件 \end{cases}$$

解：本例给出的约束条件 $AB+AC=0$ 是要求输入 $AB=0$ 和 $AC=0$,不允许出现 $AB=11$ 和 $AC=11$ 情况,换言之,$AB=11$ 对应的最小项(12、13、14、15)和 $AC=11$ 对应的最小项(10、11、14、15)均为无关项。写成我们熟悉的形式并且用卡诺图化简,结果是：

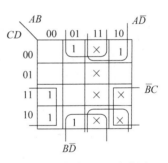

$$F(A,B,C,D) = \sum m(2,3,4,6,8) + \sum d(10-15)$$
$$= A\overline{D} + \overline{B}C + B\overline{D}$$

图 6-15　例 6-32 的卡诺图

例 6-33　设计用 8421 码表示的一位十进制数的"四舍五入"判别器。

解：根据题意要求列真值表,判别器输入的 8421 码用变量 A、B、C、D 表示,只在十进制数≥5 时,输出 F 才为 1。本题在卡诺图化简中充分利用无关项使结果较为简单,如图 6-16 所示。

6. 多输出逻辑函数的化简

由一组输入变量决定着多个输出的逻辑函数是多输出函数。为了获得总体效果是最简单的,可以通过资源共享使某一局部电路为几个输出所使用。利用卡诺图化简多输出逻辑函数非常直观和全面。首先画出每一个函数的卡诺图,找出相同位置上的最小项作为共享的与项,不能共享的与项仍要单独实现。

十进制数	A	B	C	D	F
0	0	0	0	0	0
1	0	0	0	1	0
2	0	0	1	0	0
3	0	0	1	1	0
4	0	1	0	0	0
5	0	1	0	1	1
6	0	1	1	0	1
7	0	1	1	1	1
8	1	0	0	0	1
9	1	0	0	1	1
—	1	0	1	0	×
—	1	0	1	1	×
—	1	1	0	0	×
—	1	1	0	1	×
—	1	1	1	0	×
—	1	1	1	1	×

(a) 真值表

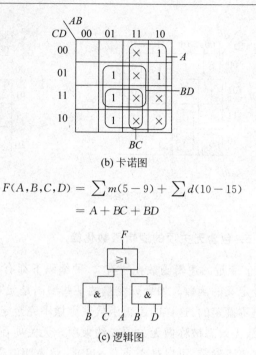

(b) 卡诺图

$$F(A,B,C,D) = \sum m(5-9) + \sum d(10-15)$$
$$= A + BC + BD$$

(c) 逻辑图

图 6-16　例 6-33 的真值表、卡诺图和逻辑图

例 6-34　化简两个输出的逻辑函数。

$$\left. \begin{array}{l} F = A\bar{B} + C \\ G = \overline{AB} + A\bar{B}\bar{C} \end{array} \right\}$$

解：在如图 6-17 所示的卡诺图中先找出可以共享的最小项 $A\bar{B}\bar{C}$，然后再写出函数式。下面的化简结果对于函数 F 来说虽然没有原先简单，但是整个逻辑电路由原来的 5 个门减少到 4 个门，总体简化了。

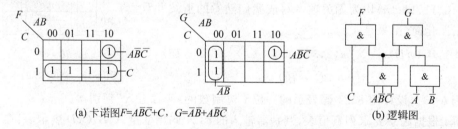

(a) 卡诺图 $F = A\bar{B}\bar{C} + C$, $G = \overline{AB} + A\bar{B}\bar{C}$

(b) 逻辑图

图 6-17　例 6-34 的卡诺图和逻辑图

6.4　集成逻辑门电路

数字电路具有稳定性高、处理精度不受限制、具有逻辑运算和判断功能、对数字信息可长期储存等优点，这些优点促进了数字集成电路的快速发展。数字集成电路按导电粒子的类型不同一般分为 TTL 型和 MOS 型两大系列。数字集成电路品种繁多，包括门电路、编码器、译码器、数据选择器、比较器、触发器、寄存器、计数器和存储器等数百种器件。本节仅

介绍简单的门电路和它们的性能指标,重点是门电路的外部特性,其他逻辑电路在后续章节中逐步介绍。

6.4.1　TTL 门电路

双极型数字电路中最常用的是 TTL 电路。

1. TTL 与非门

TTL 与非门电路及有关元件如图 6-18 所示。

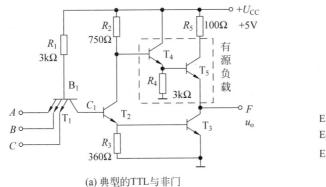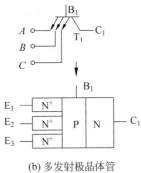

(a) 典型的TTL与非门　　　　　　　　(b) 多发射极晶体管

图 6-18　TTL 与非门电路及相关元件

1) 内部结构和工作原理

晶体管-晶体管逻辑电路(transistor-transistor logic,TTL)与非门的内部结构见图 6-18。输入级 T_1 是三输入的与门,只要输入中有一个是低电平将造成 T_1 导通并使 T_2 基极为低电平,除非三个输入都是高电平,才会有 T_1 截止并使 T_2 基极为高电平;中间放大级由 T_2 组成,其集电极和发射极的两个输出分别控制由(T_4)T_5 和 T_3 组成的推拉式工作,所谓推拉就是当(T_4)T_5 导通时 T_3 截止将输出拉向高电平;当 T_3 导通时(T_4)T_5 截止将输出推向低电平。T_4 和 T_5 作为射极跟随器有较强的驱动能力,由 T_3 组成的反相器也有很强的驱动能力。

2) 电压传输特性和主要参数

TTL 与非门的电压传输特性如图 6-19(a)所示,与非门的延迟时间如图 6-19(b)所示。

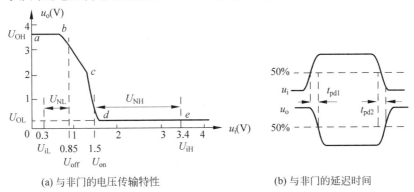

(a) 与非门的电压传输特性　　　　　　(b) 与非门的延迟时间

图 6-19　TTL 与非门的电压传输特性和延迟时间

图 6-19(a)中 ab 段,输入电压 $u_i<0.6V$,T_1 饱和导通、T_2 和 T_3 截止,T_4 和 T_5 导通,电路处于截止状态(关态),关门电压 $U_{OFF}\approx0.6V$。此时输出为高电平,$U_{OH}=3.4V$;

bc 段 $0.6V<u_i<1.3V$ 时,T_1 截止、T_2 导通,但 T_3 截止,电路处于线性区,u_o 下降;

cd 段 $u_i>1.3V$ 时,T_1 截止、T_2 和 T_3 均饱和导通,电路处于开启状态,开启电压 $U_{on}\approx1.5V$。输出为低电平,$U_{OL}=0.3V$。

主要参数如下:

(1) 输出高电平 U_{OH} 与输出低电平 U_{OL}。

输出高电平 U_{OH} 是指输入端有一个或一个以上接低电平($u_i<0.6V$)时输出端为高电平,当集成逻辑电路的电源电压 U_{CC} 为 5V 电压,典型值 $U_{OH}=3.4V$。

输出低电平 U_{OL} 是指输入端全部接高电平($u_i>3.4V$)时输出端为低电平,其典型值为 $U_{OL}=0.3V$。

(2) 关门电平 U_{off} 和开门电平 U_{on}。

关门电平 U_{off} 是指保证输出高电平时的最大输入电平(约 0.85V)。

开门电平 U_{on} 是指保证输出低电平时的最小输入电平(约 1.5V)。

(3) 低电平噪声容限 U_{NL} 和高电平噪声容限 U_{NH}。

U_{NL} 表示能够保持输出高电平不变而允许输入低电平变化的最大范围。

U_{NH} 表示能够保持输出低电平不变而允许输入高电平变化的最大范围;两值越大,抗干扰能力越强。

$$U_{NL}=U_{off}-U_{iL}$$
$$U_{NH}=U_{iH}-U_{on}$$

(4) 平均延迟时间 t_{pd}。

平均延迟时间是反映门电路工作速度的重要指标,图 6-19(b)表明信号经过门电路存在时间上的延迟。平均延迟时间 t_{pd} 是前沿延迟时间 t_{pd1} 和后沿延迟时间 t_{pd2} 和的平均值。

$$t_{pd}=\frac{1}{2}(t_{pd1}+t_{pd2})$$

(5) 扇入系数 N_i 和扇出系数 N_o。

扇入系数 N_i 是指逻辑门的输入端口数;扇出系数 N_o 是指输出端可以驱动同类下一级门电路的数目,反映了门电路的带负载能力。一般 $N_o=6\sim8$。

(6) 空载导通功耗 P_{ON} 和输入短路电流 I_{IS}。

P_{ON} 是指输出无负载且为低电平时电路的总功耗,该值越小越省电。其值为

$$P_{ON}=U_{CC}I_C$$

I_{IS} 是指输入端接地时的输入电流,该值越小表明向前一级索取的电流越小。

TTL 门电路还有或非门、异或门等,在这里就不一一讨论了,部分电路的符号列于表 6-10 中,表中给出的是二输入的与、或门等逻辑图,实际的门电路有三输入、四输入等多个输入的门电路。上述 TTL 门电路的输出端不能直接连在一起的,理由是输出高电平 F_1 与输出低电平 F_2 直接连接将造成 F_2 门的输出级晶体管 T_3 因短路大电流而烧毁,解决的办法是使用集电极开路门或三态门。

表 6-10　常用门电路符号及表达式

名　称	新标准符号	旧　符　号	美 国 符 号	逻辑表达式
与门	A, B & F	A, B F	A, B F	$F=A \cdot B$
或门	A, B ≥1 F	A, B + F	A, B F	$F=A+B$
非门	A 1 F	A F	A F	$F=\overline{A}$
与非门	A, B & F	A, B F	A, B F	$F=\overline{A \cdot B}$
或非门	A, B ≥1 F	A, B + F	A, B F	$F=\overline{A+B}$
与或非门	A, B, C, D & ≥1 F	A, B, C, D + F	A, B, C, D F	$F=\overline{AB+CD}$
异或门	A, B =1 F	A, B ⊕ F	A, B F	$F=A\oplus B$
三态门	A, E ▽ F	A, E F		$E=0$ 高阻态 $E=1,F=A(0,1)$

2. TTL 集电极开路与非门(OC 与非门)

集电极断开的与非门,电路如图 6-20(a)所示。这种电路的最大优点是可以让多个门电路输出端直接连在一起实现"线与",如图 6-20(d)所示,但必须通过上拉电阻 R_L 接到电源 U_{CC},该电源可以是 +5V 的 TTL 工作电压,也可以是其他电压值的电源。电阻 R_L 的作用之一是限制输出为低电平时灌入门电路的电流,保证输出低电平 U_{OL} 小于典型值,因此 R_L 不能太小;R_L 也不能太大,以保证输出高电平 U_{OH} 大于典型值。

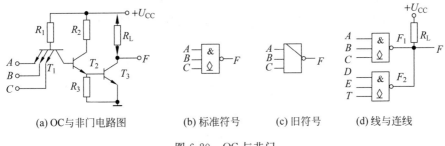

(a) OC 与非门电路图　　　(b) 标准符号　　(c) 旧符号　　(d) 线与连线

图 6-20　OC 与非门

3. TTL 三态门

TTL 三态门原理电路如图 6-21(a)所示,当控制端 E 为低电平时,通过两个与门钳制

T_1、T_2 的基极为低电平而使其截止,F 呈浮空态,也称做高阻态或断开态;E 为高电平时两个与门成了传输门,$F=A(0,1)$,由此得名三态门,常把它称为驱动器、缓冲器。在计算机的总线结构中,各种功能部件都是通过三态门连接到总线上,任何时候只允许有两个功能部件与总线接通进行相互间的数据传送,连接其余部件的三态门都是断开的。

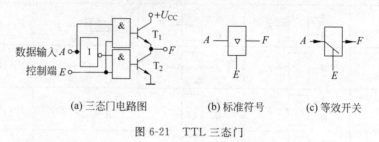

(a) 三态门电路图　　　(b) 标准符号　　　(c) 等效开关

图 6-21　TTL 三态门

6.4.2　CMOS 门电路

MOS 型数字电路中目前应用最多的是 CMOS 电路。由 P 沟道 PMOS 管和 N 沟道 NMOS 管共同组成了互补的 CMOS 电路,CMOS 集成电路比 TTL 集成电路有许多优点:如工作电源电压范围宽(3～18V)、静态功耗低(<100mW)、输入电阻高(>100MΩ)、抗干扰能力强、温度稳定性好等优点。CMOS 器件不足之处在于其工作速度比 TTL 器件低,且随着工作频率升高其功耗显著增大。使用时注意,某些相同功能的 CMOS 器件与 TTL 器件管脚分布是不同的、两种器件不能直接连接和互换,使用时需要仔细查阅器件手册。

图 6-22(a)所示是反相器电路,当输入 A 是高电平时,T_N 导通而 T_P 截止,F 输出低电平;反之,当输入 A 是低电平时,T_P 导通而 T_N 截止,F 输出高电平。

图 6-22(b)所示是二输入与非门电路,只有输入 A 和 B 同是高电平时,T_{N1} 和 T_{N2} 同时导通,T_{P1} 和 T_{P2} 同时截止,F 输出低电平;若 A 和 B 中有一个或两个都是低电平,T_{N1} 和 T_{N1} 中至少有一个门是截止的,T_{P1} 和 T_{P2} 中至少有一个门是导通的,此时,F 输出高电平。

图 6-22(c)所示是二输入或非门电路,输入 A 和 B 中只要有高电平,T_{N1} 和(或)T_{N2} 就会导通,T_{P1} 和(或)T_{P2} 就会截止,F 输出低电平;若 A 和 B 两个都是低电平,T_{N1} 和 T_{N2} 同时截止,T_{P1} 和 T_{P2} 同时导通,F 输出高电平。

其他 CMOS 器件不再介绍,读者可以根据已有知识进行分析。

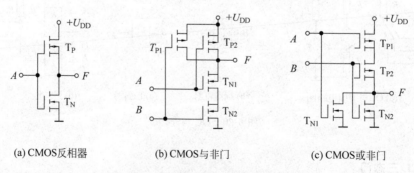

(a) CMOS 反相器　　　(b) CMOS 与非门　　　(c) CMOS 或非门

图 6-22　CMOS 器件组成的几种逻辑门

下面是部分小规模集成逻辑电路的管脚图,如图 6-23 所示。

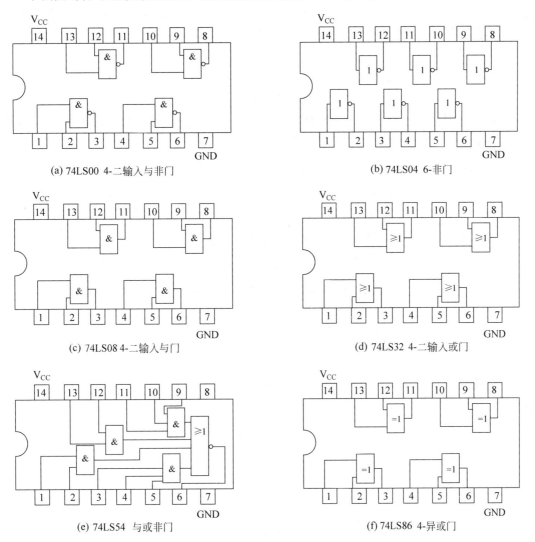

图 6-23　部分集成逻辑门电路芯片的管脚图

习　题　6

6-1　将下列十进制数转换为二进制数。

13　　81　　4097　　31.3125　　89.75　　$\dfrac{27}{128}$

6-2　将下列二进制数转换为十进制数、八进制数和十六进制数。

1101　　101101　　11101　　11010.0101　　11…1

　　　　　　　　　　　　　　　　　　　　连续 15 个 1

6-3　数制转换：

(1) $(563)_8 = ($　　　$)_{16}$

(2) $(EA9.C)_{16} = ($　　　$)_8 = ($　　　$)_4$

(3) $(2120.12)_3 = ($ 　　 $)_{10}$

(4) $(371)_{10} = ($ 　　 $)_5$

(5) $(125.6)_7 = ($ 　　 $)_9$

6-4　代码转换

(1) $(1001.1)_{10} = ($ 　　　　 $)_{8421BCD码} = ($ 　　　　 $)_{余三码}$

(2) $(01000010)_{8421BCD码} = ($ 　　 $)_{10} = ($ 　　　　 $)_{2421码}$

(3) $(1011\ 1001\ 0101)_{余三码} = ($ 　　　　 $)_{2421码}$

(4) $(10111011)_2 = ($ 　　 $)_{格雷码}$

　　　　　　　$= ($ 　　 $)_{偶校验码}$

　　　　　　　$= ($ 　　 $)_{奇校验码}$

6-5　求下列数的原码、反码和补码。

　　$(+0111)_2$ 　　 $(-0.10111)_2$ 　　 $(-47)_{10}$ 　　 $\left(-\dfrac{21}{64}\right)_{10}$

6-6　公式法证明:

(1) 如果 $\overline{A}B=0, A\overline{B}=0$, 则 $A=B$, 证明并写出其对偶定理。

(2) 如果 $A+B=A+C$ 且 $AB=AC$, 则 $B=C$。

(3) 如果 $A+B=AB$, 则 $A=B$。

(4) 设 m_i 和 m_j 是 n 变量的任意两个最小项, 证明下面等式成立的条件。

$$m_i + m_j = m_i \oplus m_j$$

6-7　多项选择题

(1) 在下列一组数中, 最大数是 _____。

　　A. $(258)_{10}$ 　　　　　　 B. $(100000001)_2$

　　C. $(103)_{16}$ 　　　　　　 D. $(001001010111)_{8421BCD}$

(2) 逻辑函数 $F(A,B,C) = \sum m(1,2,3,6)$ 和 $G(A,B,C) = \sum m(0,2,3,4,5,7)$, 两函数相与的结果

　　为 _____。

　　A. $m_2 + m_3$ 　　　 B. 1 　　　　 C. $\overline{A}B$ 　　　 D. 0

(3) 逻辑函数 $F = A \oplus B$ 和 $G = A \odot B$ 满足关系 _____。

　　A. $F = \overline{G}$ 　　　　 B. $F = G$ 　　　 C. $F = \overline{G} \oplus 0$ 　　 D. $F = G \oplus 1$

(4) 函数 $A \oplus B$ 和 $\overline{A} \oplus \overline{B}$ 的关系为 _____。

　　A. 互为反函数 　　　　　　　 B. 互为对偶式

　　C. 相等 　　　　　　　　　　 D. 以上答案都不对

(5) 逻辑函数 $F(A,B,C) = \sum m(1,2,3,4,7)$ 可以表示成 _____。

　　A. $F(A,B,C) = \prod M(0,5,6)$ 　　　 B. $F = A \oplus B \oplus C$

　　C. $F = A \oplus B \oplus C + \overline{A}B$ 　　　 D. $F = A \oplus B \oplus C + B\overline{C}$

6-8　公式法证明下列等式。

(1) $AB + BCD + \overline{A}C + \overline{B}C = AB + C$

(2) $(A+B)(A+\overline{B})(\overline{A}+B)(\overline{A}+\overline{B}) = 0$

(3) $ABC + \overline{A}\,\overline{B}\,\overline{C} = \overline{A\overline{B} + B\overline{C} + C\overline{A}}$

(4) $\overline{A \oplus B \oplus C} = (\overline{A}+\overline{B}+\overline{C})(\overline{A}+B+C)(A+\overline{B}+C)(A+B+\overline{C})$

(5) $(AB+\overline{A}\overline{B})(BC+\overline{B}\overline{C})(CD+\overline{C}\cdot\overline{D}) = \overline{A\overline{B} + B\overline{C} + C\overline{D} + D\overline{A}}$

(6) $A\overline{B} + \overline{\overline{B}+\overline{C}} + E + \overline{B\overline{E}} = \overline{B} + C + E$

(7) $A\overline{B} + B\overline{C} + A\overline{B}\overline{C} + AB\overline{C}D = A\overline{B} + B\overline{C}$

(8) $A + A\overline{B}\overline{C} + \overline{A}CD + (\overline{C}+\overline{D})E = A + \overline{C}D + E$

6-9　公式法化简：

(1) $F=\overline{A}\overline{B}C+\overline{A}BC+ABC+AB\overline{C}$

(2) $F=AB+\overline{A}C+\overline{BC}$

(3) $F=\overline{A}B+\overline{A}C+\overline{B}\overline{C}+AD$

(4) $F=(A+B+C)(\overline{A}+B)(A+B+\overline{C})$

(5) $F=\overline{AB+BC+\overline{A}\overline{B}}\cdot(\overline{A}B+A\overline{B}+BC)$

(6) $F=\overline{A\overline{C}+A\overline{B}C+B\overline{C}+ABC+\overline{A}C}$

(7) $F=D+AB\cdot(C+D)+\overline{D}\cdot(A+B)(\overline{B}+\overline{C})$

(8) $F=(A\oplus B)C+ABC+\overline{A}\overline{B}$

(9) $F=\overline{\overline{(AB+\overline{A}B)}\cdot\overline{(BC+B\overline{C})}}$

(10) $F=(AD+\overline{A}\overline{D})\cdot C+ABC+(A\overline{D}+\overline{A}D)\cdot B+BCD$

6-10　写出下列函数的反函数和对偶函数，不要求化简。

(1) $F=(\overline{A}+\overline{B})(AB+C)$

(2) $F=A+B+\overline{C}+\overline{D+\overline{E}}$

(3) $F=\overline{\overline{A}\overline{B}+BD}\cdot(C+\overline{D})+A\overline{C}D$

(4) $F=\overline{A}\cdot(\overline{C}+B\overline{D}+AC)+AC\overline{D}E$

6-11　用卡诺图化简下列函数为最简"与或式"并用门电路画出逻辑图。

(1) $F=\overline{A}B+A\overline{B}C$

(2) $F(A,B,C)=\sum m(1,3,4,5,7)$

(3) $F(A,B,C,D)=\sum m(0,2,7,13,15)+\sum d(1,3,4,5,6,9,10)$

(4) $F(A,B,C,D)=\prod M(2,3,6,7,10,11)$

(5) $F=A\overline{B}\overline{C}+\overline{A}\overline{B}+\overline{A}B\overline{C}+BC$

(6) $F=\overline{A}\overline{B}CD+\overline{A}BCD+A\overline{B}CD+ABC\cdot\overline{D}+BCD+B\overline{C}$

(7) $F=\overline{\overline{A}BC+AC}+\overline{B}C+ABC$

(8) $F=\overline{A}BCD+\overline{A}\overline{B}D+C\overline{D}+A\overline{C}\cdot\overline{D}$

6-12　用卡诺图判断函数 F 和 G 有何关系。

(1) $\begin{cases}F=\overline{A}\overline{B}+ABC+A\overline{B}\overline{C}\\G=\overline{A}B+AB\overline{C}+A\overline{B}C\end{cases}$

(2) $\begin{cases}F=\overline{B}D+CD+\overline{A}\overline{C}D+ABD\\G=\overline{B}\overline{D}+\overline{A}\overline{D}+\overline{C}\overline{D}+AC\overline{D}\end{cases}$

6-13　完成下面多输出函数的化简。

(1) $\begin{cases}F=A\overline{B}+B\overline{C}+C\overline{A}\\G=\overline{A}B+\overline{B}C\end{cases}$

(2) $\begin{cases}F(A,B,C,D)=\sum m(0,4-8,10,12,14)\\G(A,B,C,D)=\sum m(5,8,12)\\Q(A,B,C,D)=\sum m(0,4,10,14)\end{cases}$

6-14　用对偶规则将下列或与式化简为最简或与式。

(1) $F=(\overline{B}+\overline{C})(B+C)(A+B)(A+C)$

(2) $F=(A+C+D)(\overline{A}+B+D)(A+B+\overline{C})(A+\overline{B}+\overline{D})(A+\overline{C}+\overline{D})$

6-15 已知函数 F_1 和 F_2，用卡诺图法求函数 $F=F_1 \cdot F_2$，并将其结果写成最简与或式。

    (1) $F_1=AB+BC$, $F_2=\overline{\overline{A}B\overline{C}+ABC}$

    (2) $F_1=\overline{A}C+B\overline{D}+\overline{A}BC$, $F_2=\overline{(AB)\oplus(BC)\oplus(CD)}$

6-16 已知函数 $F_1=\overline{B}CD+B\overline{C}+\overline{C}\overline{D}$ 和 $F_2=\overline{A}\overline{B}C+A\overline{D}+CD$，求：

    (1) $F=F_1+F_2$

    (2) $F=F_1 \cdot F_2$

    (3) $F=F_1 \oplus F_2$

6-17 思考题：TTL 三输入与非门对二输入变量进行运算，多余的输入端如何处理？如果什么都不接，会是怎样？

第7章　组合逻辑电路

数字电路按逻辑功能和结构分为组合逻辑电路和时序逻辑电路两类。组合逻辑电路的特点是：任意时刻电路的输出仅由该时刻的输入决定，与电路过去的输入无关，这说明组合逻辑电路不具有记忆功能。本章首先讨论小规模集成电路构成的组合逻辑电路的分析与设计、组合电路中的险象及消除方法，在此基础上介绍半加器、全加器、译码器、编码器、数据选择器、数值比较器，以及可编程组合逻辑器件等常用的中规模集成电路组合逻辑部件。

7.1　组合电路的分析与设计

7.1.1　组合电路的分析

组合电路分析的步骤如下：
(1) 根据指定的逻辑电路图写出输出函数的表达式。
(2) 根据逻辑表达式列真值表。
(3) 分析真值表并说明逻辑电路的功能以及改进的方案。

例 7-1　分析图 7-1(a)所示的逻辑电路。

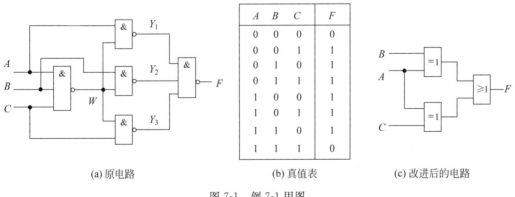

A	B	C	F
0	0	0	0
0	0	1	1
0	1	0	1
0	1	1	1
1	0	0	1
1	0	1	1
1	1	0	1
1	1	1	0

(a) 原电路　　　　　　　(b) 真值表　　　　　　(c) 改进后的电路

图 7-1　例 7-1 用图

解：第一步，根据图示电路写出输出函数的表达式。如果门电路的级数很多，可以一级一级地写，对每一级的输出规定一个中间变量，如图 7-1(a)中的 Y_1、Y_2、Y_3 和 W，最后再把中间变量用输入变量替换掉。

$$F = \overline{Y_1 \cdot Y_2 \cdot Y_3} = \overline{\overline{AW} \cdot \overline{BW} \cdot \overline{CW}}$$
$$= A \cdot W + B \cdot W + C \cdot W$$
$$= (A + B + C) \cdot \overline{ABC} \qquad\qquad \text{反演律、结合律}$$

$$= \overline{A}B + A\overline{B} + \overline{A}C + A\overline{C}$$
$$= A \oplus B + A \oplus C$$

第二步,列真值表,如图 7-1(b)所示。

第三步,说明逻辑功能及改进意见。

从真值表中可以看出这是一个"三输入不一致"电路,当三个输入变量相同时,输出为 0;三输入变量不同时,输出为 1。改进的方案如图 7-1(c)所示,改进后所用的门电路较少。

7.1.2　组合电路的设计

组合电路设计的步骤如下:

(1) 根据题目对逻辑功能的要求定义输入变量和输出变量、列真值表,并由真值表写出逻辑函数的标准与或式。

(2) 根据题目指定使用的器件类型进行化简,若未指定器件类型,则器件类型可以任选。

(3) 画逻辑电路图。

例 7-2　设计一个半减器,它能对二个一位的二进制数进行减运算,得到本位差以及向高位的借位。

解:第一步,根据题意列真值表,如图 7-2(a)所示。

设变量 A 表示被减数,B 表示减数,D 表示本位差,C 表示向高位的借位。

第二步,化简。简单函数可以直接写出最简表达式,逻辑电路如图 7-2(b)所示。

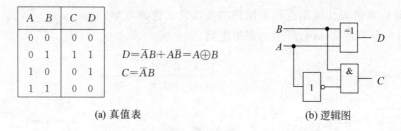

A	B	C	D
0	0	0	0
0	1	1	1
1	0	0	1
1	1	0	0

$$D = \overline{A}B + A\overline{B} = A \oplus B$$
$$C = \overline{A}B$$

(a) 真值表　　　　　　　　　　(b) 逻辑图

图 7-2　例 7-2 用图

例 7-3　设计一位 8421 码乘以 5 的组合逻辑电路,使其电路的输入和输出都是 8421 码,并证明该逻辑电路不需要任何门电路。

解:第一步,根据题意列真值表。输入变量是一位 8421 码,用 $X_3 X_2 X_1 X_0$ 表示;输出是二位 8421 码,用 $Y_7 Y_6 Y_5 Y_4 Y_3 Y_2 Y_1 Y_0$ 表示,如表 7-1 所示。

表 7-1　例 7-3 真值表

十进制数	$X_3 X_2 X_1 X_0$	$Y_7 Y_6 Y_5 Y_4 Y_3 Y_2 Y_1 Y_0$	十进制数×5
0	0000	0000　0000	00
1	0001	0000　0101	05
2	0010	0001　0000	10
3	0011	0001　0101	15
4	0100	0010　0000	20

十进制数	$X_3X_2X_1X_0$	$Y_7Y_6Y_5Y_4Y_3Y_2Y_1Y_0$	十进制数$\times 5$
5	0101	0010　0101	25
6	0110	0011　0000	30
7	0111	0011　0101	35
8	1000	0100　0000	40
9	1001	0100　0101	45

第二步,写出输出函数的表达式。通过观察真值表就能得到下式:

$$Y_7 = Y_3 = Y_1 = 0, \quad Y_5 = X_2, \quad Y_2 = Y_0 = X_0$$
$$Y_6 = X_3, \qquad\qquad Y_4 = X_1$$

第三步,画逻辑图。输出表达式说明实现该功能不需要任何门电路,只用连线将输入变量和 0 连接到输出变量上,如图 7-3 所示。

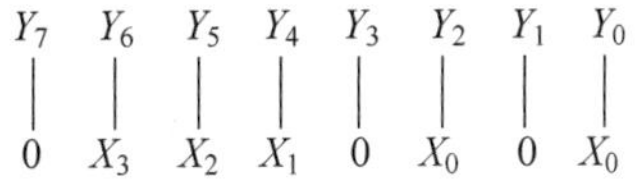

图 7-3　输入与输出连线

例 7-4　设计一个从余 3 码到 8421 码的转换电路,电路元件自选。

解:第一步,根据题意列真值表,并写出输出函数的标准与或式。

设输入用 $A_3A_2A_1A_0$ 表示余 3 码,其中有 6 种编码是不会出现的无关项;输出用 $B_3B_2B_1B_0$ 表示,结果如表 7-2 所示。

表 7-2　例 7-4 真值表

$A_3A_2A_1A_0$	$B_3B_2B_1B_0$	$A_3A_2A_1A_0$	$B_3B_2B_1B_0$
0000	dddd	1000	0101
0001	dddd	1001	0110
0010	dddd	1010	0111
0011	0000	1011	1000
0100	0001	1100	1001
0101	0010	1101	dddd
0110	0011	1110	dddd
0111	0100	1111	dddd

$$B_3 = \sum m(11,12) + \sum d(0,1,2,13,14,15)$$

$$B_2 = \sum m(7-10) + \sum d(0,1,2,13,14,15)$$

$$B_1 = \sum m(5,6,9,10) + \sum d(0,1,2,13,14,15)$$

$$B_0 = \sum m(4,6,8,10,12) + \sum d(0,1,2,13,14,15)$$

第二步,化简。卡诺图化简如图 7-4 所示,在卡诺图化简的基础上又进行了公式法化简。

第三步,画出逻辑图,如图 7-5 所示。

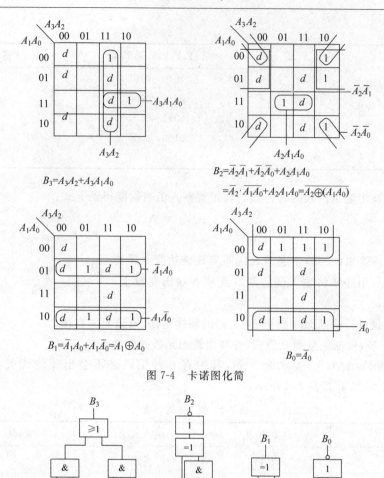

图 7-4　卡诺图化简

$B_3 = A_3A_2 + A_3A_1A_0$

$B_2 = \overline{A}_2\overline{A}_1 + \overline{A}_2\overline{A}_0 + A_2A_1A_0$
$= \overline{A}_2 \cdot \overline{A_1A_0} + A_2A_1A_0 = \overline{A_2 \oplus (A_1A_0)}$

$B_1 = \overline{A}_1A_0 + A_1\overline{A}_0 = A_1 \oplus A_0$

$B_0 = \overline{A}_0$

图 7-5　逻辑图

7.1.3　组合电路中的险象及其消除方法

设计组合电路还要考虑可能存在的危险现象。如不消除,将引起误操作。

1. 产生险象的原因

信号通过门电路时会有时间上的延迟,因此信号经过门电路的路径不同,到达终点的时刻会有先有后,这种现象被称做竞争。由于竞争而产生的错误输出就是险象。例如,在图 7-6 中,若电路不存在延时,$F=1$ 不出现险象;但由于器件的延时,输出 F 中出现短暂的"负脉冲",称之为险象。

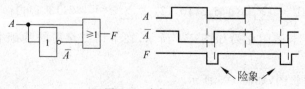

图 7-6　险象原因图

2. 险象的判断与消除

判别一个电路是否存在险象有公式判别法和卡诺图判别法。公式判别法是对逻辑函数的变量逐个考察。例如,在考察 A 时,将其余变量的所有组合用常数代入;在考察 B 时,将其余变量的所有组合用常数代入……直到所有变量考察完毕,出现下列结果将存在险象:

$$F = X + \overline{X} \qquad 1(1\text{-}0\text{-}1) \text{ 型险象}$$
$$F = X \cdot \overline{X} \qquad 0(0\text{-}1\text{-}0) \text{ 型险象}$$

输出为 1 时产生负的窄脉冲的现象称为 1 型险象,其判别式 $F = X + \overline{X}$ 的启发是,在函数的与或式中如果不同的"与"项彼此包含着互补变量,就有可能出现险象。输出为 0 时产生正的窄脉冲的现象称为 0 型险象,0 型险象判别式 $F = X \cdot \overline{X}$ 是针对或与式的,如果不同的"或"项彼此包含着互补变量,就有可能出现险象。

用卡诺图可以非常直观地判断出函数是否存在险象,如果函数的卡诺图上任意两个卡诺圈之间"相邻"就有可能存在险象,消除的方法如下:

(1) 在原电路基础上增加"附加门",即增加多余项。表现为卡诺图上多画一个卡诺圈,使之包含这两个卡诺圈存在的"相邻的面",就可以消除险象,见例 7-6。

(2) 引入选通脉冲、接入滤波电容、改进电路设计等多种方法。在此就不一一介绍了。

例 7-5　试用公式判别法判断图 7-7 所示的组合电路是否存在险象。

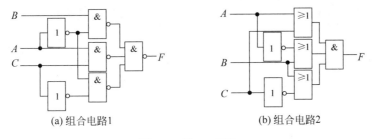

(a) 组合电路1　　　　　　　　　(b) 组合电路2

图 7-7　例 7-5 用图

解:先写出逻辑函数表达式,再把逐个变量的考察结果列表,如表 7-3 和表 7-4 所示。

(1) 如图 7-7(a)所示,$F = AC + \overline{A}B + \overline{A}C$,经考察,当 $B = C = 1$ 时,$F = A + \overline{A}$,故该电路存在险象。

表 7-3　图 7-7(a)变量分析结果

考 察 A		考 察 B		考 察 C	
BC	F	AC	F	AB	F
0 0	$\overline{A}$	0 0	1	0 0	$\overline{C}$
0 1	A	0 1	B	0 1	1
1 0	$\overline{A}$	1 0	0	1 0	C
1 1	$A + \overline{A}$	1 1	1	1 1	C

(2) 如图 7-7(b)所示,$F = (A+C)(\overline{A}+B)(B+\overline{C})$。经考察,当 $B = C = 0$ 时,$F = A \cdot \overline{A}$;当 $A = B = 0$ 时,$F = C \cdot \overline{C}$,该电路存在险象。

表 7-4　图 7-7(b)变量分析结果

考　察　A		考　察　B		考　察　C	
BC	F	AC	F	AB	F
0 0	$A \cdot \overline{A}$	0 0	0	0 0	$C \cdot \overline{C}$
0 1	0	0 1	B	0 1	C
1 0	A	1 0	B	1 0	0
1 1	1	1 1	B	1 1	1

例 7-6　用卡诺图判别如图 7-7 所示的组合电路是否存在险象并设法消除。

解：图 7-7(a)中逻辑电路的输出函数为 $F=AC+\overline{A}B+A\overline{C}$，表示在如图 7-8 所示的卡诺图中为每一个"与"项是一个圈 1 的卡诺圈，$\overline{A}B$ 和 AC 这两个卡诺圈存在"相邻的面"(图中用粗线表示这个面)，故存在险象。只要再画一个卡诺圈 BC 包含这个"相邻的面"，即增加多余项 BC 以及在电路中多加一个附加门，就可以在输入 $B=C=1$ 时，使电路的输出始终保持为 1，清除了由于变量 A 状态的变化所引起的险象。图 7-9 所示是重新化简，对卡诺图中的 0 合并得到函数的或与式，由此设计的电路不仅消除了险象，而且使用的器件少。

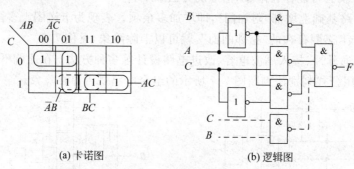

(a) 卡诺图　　　　　　(b) 逻辑图

图 7-8　在原电路基础上增加多余项 BC 克服险象

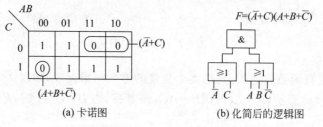

(a) 卡诺图　　　　　(b) 化简后的逻辑图

图 7-9　重新化简并设计的电路不出现险象

图 7-7(b)中逻辑电路的输出函数为 $F=(A+C)(\overline{A}+B)(B+\overline{C})$，表示在如图 7-10(a)所示的卡诺图中为每一个"或"项是一个圈 0 的卡诺圈，$(A+C)$ 和 $(\overline{A}+B)$ 这两个卡诺圈"相

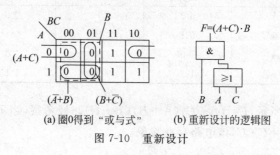

(a) 圈0得到"或与式"　　(b) 重新设计的逻辑图

图 7-10　重新设计

邻",同时$(A+C)$和$(B+\overline{C})$这两个卡诺圈也"相邻",如果画一个 $B=0$ 的卡诺圈,就可以全部包含这两个"相邻的面"并消除险象,重新设计的逻辑电路如图 7-10(b)所示。

7.2 中规模集成组合逻辑部件

中规模集成组合逻辑部件有以下特点:

(1) 通用性:通过外部连线可以实现多种逻辑功能。

(2) 扩展性:多个同类型模块通过适当连接可以扩展成位数更多的模块。

(3) 此外,中规模集成组合逻辑部件功耗小、输入级采用了"缓冲级",并通过使能端控制电路是否投入工作。

数字系统采用中大规模集成电路可以使结构简化、体积缩小、重量减轻、功耗降低、减少连线,提高了可靠性,设计和维修更加简便。本节介绍半加器、全加器、编码器、译码器、数据选择器、数值比较器。

7.2.1 半加器与全加器

1. 半加器

半加器(half adder,HA)是能对两个一位的二进制数相加得到"半加和"以及"半加进位"的组合电路。半加器的真值表、输出函数、逻辑图以及电路符号如图 7-11 所示。其中,A、B 代表输入的二进制数,S 是半加和,C 是半加进位。

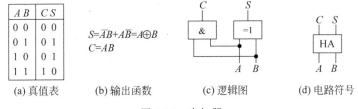

$A\ B$	$C\ S$
0　0	0　0
0　1	0　1
1　0	0　1
1　1	1　0

$S=\overline{A}B+A\overline{B}=A\oplus B$
$C=AB$

(a) 真值表　　(b) 输出函数　　(c) 逻辑图　　(d) 电路符号

图 7-11 半加器

2. 一位二进制数全加器

在进行多位二进制数相加时,不仅要考虑某一位被加数与加数相加,还要考虑来自低位的进位。一位二进制数全加器是一个具有三个输入端和两个输出端的、能对被加数、加数以及来自低位的进位相加得到"全加和"和"全加进位"的组合电路。一位二进制数全加器的真值表、逻辑图以及电路符号如图 7-12 所示。其中,A_i、B_i、C_{i-1} 分别代表输入的被加数、加数以及来自低位的进位,S_i 是本位和,C_i 是向高位的进位,FA 是 full adder 的首字母缩写。根据真值表写出输出函数并化简为使用器件最少的函数表达式如下:

$$S_i = \sum m(1,2,4,7)$$
$$= \overline{A}_i\overline{B}_iC_{i-1} + \overline{A}_iB_i\overline{C}_{i-1} + A_i\overline{B}_i\overline{C}_{i-1} + A_iB_iC_{i-1}$$
$$= \overline{A}_i(B_i \oplus C_{i-1}) + A_i(\overline{B_i \oplus C_{i-1}})$$
$$= A_i \oplus B_i \oplus C_{i-1}$$

$$C_i = \sum m(3,5,6,7)$$
$$= \overline{A}_i B_i C_{i-1} + A_i \overline{B}_i C_{i-1} + A_i B_i \overline{C}_{i-1} + A_i B_i C_{i-1}$$
$$= (A_i \oplus B_i) \cdot C_{i-1} + A_i B_i$$

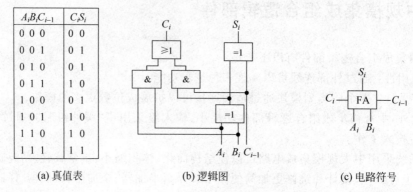

$A_i B_i C_{i-1}$	$C_i S_i$
0 0 0	0 0
0 0 1	0 1
0 1 0	0 1
0 1 1	1 0
1 0 0	0 1
1 0 1	1 0
1 1 0	1 0
1 1 1	1 1

(a) 真值表　　　　　　(b) 逻辑图　　　　　　(c) 电路符号

图 7-12　一位二进制数全加器

4 个一位的全加器级联构成了一个 4 位全加器,它的逻辑图如图 7-13 所示。

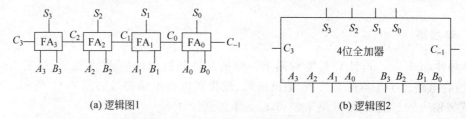

(a) 逻辑图1　　　　　　　　　　(b) 逻辑图2

图 7-13　4 位全加器

利用 4 位全加器实现加减运算的例子如图 7-14 所示。M 是选择端,当 $M = 0$ 时做加法;$M = 1$ 时做减法,做减法时通过异或门将减数"求反"并且 $C_{-1} = 1$ 使"最低位加 1",相当于"补码"的加减运算。将 8421BCD 码转换成余三码或者将余三码转换成 8421BCD 码只要做一个 4 位二进制数的加减运算就可以了,如下式:

$$(S_3 \, S_2 \, S_1 \, S_0)_{\text{余三码}} = (A_3 \, A_2 \, A_1 \, A_0)_{\text{8421BCD码}} + 0011$$
$$(S_3 \, S_2 \, S_1 \, S_0)_{\text{8421BCD码}} = (A_3 \, A_2 \, A_1 \, A_0)_{\text{余三码}} - 0011$$

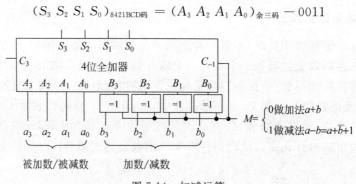

图 7-14　加减运算

把两个 4 位全加器适当地连线可以扩展成 8 位的全加器,图 7-15 所示是根据 4 位二进制数全加器集成电路芯片 74LS283 的管脚图扩展成 8 位全加器的连线图,右边这一片实现低 4 位加法,左边这一片实现高 4 位的加法。

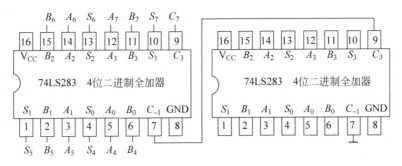

图 7-15 4 位全加器扩展为 8 位全加器

例 7-7 用 4 位二进制全加器 74LS283 和门电路设计一位 8421BCD 码全加器。

解:一位 8421BCD 码加法器是对输入的两个一位 8421BCD 码以及来自低位的进位求和,并且和也是 8421BCD 码。当"和"中出现了禁止码时,或虽然"和"中没有出现禁止码但进位为 1 时,都应通过"加 6"电路加以修正。"加 6"电路的真值表、输出函数以及一位 8421BCD 码全加器的逻辑图如图 7-16 所示。由真值表看出"加 6"操作发生在 $T=1$ 时,故"加 6"判别式 T 是:

$$T = K_3 + Z_3 Z_2 + Z_3 Z_1 = \overline{\overline{K_3} \cdot \overline{Z_3 Z_2} \cdot \overline{Z_3 Z_1}}$$

十进制数	二进制数		8421BCD 码	
	K_3	$Z_3 Z_2 Z_1 Z_0$	T	$S_3 S_2 S_1 S_0$
0	0	0000	0	0000
...		...		...
9	0	1001	0	1001
10	0	1010	1	0000
11	0	1011	1	0001
12	0	1100	1	0010
13	0	1011	1	0011
14	0	1110	1	0100
15	0	1111	1	0101
16	1	0000	1	0110
17	1	0001	1	0111
18	1	0010	1	1000
19	1	0011	1	1001

(a) 加 6 电路真值表

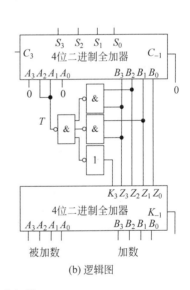

(b) 逻辑图

图 7-16 一位 8421BCD 码全加器

7.2.2 编码器

把二进制数 0 和 1 按一定的规律组合,使每一种组合都具有特定的含义,这个过程称为编码。具有编码功能的逻辑电路称为编码器。例如,十个数字键 $K_0 \sim K_9$ 分别代表十进制数 0~9,能够将十进制数 0~9 转换为 8421BCD 码的电路就称为 8421 码编码器。为了保证在任何时候都只接收一个数字键输入,同时按下两个或两个以上数字键时也只读取一个按键数据的原则,为每一个按键分配一个优先权,并采用"优先编码器"只对优先级高的输入信号编码的原则,使优先级低的输入信号不起作用。

74LS147 是 8421BCD 码优先编码器,其真值表、逻辑图、管脚图如图 7-17 所示,真值表中的输入和输出信号均以反码表示、低电平有效(逻辑图上的小圆圈代表该信号是低电平有效)。当 $\overline{D_i}$ 有效时,优先权比它低的 $\overline{D_{i-1}}$,$\overline{D_{i-2}}$,…都无效。74LS147 只对输入的 9 条数据线编码到 8421BCD 码的 4 条线输出,当所有 9 条数据线均为高电平时,编码表示十进制 0,不需要单独设置 0 输入条件。

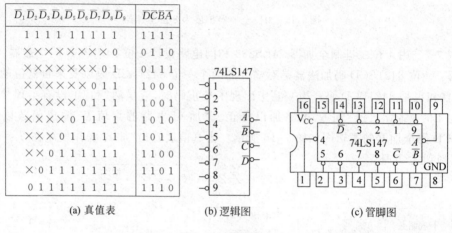

$\overline{D_1}\,\overline{D_2}\,\overline{D_3}\,\overline{D_4}\,\overline{D_5}\,\overline{D_6}\,\overline{D_7}\,\overline{D_8}\,\overline{D_9}$	$\overline{D}\,\overline{C}\,\overline{B}\,\overline{A}$
1 1 1 1 1 1 1 1 1	1 1 1 1
× × × × × × × × 0	0 1 1 0
× × × × × × × 0 1	0 1 1 1
× × × × × × 0 1 1	1 0 0 0
× × × × × 0 1 1 1	1 0 0 1
× × × × 0 1 1 1 1	1 0 1 0
× × × 0 1 1 1 1 1	1 0 1 1
× × 0 1 1 1 1 1 1	1 1 0 0
× 0 1 1 1 1 1 1 1	1 1 0 1
0 1 1 1 1 1 1 1 1	1 1 1 0

(a) 真值表　　　　　　(b) 逻辑图　　　　　　(c) 管脚图

图 7-17　编码器

7.2.3　译码器

译码是编码的逆过程,即把原来编码的含义"翻译"出来。变量译码器的定义是有 n 个输入端和 2^n 个输出端,每个输出是输入的一个最小项。根据需要,设计成在 2^n 个输出中只有一个有效是高电平,其余无效都是低电平;或在 2^n 个输出中只有一个有效是低电平,其余无效都是高电平。无论输出是高电平有效还是低电平有效,只要保证了输出的唯一性,就是变量译码器,也称之为多译一的线译码器,或最小项发生器。下面以二-四译码器为例说明它的基本结构和应用,其真值表、逻辑图和电路符号如图 7-18 所示。

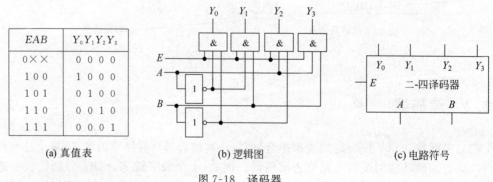

EAB	$Y_0\,Y_1\,Y_2\,Y_3$
0 × ×	0 0 0 0
1 0 0	1 0 0 0
1 0 1	0 1 0 0
1 1 0	0 0 1 0
1 1 1	0 0 0 1

(a) 真值表　　　　　　(b) 逻辑图　　　　　　(c) 电路符号

图 7-18　译码器

二-四译码器的使能端 E 决定译码器是否投入工作：当 $E=0$ 时，所有输出都为 0；当 $E=1$ 时，四个输出中仅有一个高电平，每个输出是输入的一个最小项。

$$Y_0 = \overline{A}\overline{B} \quad Y_1 = \overline{A}B \quad Y_2 = A\overline{B} \quad Y_3 = AB$$

将二-四译码器扩展为三-八译码器需要两个二-四译码器，连线如图 7-19 所示。从图 7-19(a) 中的真值表看出，当 $a=0$ 时，$Y_0 \sim Y_3$ 有输出，左边的译码器工作，故 $E_1 = \bar{a}$；当 $a=1$ 时，$Y_4 \sim Y_7$ 有输出，右边的译码器工作，故 $E_2 = a$。在 $a=0$ 和 $a=1$ 时 b、c 都有 4 种组合方式，故 b、c 应接在两个二-四译码器的输入端 A 和 B 上。

$a\ b\ c$	$Y_0 Y_1 Y_2 Y_3\ Y_4 Y_5 Y_6 Y_7$
0 0 0	1 0 0 0　0 0 0 0
0 0 1	0 1 0 0　0 0 0 0
0 1 0	0 0 1 0　0 0 0 0
0 1 1	0 0 0 1　0 0 0 0
1 0 0	0 0 0 0　1 0 0 0
1 0 1	0 0 0 0　0 1 0 0
1 1 0	0 0 0 0　0 0 1 0
1 1 1	0 0 0 0　0 0 0 1

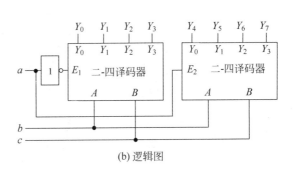

(a) 真值表　　　　　　　　　　　　(b) 逻辑图

图 7-19　扩展为三-八译码器

74LS138 是最为常用的三-八译码器，它的真值表、逻辑图以及管脚图如图 7-20 所示。

使　能　端		输　入	输　　出
G_1	$(\overline{G}_{2A}+\overline{G}_{2B})$	$A_2 A_1 A_0$	$\overline{Y}_0 \overline{Y}_1 \overline{Y}_2 \overline{Y}_3 \overline{Y}_4 \overline{Y}_5 \overline{Y}_6 \overline{Y}_7$
$\times$	1	$\times\times\times$	1 1 1 1 1 1 1 1
0	$\times$	$\times\times\times$	1 1 1 1 1 1 1 1
1	0	0 0 0	0 1 1 1 1 1 1 1
1	0	0 0 1	1 0 1 1 1 1 1 1
1	0	0 1 0	1 1 0 1 1 1 1 1
1	0	0 1 1	1 1 1 0 1 1 1 1
1	0	1 0 0	1 1 1 1 0 1 1 1
1	0	1 0 1	1 1 1 1 1 0 1 1
1	0	1 1 0	1 1 1 1 1 1 0 1
1	0	1 1 1	1 1 1 1 1 1 1 0

(a) 真值表

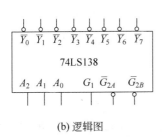

(b) 逻辑图

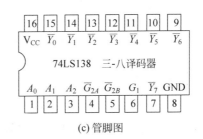

(c) 管脚图

图 7-20　74LS138

变量译码器的应用主要有三个方面：

（1）在计算机中用作指令译码器和地址译码器。

（2）数据分配器。

（3）函数发生器，n 变量译码器可以看作 n 变量的最小项发生器，加上门电路就能实现 n 变量逻辑函数的最小项之和表达式，可以不必化简，同时减少了连线。

例 7-8 指令译码器。

解：图 7-21(a)中指令译码器对指令的操作码进行译码，n 位操作码可以有 2^n 种操作方式。设操作码的定义如图 7-21(b)所示，译码器的输出就是选择操作的信号。

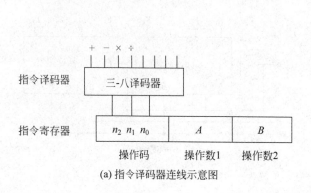

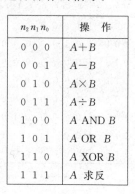

$n_2\,n_1\,n_0$	操　作
0　0　0	$A+B$
0　0　1	$A-B$
0　1　0	$A\times B$
0　1　1	$A\div B$
1　0　0	A AND B
1　0　1	A OR　B
1　1　0	A XOR B
1　1　1	A　求反

(a) 指令译码器连线示意图　　　　　　　　　　(b) 真值表

图 7-21　指令译码器

例 7-9 数据分配器。

解：将使能端 E 作为数据输入端，A、B 作为地址选择端，改变地址可以将数据分配到 $Y_0 \sim Y_3$ 不同的地方，如图 7-22 所示。

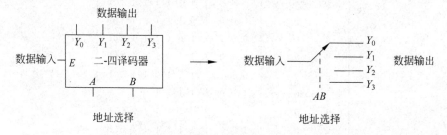

图 7-22　二-四译码器用作数据分配器等效为分配开关

例 7-10　用 74LS138 和门电路实现一位全加器。

解：根据 7.2.1 节讨论过的结果，被加数、加数以及来自低位的进位分别用 A_i、B_i、C_{i-1} 表示；本位和 S_i 及进位 C_i 的函数最小项之和表达式为下式，逻辑图如图 7-23 所示。

$$S_i(A_iB_iC_{i-1}) = m_1 + m_2 + m_4 + m_7 = \overline{\overline{m_1} \cdot \overline{m_2} \cdot \overline{m_4} \cdot \overline{m_7}}$$

$$C_i(A_iB_iC_{i-1}) = m_3 + m_5 + m_6 + m_7 = \overline{\overline{m_3} \cdot \overline{m_5} \cdot \overline{m_6} \cdot \overline{m_7}}$$

例 7-11　七段字形显示译码器/驱动器。

解：七段数码管是可以显示十六进制数字 0～9 和 A～F 或其他符号的简单显示器，其正视图、七段字形显示译码器/驱动器逻辑图如图 7-24(a)和图 7-24(c)所示。如果需要显

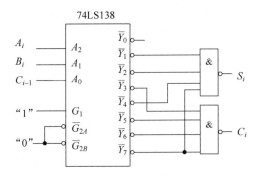

图 7-23 74LS138 和门电路实现一位全加器的逻辑图

示小数点 dp,应选择带小数点的七段数码管。数码管由发光二极管并联组成,有共阴极连接和共阳极连接两种(见图 7-24(b)),只有在二极管正偏导通时才发光。七段字形显示译码器又称做四-七译码器,它将输入的四位二进制数翻译成十六进制数的七位字形码输出以便驱动数码管。设数码管是共阴极连接,显示译码器的真值表如表 7-5 所示。

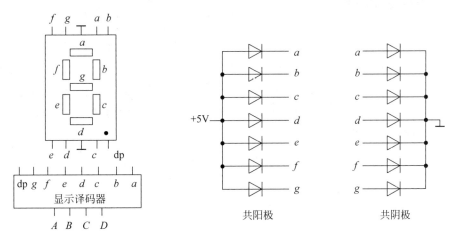

(a) LED数码管和显示译码器   (b) LED数码管等效电路

(c) 数码管显示的字形

图 7-24 七段字形显示译码器/驱动器

表 7-5 七段字形显示译码器/驱动器的真值表

输 入	输 出	字形码和字形
$A\ B\ C\ D$	$g\ \ f\ e\ d\ c\ b\ a$	
0 0 0 0	0 1 1 1 1 1 1	3FH 0
0 0 0 1	0 0 0 0 1 1 0	06H 1
0 0 1 0	1 0 1 1 0 1 1	5BH 2
0 0 1 1	1 0 0 1 1 1 1	4FH 3
0 1 0 0	1 1 0 0 1 1 0	66H 4

续表

输　入				输　出							字形码和字形	
A	B	C	D	g	f	e	d	c	b	a		
0	1	0	1	1	1	0	1	1	0	1	6DH	5
0	1	1	0	1	1	1	1	1	0	1	7DH	6
0	1	1	1	0	0	0	0	1	1	1	07H	7
1	0	0	0	1	1	1	1	1	1	1	7FH	8
1	0	0	1	1	1	0	0	1	1	1	67H	9
1	0	1	0	1	1	1	0	1	1	1	77H	A
1	0	1	1	1	1	1	1	1	0	0	7CH	b
1	1	0	0	0	1	1	1	0	0	1	39H	c
1	1	0	1	1	0	1	1	1	1	0	5EH	d
1	1	1	0	1	1	1	1	0	0	1	79H	E
1	1	1	1	1	1	1	0	0	0	1	71H	F

7.2.4　数据选择器

数据选择器又称为多路开关,在地址信号的控制下从多路输入中选择其中的一路作为输出,是一个多输入单输出的组合逻辑电路,常用缩写 MUX(multiplexer)表示。下面以图 7-25 所示的四选一选择器为例讲解数据选择器的内部结构和工作原理。从四选一选择器逻辑图中看出它是由二-四译码器的输出去控制并选择某一路输入数据送到输出端,四选一选择器的输出函数以及真值表如下:

输出函数　　$F = \bar{S}_1\bar{S}_0 D_0 + \bar{S}_1 S_0 D_1 + S_1 \bar{S}_0 D_2 + S_1 S_0 D_3$

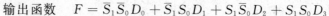

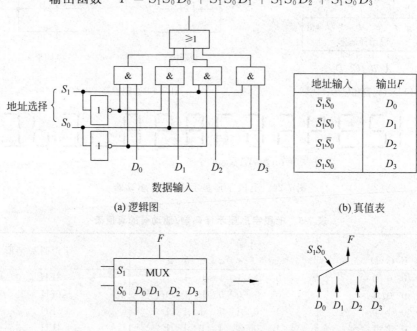

地址输入	输出 F
$\bar{S}_1\bar{S}_0$	D_0
$\bar{S}_1 S_0$	D_1
$S_1 \bar{S}_0$	D_2
$S_1 S_0$	D_3

(a) 逻辑图　　　　　　　　　　　　　　(b) 真值表

(c) 符号和等效于多路开关

图 7-25　四选一选择器

用四选一选择器扩展成八选一选择器通过二级选择完成,设计的思路如下:

第一步,输入级需要两个四选一选择器接收八路输入数据,产生两个输出。

第二步,输出级需要一个二选一选择器完成从输入级的两个输出中选择一个作为八选一选择器的输出,可以用门电路实现。扩展电路的连线是根据八选一选择器的真值表进行,地址信号的低两位 S_1S_0 接在四选一选择器的地址输入,地址高位 S_2 作为二选一选择器的地址输入。八选一选择器的真值表、扩展组成的八选一选择器的逻辑图如图 7-26 所示。

地址输入	输出 F
$\overline{S_2}\,\overline{S_1}\,\overline{S_0}$	D_0
$\overline{S_2}\,\overline{S_1}\,S_0$	D_1
$\overline{S_2}\,S_1\,\overline{S_0}$	D_2
$\overline{S_2}\,S_1\,S_0$	D_3
$S_2\,\overline{S_1}\,\overline{S_0}$	D_4
$S_2\,\overline{S_1}\,S_0$	D_5
$S_2\,S_1\,\overline{S_0}$	D_6
$S_2\,S_1\,S_0$	D_7

（a）真值表

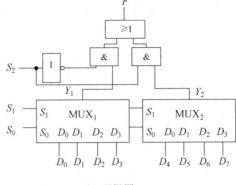

（b）逻辑图

图 7-26　八选一选择器的真值表、用四选一选择器扩展成八选一选择器的逻辑图

八选一数据选择器 74LS151 和 4 位二选一数据选择器 74LS157 的管脚图如图 7-27 所示。74LS151 是具有使能端的、以原函数和反函数两种形式输出的器件。

(a) 74LS151

(b) 74LS157

图 7-27　74LS151 和 74LS157 管脚图

数据选择器主要应用有两个方面:

（1）选择数据。

（2）函数发生器。

为了降低成本、利用现有的电话线,远距离传输数据是一位一位传送的,这就需要发送方在发送数据之前将并行的多位二进制数一位一位地放到传输线上,这种做法被称之为并行到串行的转换;同理,接收方是一位一位地接收一串数据,需要将串行数据转换成为并行的数据。如图 7-28 所示,计数器的输出控制着八选一数据选择器的地址 $A_2A_1A_0$ 加 1 变化,选择器先输出低位 D_0、D_1,$\cdots$,最后是 D_7,输出数据的波形图见图 7-28。

例 7-12　用两个一位的四选一数据选择器实现一位全加器。

解:四选一数据选择器的输出函数是一个三变量的标准与或式,意味着它可以实现三变量的逻辑函数。只要将三变量逻辑函数的标准与或式与四选一数据选择器的输出函数比较,就可以确定四选一数据选择器的连线。

四选一数据选择器的输出函数 $F = \overline{S_1}\,\overline{S_0}D_0 + \overline{S_1}S_0D_1 + S_1\overline{S_0}D_2 + S_1S_0D_3$

一位全加器本位和 S 的输出函数 $S = \overline{A}\overline{B}C + \overline{A}B\overline{C} + A\overline{B}\overline{C} + ABC$

一位全加器进位 J 的输出函数 $J = \overline{A}BC + A\overline{B}C + AB\overline{C} + ABC$

$$= \overline{A}\overline{B} \cdot 0 + \overline{A}BC + A\overline{B}C + AB \cdot 1$$

比较后的结论是,输入变量 AB 接在地址选择端 $S_1 S_0$,C 接在数据输入端,逻辑图如图 7-29 所示。

四选一选择器实现本位和 S 的连线是 $D_0 = C$,$D_1 = \overline{C}$,$D_2 = \overline{C}$,$D_3 = C$。

四选一选择器实现进位 J 的连线是 $D_0 = 0$,$D_1 = D_2 = C$,$D_3 = 1$。

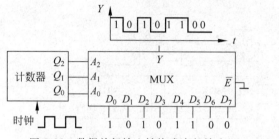

图 7-28 数据并行输入转换成串行输出

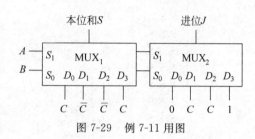

图 7-29 例 7-11 用图

图 7-29 展示了具有 2^n 个输入通道的选择器可以实现一个 $n+1$ 变量的逻辑函数,将 n 变量接在地址输入端、另一个变量(或它的组合 $0,1,C,\overline{C}$)接在数据输入端。实际上,2^n 个输入通道的选择器也可以实现 n 变量或 $n+2$ 变量的逻辑函数。确定每个逻辑变量的连线还可以用真值表对比法或卡诺图对比法,下例中使用的是真值表对比法。

例 7-13 用八选一数据选择器 74LS151 实现:

(1) $F_1(A,B,C) = \overline{A}B + AB + C$

(2) $F_2(A,B,C,D) = \sum m(0,5,8-11,14,15)$

解:(1) 先将 F_1 写成标准与或式,在图 7-30(a)中列出八选一数据选择器的真值表与 F_1 的真值表并加以比较后发现,当所有的输入变量都接在数据选择器的地址端时,数据输入端 $D_0 \sim D_7$ 应依次接入 $1,1,0,1,0,1,1,1$。

$$F_1(A,B,C) = \overline{A}B(C+\overline{C}) + AB(C+\overline{C}) + C(A+\overline{A})(B+\overline{B})$$
$$= \overline{A}B\overline{C} + \overline{A}BC + AB\overline{C} + ABC + \overline{A}\overline{B}C + A\overline{B}C$$
$$= m_0 + m_1 + 0 + m_3 + 0 + m_5 + m_6 + m_7$$

逻辑图如图 7-30(b)所示。

地址输入	MUX 输出 Y	逻辑函数 F_1
$\overline{A_2}\overline{A_1}\overline{A_0}$	D_0	1
$\overline{A_2}\overline{A_1}A_0$	D_1	1
$\overline{A_2}A_1\overline{A_0}$	D_2	0
$\overline{A_2}A_1A_0$	D_3	1
$A_2\overline{A_1}\overline{A_0}$	D_4	0
$A_2\overline{A_1}A_0$	D_5	1
$A_2A_1\overline{A_0}$	D_6	1
$A_2A_1A_0$	D_7	1

(a) 真值表对比法确定地址与输入数据的关系

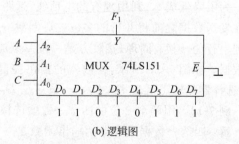

(b) 逻辑图

图 7-30 八选一数据选择器实现函数 F_1

（2）先将 F_2 写成标准与或式,在 F_2 函数的"与项"中找出每一个地址输入下的系数并填入真值表(见图 7-31(a))中进行比较,可以确定 D_i 的输入信号,逻辑图如图 7-31(b)所示。

$$F_2(A,B,C,D) = \sum m(0,5,8-11,14,15)$$
$$= \overline{A}\overline{B}\overline{C}\overline{D} + \overline{A}B\overline{C}D + A\overline{B}\overline{C}\overline{D} + A\overline{B}\overline{C}D + A\overline{B}C\overline{D} + A\overline{B}CD + ABC\overline{D} + ABCD$$
$$= \overline{A}\overline{B}\overline{C}\cdot\overline{D} + \overline{A}B\overline{C}\cdot D + A\overline{B}\overline{C}(\overline{D}+D) + A\overline{B}C(\overline{D}+D) + ABC(\overline{D}+D)$$

地址输入	MUX 输出 Y	逻辑函数 F_2
$\overline{A}_2\overline{A}_1\overline{A}_0$	D_0	$\overline{D}$
$\overline{A}_2\overline{A}_1 A_0$	D_1	0
$\overline{A}_2 A_1\overline{A}_0$	D_2	D
$\overline{A}_2 A_1 A_0$	D_3	0
$A_2\overline{A}_1\overline{A}_0$	D_4	$\overline{D}+D=1$
$A_2\overline{A}_1 A_0$	D_5	$\overline{D}+D=1$
$A_2 A_1\overline{A}_0$	D_6	0
$A_2 A_1 A_0$	D_7	$\overline{D}+D=1$

(a) 真值表对比法确定地址与输入数据的关系

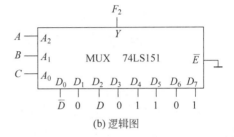

(b) 逻辑图

图 7-31　八选一数据选择器实现四变量逻辑函数

7.2.5　数值比较器

N 位数值比较器是对 N 位的二进制数 A、B 进行比较,得出 $A>B$、$A=B$ 和 $A<B$ 三个结果的组合逻辑部件。4 位数值比较器的真值表如表 7-6 所示。从表中看到,当高位数的比较可以确定大小时,就不必比较低位数;当高位数相等时才比较低位数。数值比较器的输入中除了两个 8 位的二进制数 A、B 外,还有三个级联输入端用于比较器的扩展,用 4 位比较器扩展为 8 位比较器的逻辑图如图 7-32 所示。

表 7-6　4 位数值比较器真值表

A_3 　 B_3	A_2 　 B_2	A_1 　 B_1	A_0 　 B_0	$a>b$	$a=b$	$a<b$	$A>B$	$A=B$	$A<B$
$A_3>B_3$	$\times$	$\times$	$\times$	$\times$	$\times$	$\times$	1	0	0
$A_3<B_3$	$\times$	$\times$	$\times$	$\times$	$\times$	$\times$	0	0	1
$A_3=B_3$	$A_2>B_2$	$\times$	$\times$	$\times$	$\times$	$\times$	1	0	0
$A_3=B_3$	$A_2<B_2$	$\times$	$\times$	$\times$	$\times$	$\times$	0	0	1
$A_3=B_3$	$A_2=B_2$	$A_1>B_1$	$\times$	$\times$	$\times$	$\times$	1	0	0
$A_3=B_3$	$A_2=B_2$	$A_1<B_1$	$\times$	$\times$	$\times$	$\times$	0	0	1
$A_3=B_3$	$A_2=B_2$	$A_1=B_1$	$A_0>B_0$	$\times$	$\times$	$\times$	1	0	0
$A_3=B_3$	$A_2=B_2$	$A_1=B_1$	$A_0<B_0$	$\times$	$\times$	$\times$	0	0	1
$A_3=B_3$	$A_2=B_2$	$A_1=B_1$	$A_0=B_0$	1	0	0	1	0	0
$A_3=B_3$	$A_2=B_2$	$A_1=B_1$	$A_0=B_0$	0	1	0	0	1	0
$A_3=B_3$	$A_2=B_2$	$A_1=B_1$	$A_0=B_0$	0	0	1	0	0	1

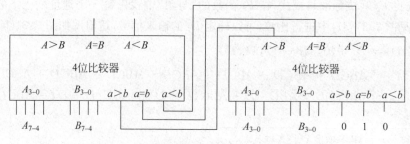

图 7-32　4 位比较器扩展为 8 位比较器的逻辑图

7.3　可编程组合逻辑器件

可编程逻辑器件(programmable logic device,PLD)是由用户编程、配置的一类通用性逻辑器件的泛称。组合类型的可编程逻辑器件内部结构主要是由输入输出电路、与阵列和或阵列组成,如图 7-33 所示;而时序类型的可编程逻辑器件内部还包括触发器。用户可以通过专用的开发软件对器件进行编程、校验、下载等,使可编程逻辑器件实现所需逻辑功能。用可编程逻辑器件设计逻辑电路成本低,使用灵活,设计周期短,可靠性高,风险小,因而很快得到普遍应用,发展非常迅速。

图 7-33　PLD 的基本结构

PLD 自从 20 世纪 70 年代出现发展到现在,已形成了许多类型的产品,其结构、工艺、集成度、速度和性能都在不断改进和提高。回顾历史,曾经出现的 PLD 有以下几种:

(1) 可编程只读存储器(programmable read only memory,PROM)器件是最早的 PLD,它是由固定的与阵列和可编程的或阵列组成,采用熔丝工艺编程,只能写一次,不能擦除和重写,以后又出现了紫外线可擦除可编程只读存储器 EPROM 和电可擦除可编程只读存储器 E^2PROM,由于它们价格低,易于编程,速度低,因此,主要用作存储器。

(2) 可编程逻辑阵列(programmable logic array,PLA)器件出现于 20 世纪 70 年代中期,由可编程的与阵列和可编程的或阵列组成,有些还加入了触发器阵列。由于当时价格较贵,编程复杂,支持 PLA 的开发软件有一定难度,因而没有得到广泛应用。

(3) 可编程阵列逻辑(programmable array logic,PAL)器件在 1977 年由美国 MMI 公司(单片存储器公司)率先推出,组合型的 PAL 由可编程的与阵列和固定的或阵列组成能实现组合逻辑电路,每个或门的输入与多个与门的输出固定连接。它采用熔丝编程方式,双极性工艺制造,器件的工作速度很高,因而成为第一个普遍应用的可编程逻辑器件,如 PAL16L8。

(4) 通用阵列逻辑(generic array logic,GAL)器件在 1985 年由 Lattice 公司最先发明,是可电擦写、可重复编程、可设置加密位的 PLD,GAL 在 PAL 基础上采用了输出逻辑宏单

元形式和 E^2CMOS 工艺结构。具有代表性的 GAL 芯片有 GAL16V8、GAL20V8,这两种 GAL 几乎能够仿真所有类型的 PAL 器件,也可以取代大部分 SSI、MSI 数字集成电路,如标准的 54/74 系列器件,因而获得广泛应用。

以上 PAL 和 GAL 都属于简单 PLD,结构简单,设计灵活,对开发软件的要求低,但规模小,难以实现复杂的逻辑功能。随着技术的发展,简单 PLD 在集成度和性能方面的局限性也暴露出来,其寄存器、I/O 管脚、时钟资源的数目有限,没有内部连线。研制高密度、高速度、低功耗以及结构体系更灵活、使用范围更广泛的大规模 PLD 势在必行。

(5) 复杂可编程逻辑器件(complex PLD,CPLD)是 20 世纪 80 年代末 Lattice 公司提出了在线可编程(in system programmability,ISP)技术以后 20 世纪 90 年代出现的,CPLD 至少包含三种结构:可编程逻辑宏单元、可编程 I/O 单元和可编程内部连线。部分 CPLD 器件内部还集成了 RAM、FIFO 或双口 RAM 等存储器。其典型器件有 Altera 的 MAX7000 系列、Xilinx 的 7000 和 9500 系列、Lattice 的 PLSI 系列和 AMD 的 MACH 系列。

(6) 现场可编程门阵列(field programmable gate array,FPGA)器件是 Xilinx 公司 1985 年首家推出的,是一种新型的高密度 PLD,采用 CMOC-SRAM 工艺制作。FPGA 的结构与门阵列 PLD 结构不同,其内部由许多独立的可编程逻辑模块组成,逻辑模块之间可以灵活地相互连接。FPGA 的结构一般分为三部分:可编程逻辑模块、可编程 I/O 模块和可编程内部连线,不仅能够实现逻辑函数,还可以配置成 RAM 等复杂的形式。配置数据存放在片内的 SRAM 或熔丝图上,基于 SRAM 的 FPGA 器件工作前需要从芯片外部加载配置数据。配置数据可以存储在片外的 EPROM 或计算机上,设计人员可以控制加载过程,在现场修改器件的逻辑功能,即现场可编程。FPGA 出现后受到电子设计工程师的普遍欢迎,发展十分迅速。Altera 公司的 EP2A90 的密度可达几百万门,上千个 I/O 管脚,1Gb/s 数据速度。受篇幅限制,下面仅讨论可编程组合逻辑电路 ROM 和可编程组合逻辑阵列 PLA 的原理及应用。

7.3.1　只读存储器 ROM

由于只读存储器 ROM 价格低,易于编程,速度低,因此主要用作数字系统中存储大量信息的半导体存储器(memory)。按照读写方式的不同可以分为两大类:存储器的内容只能输出而不能重新输入的是只读存储器(read only memory,ROM),存储器的内容不仅可以输出还可以重新输入的是随机存取存储器(random access memory,RAM)。按照存储器的结构、制造工艺不同,还可以进一步细分,如图 7-34 所示。

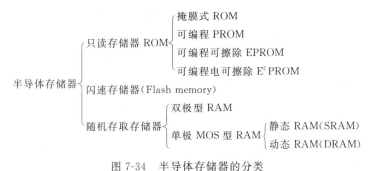

图 7-34　半导体存储器的分类

　　半导体存储器的结构由三部分组成：地址译码器、存储体和读写控制电路,其结构如图 7-35(a)所示,电路符号如图 7-35(b)所示。各类半导体存储器的区别仅仅是存储体不同。其中地址译码器的输出负责选择存储单元,读写控制信号和片选信号共同控制数据与总线的接通与断开。存储器的容量是用"字数×位数"表示,字数即存储单元数,位数表示每一个单元存储二进制数的位数。

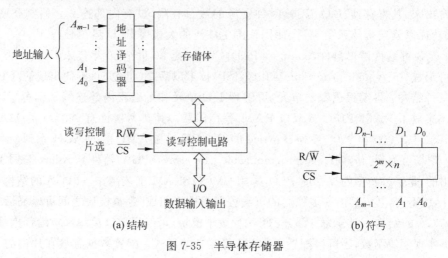

(a) 结构　　　　　　　　　　　　　　(b) 符号

图 7-35　半导体存储器

1. 掩膜式 ROM

　　一个 $4×4$ 的掩膜式 ROM 的结构示意图如图 7-36(a)所示,图中二-四译码器的 4 个输出是字选择线(简称字线),每次只能选择一个存储单元。设 $A_1A_0=00$ 选择了 0 单元,则字线 m_0 是高电平,接在字线 m_0 与位线 D_2 以及 D_0 上的二极管因正偏而导通,这两位数据电平呈现高电平;字线 m_0 与位线 D_3、D_1 上没有二极管相连,故这两位数据电平呈现低电平;故 0 单元存放的数据是 0101。

　　在字线与位线之间有二极管连接时实现这一位存储"1"、字线与位线之间没有二极管连接时实现这一位存储 0。由于二极管的存在与否跟断电无关,即使断电存储的信息也不会丢失,故 ROM 是"非易失性"存储器,可以用它保存一些常用的、不变的,特别是防备被丢失的数据,它任意时刻的输出仅由这一刻输入的地址决定,故属于组合电路。除了用二极管作为字线与位线之间的耦合元件外,还可以用三极管或场效应管实现。图 7-36(b)所示是图 7-36(a)的两种简化图,在字线与位线之间有二极管连接的地方用"点"代替,简化了画法。

　　n 位地址的存储器最多有 2^n 个存储单元,每个存储单元由一条选择线选择称为一维选择。随着存储单元的增大,字选择线也要增多,这时可以采用二维选择的方法。图 7-37 是 $16×1$ ROM 采用二维选择的逻辑图。在二维选择中,每一个存储单元首先通过地址的高位 A_3A_2 进行"行选择",然后通过地址的低位 A_1A_0 进行"列选择"。同样大小容量的存储器采取二维选择时比一维选择使用的地址线不变而选择线减少,表 7-7 列出了选择线与地址线的关系。实际的存储器只有在每条选择线上接有驱动器时才能使数据送入数据总线。因此采取二维选择对降低成本很可观。采用二维选择的另一个好处是,当存储器容量增大时其存储器芯片的地址线也要增多,如果地址线能分时复用,先送行地址后送列地址,就可以减少存储器芯片的管脚和体积。

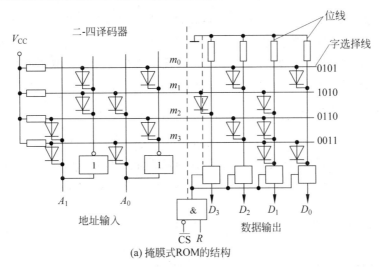

(a) 掩膜式ROM的结构

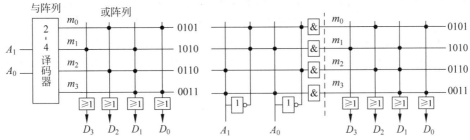

(b) 掩膜式ROM结构的两种简化图

图 7-36　掩膜式 ROM

表 7-7　选择线与地址位数的关系

	地址	选择线数
一维选择	m 位	2^m
二维选择	m 位	$2 \times \sqrt{2^m}$

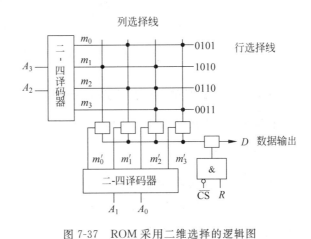

图 7-37　ROM 采用二维选择的逻辑图

2. 可编程只读存储器

掩膜式 ROM 未写入信息之前,存储体中所有字线和位线都有二极管连接,需要保留哪一个二极管就用模板掩盖住,不需要保留的就暴露在激光下,通过光刻切断二极管的连线。这一切工作都是在工厂生产过程中完成,出厂后就不能对其再进行修改。为了满足广大用户可以在自己的实验室里完成写入信息的需要,PROM 应运而生。PROM 每一个存储单元的结构示意图如图7-38(a)所示,二极管串联熔断丝和读写控制电路。出厂时所有存储单元的熔断丝都是连通的,写入数据时,用户把需要切断熔丝的信息传达给读写控制电路并且接通15V以上的高电压使熔丝切断,熔丝一旦切断便不可恢复。读出数据时接通的是3V或5V电压,不会切断熔丝。

3. 可擦除可编程的只读存储器(erasable PROM,EPROM)

图7-38(b)所示是EPROM存储位内部结构:二极管串联FAMOS管和读写控制电路。FAMOS管又被称做浮栅雪崩注入MOS管,FAMOS管不像普通MOS管,它的栅极完全悬浮在SiO_2之中而且没有导线外引,不构成一个极。出厂时所有FAMOS管的浮栅不带电荷呈断开状;若FAMOS管的漏极D极接一个25V的正电压,则漏—源极间瞬间产生"雪崩"击穿使正电荷注入浮栅并由此建立反型层的导电沟道,相当于写入了1,注入浮栅的正电荷在温度125℃下经过10年仍可以保存70%。FAMOS管放在紫外线或X射线下照射20min,浮栅上的电荷将会释放掉恢复到断开状态。成品的EPROM芯片上有一个玻璃窗口便于紫外线擦除,要想写入的数据不被擦除,就应在玻璃窗口上用不透光的胶纸封住以免数据丢失。

从以上讨论可知,无论PROM还是EPROM、E^2PROM,写入数据是通过专用的高电压电路,在读出数据时是在5V或3V电压下,不会破坏数据。因此,它们属于只读存储器。

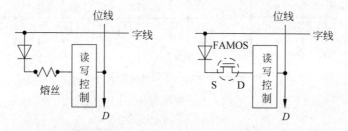

(a) PROM存储单元的结构示意图　　(b) EPROM存储单元的结构示意图

图7-38　PROM与EPROM

4. 电可擦除可编程的只读存储器(electrically erasable PROM,E^2PROM)

这是存储芯片不离开插件板就可以用电信号进行擦除和改写的存储器。

5. 闪速存储器

闪速存储器的存储体具有E^2PROM电擦除的特点,体积小、耗电低、携带方便,目前被广泛用于便携式计算机的PC卡存储器(固态硬盘)和在台式机中代替软盘的U盘。

6. 只读存储器ROM的应用

(1)保存一些常用的、不变的,特别是防备被丢失的数据,如计算机开机时的引导程序、字模等。

(2)实现函数发生器。ROM的地址译码器是由**固定的"与阵列"**构成的最小项发生器,存储体是**可编程的"或阵列"**,因此,存储体的每一位数据线可以实现一个组合逻辑函数的最小项之和表达式。

例7-14　用ROM实现的从8421BCD码到2421BCD码的代码转换电路。

解：第一步，列真值表。设输入变量用 $A_3A_2A_1A_0$ 表示，输出函数用 $B_3B_2B_1B_0$ 表示，如图 7-39(a)所示。

第二步，在 ROM 的或阵列上，输出函数的每一位最小项之和表达式中有哪几个最小项，就在它的位线和字线（最小项）的交叉处打点，如图 7-39(b)所示。或阵列上的点与真值表一一对应，用 ROM 设计组合电路，省去了化简和连线，使电路更加集中和整齐。

$A_3A_2A_1A_0$	$B_3B_2B_1B_0$
0000	0000
0001	0001
0010	0010
0011	0011
0100	0100
0101	1011
0110	1100
0111	1101
1000	1110
1001	1111
1010	$dddd$
⋮	⋮
1111	$dddd$

(a) 真值表

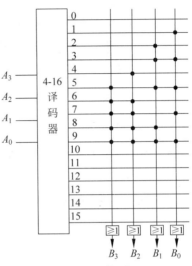

(b) 用ROM实现的逻辑图

图 7-39　8421BCD 码到 2421BCD 码的代码转换电路

7.3.2 可编程组合逻辑阵列 PLA 的应用

可编程组合逻辑阵列 PLA 由"**可编程的与阵列**"和"**可编程的或阵列**"组成。编程之前应**先将函数化简**为"**最简与或式**"，然后分别在与阵列上"打点"实现与运算、在或阵列上"打点"实现或运算。

例 7-15　设计用 PLA 实现求三位二进制数平方的计算器。

解：第一步，列真值表。设输入的三位二进制数是 $B_2B_1B_0$，输出是 $Y_5Y_4Y_3Y_2Y_1Y_0$。

第二步，化简，本例可观察到的结果，如图 7-40 所示。

$B_2B_1B_0$	$Y_5Y_4Y_3Y_2Y_1Y_0$
0　0　0	0　0　0　0　0　0
0　0　1	0　0　0　0　0　1
0　1　0	0　0　0　1　0　0
0　1　1	0　0　1　0　0　1
1　0　0	0　1　0　0　0　0
1　0　1	0　1　1　0　0　1
1　1　0	1　0　0　1　0　0
1　1　1	1　1　0　0　0　1

（a）真值表

$$Y_5 = B_2B_1$$
$$Y_4 = B_2\overline{B_1} + B_2B_0$$
$$Y_3 = \overline{B_2}B_1B_0 + B_2\overline{B_1}B_0$$
$$Y_2 = B_1\overline{B_0}$$
$$Y_1 = 0$$
$$Y_0 = B_0$$

（b）输出函数表达式

图 7-40　例 7-14 图

第三步,在与阵列和或阵列中打点表示函数,如图 7-41 所示。

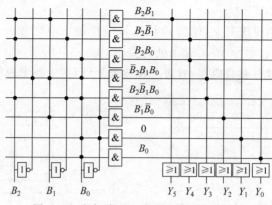

图 7-41　在与阵列和或阵列打点表示函数

习　题　7

7-1　分析如图 7-42 所示的逻辑电路,写出输出函数表达式,试用最少的门改进电路的设计。

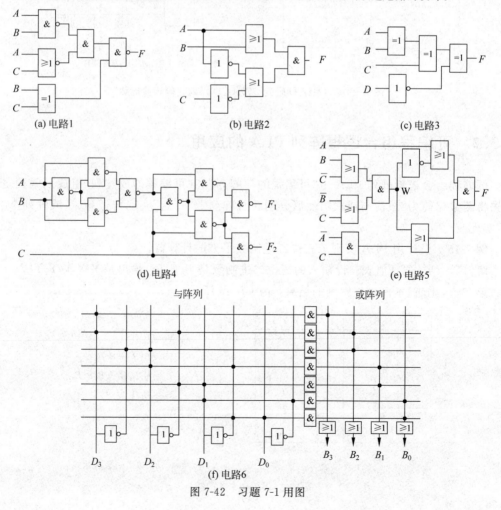

(a) 电路1　　　　　　(b) 电路2　　　　　　(c) 电路3

(d) 电路4　　　　　　　　　　(e) 电路5

(f) 电路6

图 7-42　习题 7-1 用图

7-2 对于如图 7-43 所示的电路,已知 $F_1 = A + B$,F_3 为与门并且输出 $F_3 = A$,问 F_2 的逻辑函数表达式是怎样的?

7-3 有一个组合电路的输入信号 A、B、C 和输出信号 F 的变化波形如图 7-44 所示,试写出 F 的逻辑函数表达式,并画出用与非门实现的逻辑图。

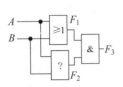

图 7-43 习题 7-2 用图

图 7-44 习题 7-3 用图

7-4 在图 7-45 中,设 $[X]_原 = X_0 . X_{-1}X_{-2}$,试设计一个组合逻辑电路,使该电路具有如下功能:$A = 0$ 时,$F = 1/2$;$A = 1$ 时,$F = [X]_反$。

7-5 用最少的门电路设计一个二位的二进制数加法器,逻辑框图如图 7-46 所示。输入的两个二进制数分别是 $A_1 A_0$ 和 $B_1 B_0$,输出是求算术和 $A_1 A_0 + B_1 B_0$。

图 7-45 题 7-4 的逻辑框图

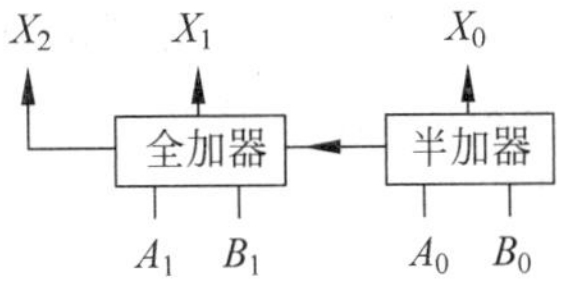

图 7-46 题 7-5 的逻辑框图

7-6 用门电路设计一个二位的二进制数乘法器,输入的两个二进制数分别是 $A_1 A_0$ 和 $B_1 B_0$,输出是算术乘积 $A_1 A_0 \times B_1 B_0$。

7-7 试用最少的一位全加器设计实现 8 个一位二进制数相加的组合逻辑电路。

7-8 设 $X = D_1 D_0$ 代表一个两位的二进制正整数,输出 F 也是二进制正整数。设计满足如下要求的组合逻辑电路。(1)$F = X^2$;(2)$F = X^3$。

7-9 设计用门电路实现的一个运算器,输入是 S_1、S_0、A、B,当 $S_1 S_0 = 00$ 时,作算术加法运算,输出为 A 加 B;当 $S_1 S_0 = 01$ 时,作算术减法运算,输出为 A 减 B;当 $S_1 S_0 = 10$ 时,作逻辑与非运算,输出为 $\overline{A \cdot B}$;当 $S_1 S_0 = 11$ 时,作逻辑异或运算,输出为 $A \oplus B$。

7-10 分别设计用门电路实现的满足下列要求的 4 个组合电路:

(1) 输入的 4 位二进制数 $ABCD$ 中有 3 个或 3 个以上 1 时输出 F 为 1。

(2) 输入的 4 位二进制数 $ABCD$ 被 3 整除且商不为 0 时,输出 F 为 1。

(3) 输入是 4 位二进制数 $ABCD$ 中,输出是以 3 为除数求整数的除法电路。

(4) 输入是 4 位二进制数 $ABCD$ 中,输出是以 3 为除数求余数的除法电路。

7-11 分析如图 7-47 所示的电路,写出输出函数 F_1、F_2、F_3 的表达式。

7-12 用二-四译码器扩展为一个四-十六译码器。

7-13 用 4 位二选一数据选择器扩展为 8 位的四选一数据选择器。

7-14 参照表 7-6 和图 7-32 用 4 位二进制数比较器扩展为 10 位二进制数比较器。

7-15 用三-八译码器 74LS138 和门电路实现下列逻辑函数:

(1) $F_1 = \overline{X} \cdot \overline{Y} + XY\overline{Z}$

(2) $F_2(A,B,C,D) = \sum m(1,4,7,8,14,15)$

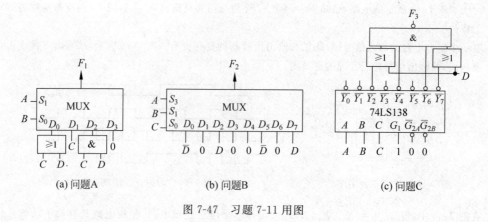

图 7-47　习题 7-11 用图

7-16　用八选一数据选择器实现下列逻辑函数。

(1) $F_1 = \bar{A}C + \bar{B} \cdot \bar{C}$

(2) $F_2 = A\bar{B}D + \bar{A}BCD + \bar{A} \cdot \bar{C} \cdot \bar{D}$

(3) $F_3(A,B,C,D) = \sum m(0,1,2,4,5,8,9,10,14)$

7-17　判断下列函数是否存在险象,若存在险象,任选一种方法消除险象。

(1) $F = A\bar{C} + B\bar{C} + \bar{A}CD$

(2) $F = \bar{A} \cdot \bar{B} + AD + \bar{B} \cdot \bar{C} \cdot \bar{D}$

(3) $F = \bar{A} \cdot \bar{C}D + AB\bar{C} + ACD + \bar{A}BC$

(4) $F = (A+B+C)(A+\bar{B}+C)(\bar{A}+B+C)(\bar{A}+B+\bar{C})$

7-18　参照七段字形显示译码器的真值表,试推算出七段数码管显示字符"O","P","E","H"的字形码各是多少?

7-19　ROM 和 PLA 在结构上有什么异同点?在编程时两者有什么区别?

7-20　用 ROM 实现一个 2 位二进制数比较器,输入是 A_1A_0 和 B_1B_0,输出是 F_1、F_2、F_3。其中,当 $A_1A_0 > B_1B_0$ 时 $F_1 = 1$; $A_1A_0 = B_1B_0$ 时 $F_2 = 1$; $A_1A_0 < B_1B_0$ 时 $F_3 = 1$。

7-21　用 PLA 设计一个代码转换电路,输入是 8421BCD 码,输出是余三码。

第8章　触发器与时序逻辑电路

时序逻辑电路的特点是：任一时刻电路的输出不仅与当前的输入有关，而且与过去的输入有关。这一特点表明时序逻辑电路有记忆功能，即时序逻辑电路除了有组合逻辑电路外，还有用触发器或其他存储器件构建的存储电路来保存电路过去的输入并影响着现在的输出。时序逻辑电路的框图如图 8-1 所示。

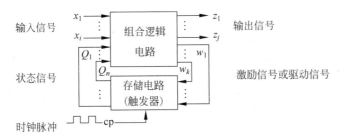

图 8-1　时序逻辑电路的框图

在图 8-1 框图中决定电路工作状态的有以下几个信号：

- 输入信号 $X(x_1 、 x_2 \cdots x_i)$，这是从外部输入到时序电路的信号；
- 输出信号 $Z(z_1 、 z_2 \cdots z_j)$，这是从时序电路输出到外部的信号；
- 激励信号 $W(w_1 、 w_2 \cdots w_k)$，是触发器的输入信号；
- 状态信号 $Q(Q_1 、 Q_2 \cdots Q_n)$，是触发器的输出信号，代表时序电路的状态。

时钟脉冲 cp 是由外部电路产生的周期性脉冲信号，作为触发器开启的定时控制信号。脉冲来之前电路的状态被称做现态 Q^n 或 Q，脉冲来之后电路的状态被称做次态 Q^{n+1}。脉冲决定着触发器的状态何时变化，而状态怎样变化还要由触发器的逻辑功能和激励共同决定。触发器状态的变化必须符合"一次性变化"原则，即脉冲到来一次，只允许触发器的状态变化一次或者不变。如果在脉冲到来一次的一个周期内，触发器的状态变化了多次，这种现象被称做"空翻"。"空翻"会引起逻辑上的混乱，应当避免。

时序电路按照输出 Z 是否与输入信号 X 有关可以分为两类。

(1) 米里(Mealy)电路：电路的输出 Z 是输入信号 X 和现态 Q 的函数，即 $Z = f(X,Q)$。

(2) 摩尔(Moore)电路：电路的输出 Z 仅由现态 Q 决定，与输入信号 X 无关，即 $Z = f(Q)$。往往，时序电路中有多个触发器，按照它们是否在同一个时钟脉冲下工作可以作如下分类。

- 同步时序电路：电路中的所有触发器使用同一个时钟脉冲源，各触发器的状态同时变化。
- 异步时序电路：电路中的所有触发器不使用同一时钟脉冲源，各触发器的状态不同时变化。下面介绍触发器的结构和工作原理。

8.1 锁存器和触发器

锁存器和触发器都是存储一位二进制数的理想器件,具有两个基本性质:性质一,具有两个稳定状态:"1"态和"0"态;性质二,在外界信号作用下,可以从一个稳定状态转移到另一个稳定状态。锁存器和触发器的区别在于,除了电路结构不同外,前者为电平控制数据的输入和输出;后者为脉冲控制数据的输入和输出。本节学习锁存器和触发器的结构和工作原理,掌握触发器外部特性的几种描述方法:次态真值表、次态方程、状态图、激励表与时序图等。

8.1.1 锁存器

图 8-2 所示是锁存器的逻辑图、电路符号和真值表。其中 E 是使能端高电平有效,D 是输入数据,Q 和 $\bar{Q}$ 是一对互补的输出数据同相端 Q 和反相端 $\bar{Q}$。当 E 为高电平时允许数据输入,输出 $Q=D$;当 E 为低电平时,屏蔽了输入数据,输出 Q 保持了 E 无效前的状态。

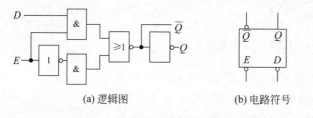

E	D	Q
0	×	保持
1	1	1
1	0	0

(a) 逻辑图　　　　(b) 电路符号　　　　(c) 真值表

图 8-2　锁存器

8.1.2 触发器

触发器以周期性节拍信号——时钟脉冲 cp(clock pulse)控制双稳态电路工作,cp 类似于方波,如图 8-3 所示。时钟脉冲的宽度应保证输入信号传输到输出端,因此脉宽不能太窄,太窄了触而不发;脉宽也不能太宽,太宽容易引入干扰信号。

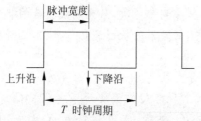

图 8-3　时钟脉冲 cp 波形图

1. RS 触发器

1) 基本 RS 触发器

图 8-4 所示是由两个与非门交叉耦合组成的基本 RS 触发器,它有两个输入端:$\bar{S}$(set)是置"1"端,$\bar{R}$(Reset)是置"0"端,$\bar{R}$ 和 $\bar{S}$ 字母上的"—"号表示低电平有效,低电平有效在电路符号中用小圆圈表示。它有两个互补的输出端,同相端 Q 和反相端 $\bar{Q}$。

- $\bar{R}\bar{S}=10$,置 $Q=1$;
- $\bar{R}\bar{S}=01$,置 $Q=0$;
- $\bar{R}\bar{S}=11$,$\bar{R}$ 和 $\bar{S}$ 都无效,Q 保持原状态;

- $\overline{R}\overline{S}=00$ 时，$\overline{R}$ 和 $\overline{S}$ 都有效，使 Q 和 $\overline{Q}$ 同时为 1 破坏了互补律 $Q \cdot \overline{Q}=0$，这是不允许的，不允许出现的情况称做"约束条件"。

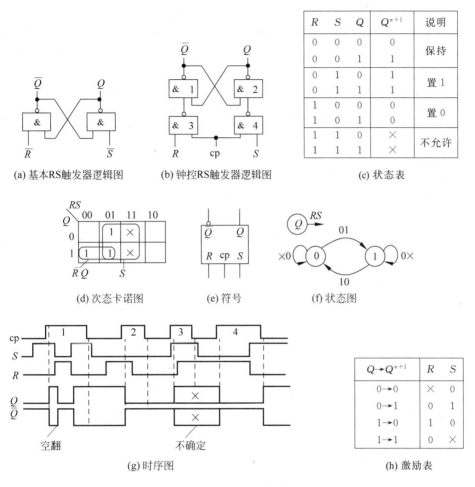

(a) 基本RS触发器逻辑图　　(b) 钟控RS触发器逻辑图

R	S	Q	Q^{n+1}	说明
0	0	0	0	保持
0	0	1	1	
0	1	0	1	置 1
0	1	1	1	
1	0	0	0	置 0
1	0	1	0	
1	1	0	$\times$	不允许
1	1	1	$\times$	

(c) 状态表

(d) 次态卡诺图　　　(e) 符号　　　(f) 状态图

$Q \rightarrow Q^{n+1}$	R	S
$0 \rightarrow 0$	$\times$	0
$0 \rightarrow 1$	0	1
$1 \rightarrow 0$	1	0
$1 \rightarrow 1$	0	$\times$

(g) 时序图　　　　　　　(h) 激励表

图 8-4　RS 触发器

　　RS 触发器的缺点是输入信号 $\overline{R}$、$\overline{S}$ 直接控制触发器的输出，并且输入信号有约束，实际中很少单独使用，它是构成各类触发器的基础。解决输入信号直接控制输出的方法是采用钟控 RS 触发器。

　　2）钟控 RS 触发器

　　钟控 RS 触发器见图 8-4(b)，它在基本 RS 触发器的输入端加一级控制门 G_3 和 G_4，时钟脉冲 cp 控制 G_3 和 G_4 的开启与关闭。当 cp=0 时，屏蔽了输入信号 RS 使 G_3 和 G_4 的输出为 1，触发器的状态保持不变；当 cp=1 时 G_3 和 G_4 门被打开，输入信号 R 和 S 的变化立即反映在触发器输出上。钟控 RS 触发器的次态方程为

$$\begin{cases} Q^{n+1} = S + \overline{R}Q \\ SR = 0 \quad 约束条件 \end{cases}$$

　　分析图 8-4(g)中的时序图，在第一个脉冲 cp=1 时，R 和 S 的变化引起输出端 Q 和 $\overline{Q}$ 的多次互补性变化，这种现象被称之为"空翻"，是不允许出现的。当 cp=0 时 G_3 和 G_4 门被

关闭,输出端保存了 G_3 和 G_4 门被关闭前电路的状态。

第二个脉冲 cp＝1 时,虽然 R 有变化,由于 $S＝0$ 满足约束条件 $R \cdot S＝0$,因此在第二个脉冲周期内输出始终保持一种状态。

第三次 cp＝1 时,$R＝S＝1$,通过实验可以观察到此时 Q 和 $\overline{Q}$ 处于不确定状态:Q 和 $\overline{Q}$ 或同时为 1,或 Q 是 0,或 Q 是 1。这种现象在状态表里用无关项表示,约束条件 $RS＝0$ 强调了 R 和 S 中至少要有一个是 0 才不会出现不确定状态。

状态表、状态图、状态方程、时序图等是时序电路常用的描述方法,它将电路中的现态、次态、激励、输入和输出表示在同一个图或表中。对状态图和激励表的使用说明如下所述。

(1)状态图:一个圆圈代表一个状态,时序电路中有 1 个触发器,圈里就用一个 Q 表示这一位状态变量;时序电路有几个触发器,圈内就有几位状态变量。

箭头代表状态转移的方向 $Q \rightarrow Q^{n+1}$,箭头出自于现态终止于次态,箭头旁边的 R 和 S 代表导致该转移的激励。

(2)激励表:激励表用于时序电路设计中已知状态变化需要确定激励的时候,确定激励的依据是次态方程。例如,将现态 0 和次态 0 代入次态方程 $Q^{n+1}＝S+\overline{R}Q$ 且满足 $R \cdot S＝0$ 条件时激励为 $S＝0$ 及 $R＝\times$。

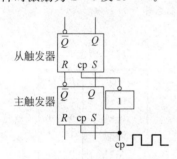

图 8-5　主从 RS 触发器

3）主从 RS 触发器

为了克服“空翻”现象,可以采用如图 8-5 所示的主从 RS 触发器,在 cp＝1 期间(脉冲前沿)主触发器接收激励信号 RS,从触发器被封锁;在 cp＝0 期间(脉冲后沿)主触发器被封锁,从触发器将主触发器的状态传送到输出端。这一控制方式被称之为“前沿采样,后沿定局”,又被称为下降沿触发。主从 RS 触发器仍存在约束条件,实际中很少使用,被主从 JK 触发器所代替。

2. 主从 JK 触发器

由主从 RS 触发器的输出 Q 和 $\overline{Q}$ 各引出一条反馈线交叉后去和激励信号 R 及 S 相“与”就能满足约束条件 $R \cdot S＝0$。引入反馈线后,R 换成了 K,S 换成了 J。JK 触发器的逻辑图、符号、次态真值表、次态卡诺图以及状态图如图 8-6 所示。

在输出级 G_1 和 G_2 引入了直接置 1 端 $\overline{S}_D$ 和直接置 0 端 $\overline{R}_D$,作用如下:

- $\overline{R}_D\overline{S}_D＝10$,置 $Q＝1$;
- $\overline{R}_D\overline{S}_D＝01$,置 $Q＝0$;
- $\overline{R}_D\overline{S}_D＝11$,接收激励信号;
- $\overline{R}_D\overline{S}_D＝00$ 时,Q 不确定且不允许。为了避免这种现象发生,一些触发器中取消直接置 1 端 $\overline{S}_D$,仅有直接置 0 端 $\overline{R}_D$。$\overline{R}_D$ 和设备复位按钮 RESET 连接在一起,RESET 有效意味着设备内部触发器清 0。

JK 触发器当激励 $J＝K＝1$ 时,随着脉冲的到来次态 Q^{n+1} 总是按照 $0 \rightarrow 1 \rightarrow 0 \rightarrow 1 \rightarrow 0 \rightarrow \cdots$ 变化,我们称它为计数方式。实际产品中的 J 和 K 通常是有多个输入端,符合“与”的逻辑关系,如 $J＝J_1 J_2 J_3$,$K＝K_1 K_2 K_3$ 等。

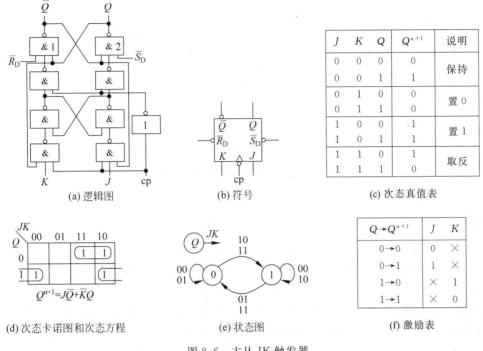

图 8-6 主从 JK 触发器

3. T 触发器

T 触发器通常用其他触发器转换而来。最简便的方法是将 JK 触发器的两个激励 J 和 K 连在一起就构成了 T 触发器,即 $J=K=T$。T 触发器的符号、状态图以及状态表如图 8-7 所示,次态方程为

$$Q^{n+1} = T\overline{Q} + \overline{T}Q = T \oplus Q$$

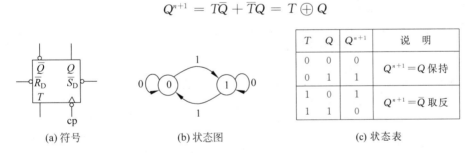

图 8-7 T 触发器

4. D 触发器

1) 钟控 D 触发器

如图 8-8 所示,将钟控 RS 触发器的 R 和 S 端用一个非门连接或将 R 端取自 G_4 门的输出就构成了钟控 D 触发器。这样不仅避免了 $R=S=1$,而且只需要一个数据输入,使用非常方便,但是在时钟脉冲 cp=1 期间,输入数据 D 的变化仍会引起输出端 Q 的变化造成"空翻",改进措施是维持阻塞 D 触发器。D 触发器的次态方程为

$$Q^{n+1} = D$$

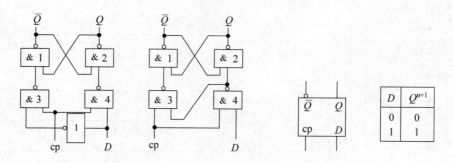

图 8-8　钟控 D 触发器的逻辑图、符号和状态表

2) 维持阻塞 D 触发器

维持阻塞 D 触发器又被称做边沿 D 触发器,其逻辑图、逻辑符号和状态表如图 8-9 所示,触发器状态的改变发生在触发脉冲的上升沿,过了这个瞬间,内部所有门的状态被锁定,无论激励 D 如何变化,触发器的次态都将不变。边沿 D 触发器是在钟控 D 触发器的基础上增加了两个门 G_5 和 G_6 以及一对维持线和一对阻塞线。G_5 和 G_6 这两个门存储了脉冲边沿来之后瞬间 G_3 和 G_4 的状态;在脉冲来之后的一个周期内,一对维持线连接在自身一侧维持自身的状态始终不变、一对阻塞线连接到对方阻止对方与己相同从而保证了 Q 和 $\overline{Q}$ 总是互补的。维持阻塞 D 触发器的次态方程与钟控 D 触发器的次态方程相同,但触发方式不同,上升沿触发反映在电路符号是用一个向上的箭头表示。

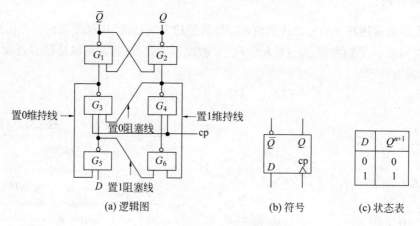

(a) 逻辑图　　　　　　(b) 符号　　　　(c) 状态表

图 8-9　维持阻塞 D 触发器

工作原理简述如下:

cp＝0 时 , G_3＝G_4＝1 , Q 不变;

设 D＝0 , 则 G_5＝$\overline{D \cdot G_3}$＝1 及 G_6＝0 , $\xrightarrow{\text{cp}\ \underline{\hspace{0.4em}}\Gamma}$ G_3＝0、G_4＝1 $\longrightarrow Q$＝0 ;

　　　　　　　　　置 0 维持线使 G_5 不变

设 D＝1 , 则 G_5＝$\overline{D \cdot G_3}$＝0 及 G_6＝1 , $\xrightarrow{\text{cp}\ \underline{\hspace{0.4em}}\Gamma}$ G_3＝1、G_4＝0 $\longrightarrow Q$＝1 。

　　　　　　　　　置 1 维持线使 G_6 不变

5. 不同逻辑功能触发器的相互转换

目前市场上见到的大多是主从 JK 触发器和维持阻塞 D 触发器,这是因为双端输入的 JK 触发器的逻辑功能较为完善,而单端输入的 D 触发器使用最为方便。在需要其他逻辑功能的触发器时通过转换电路实现,确定转换电路的方法之一是联立求解次态方程。表 8-1 归纳了主从 JK 触发器和维持阻塞 D 触发器转换为其他类型触发器的逻辑图。

表 8-1　D 触发器和 JK 触发器转换为其他类型的触发器

转换类型	D→JK	D→T
转换电路的逻辑函数	$D=J\bar{Q}+\bar{K}Q$	$D=T\oplus Q$
逻辑图	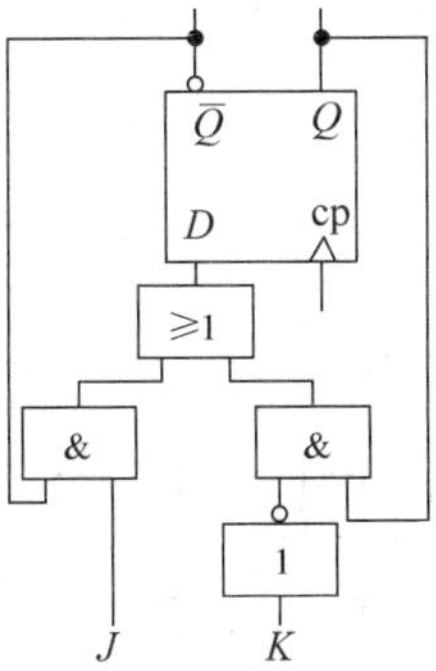	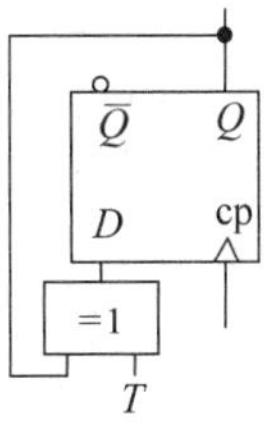

转换类型	JK→D	JK→T
转换电路的逻辑函数	$J=D,K=\bar{D}$	$J=K=T$
逻辑图	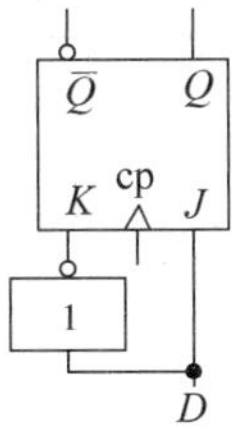	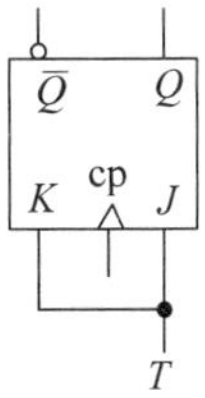

例如,D→JK 触发器的转换,由于转换前后的触发器输出端是同一个,故两个次态方程的右边应相等,则转换电路的输出函数 D 如下:

因为

$$Q_D^{n+1}=D$$
$$Q_{JK}^{n+1}=J\bar{Q}+\bar{K}Q$$

所以

$$D=J\bar{Q}+\bar{K}Q$$

8.2　时序电路的分析

时序电路分析的任务和步骤如下:

第一步,根据给出的时序电路写出电路有关方程并判断电路类型。

(1) 根据各触发器的脉冲源是否为同一个判断是同步时序电路还是异步时序电路,若是异步时序电路还要写出各触发器的脉冲方程。

（2）写出输出函数的表达式并判断是米里电路还是摩尔电路。

（3）写出各触发器的激励方程并代入各自触发器的次态方程。

第二步，根据第一步的逻辑方程做状态表、状态图以及波形图。

第三步，说明时序电路的功能以及改进的方案。

例 8-1　分析图 8-10 中所示电路，做状态表、状态图，当输入序列 X 为 01110100 且电路初态为 0 时，画出它的时序波形图。

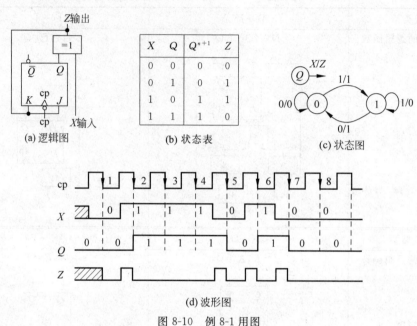

图 8-10　例 8-1 用图

解：第一步，列电路方程，这是同步时序电路。

输出方程　$Z = X \oplus Q$　　　（输出与输入有关是米里电路）

激励方程　$J = K = X \oplus Q$　　　（将激励代入次态方程）

次态方程　$Q^{n+1} = J\overline{Q} + \overline{K}Q = (X \oplus Q) \cdot \overline{Q} + \overline{X \oplus Q} \cdot Q = X$

第二步，做状态表、状态图和波形图见图 8-10(b)、(c)、(d)所示。

状态表、状态图以及波形图将现态、次态、输入和输出表示在同一个图或表中，如果电路没有输入或输出，状态表中将不出现这些变量。

第三步，说明电路的功能。电路是序列检测器，当输入信号有变化时，如从 0 变化到 1 或从 1 变化到 0，输出信号 Z 就是 1，输入信号没有变化时，输出信号 Z 就是 0。

例 8-2　分析图 8-11 中所示电路，做状态表、状态图。

解：第一步，列电路方程这是同步时序电路。

输出方程　$Z = \overline{\overline{X_1 X_2 Q} \cdot \overline{\overline{X}_1 \overline{X}_2 Q} \cdot \overline{X_1 \overline{X}_2 \overline{Q}} \cdot \overline{\overline{X}_1 X_2 \overline{Q}}}$

　　　　　$= X_1 X_2 Q + \overline{X}_1 \overline{X}_2 Q + X_1 \overline{X}_2 \overline{Q} + \overline{X}_1 X_2 \overline{Q}$

　　　　　$= \overline{X_1 \oplus X_2} Q + (X_1 \oplus X_2)\overline{Q} = X_1 \oplus X_2 \oplus Q$

激励方程　$J = X_1 \cdot X_2, \quad K = \overline{X}_1 \cdot \overline{X}_2$

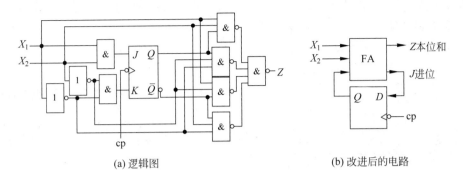

(a) 逻辑图　　　　　　　　　　(b) 改进后的电路

图 8-11　例 8-2 用图

次态方程　　$Q^{n+1}=J\bar{Q}+\bar{K}Q=X_1X_2\cdot\bar{Q}+\overline{\overline{X_1}\,\overline{X_2}}\cdot Q$

$$=X_1X_2\bar{Q}+\overline{\overline{X_1}\,\overline{X_2}}\,Q=X_1X_2\bar{Q}+X_1Q+X_2Q$$

第二步,做状态表、状态图如图 8-12 所示。

X_1	X_2	Q	Q^{n+1}	Z
0	0	0	0	0
0	0	1	0	1
0	1	0	0	1
0	1	1	1	0
1	0	0	0	1
1	0	1	1	0
1	1	0	1	0
1	1	1	1	1

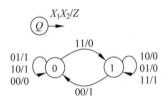

图 8-12　状态图表

第三步,说明逻辑功能以及改进方案。

从状态表中发现它与一位全加器的真值表相同,输出变量 Z 实现求和运算、次态 Q^{n+1} 代表进位,因此,这是串行加法器。改进后的电路见图 8-11(b),FA 是一位全加器,D 触发器保存进位。

例 8-3　分析图 8-13 所示脉冲异步时序电路。

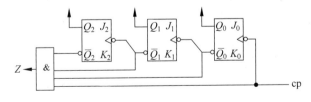

图 8-13　例 8-3 用图

解:第一步,列电路方程。这是脉冲异步时序电路,需要列出脉冲方程。

脉冲方程　　$cp_0=cp,cp_1=\bar{Q}_0,cp_2=\bar{Q}_1$,均下降沿触发。

输出方程　　$Z=\bar{Q}_2\bar{Q}_1\bar{Q}_0\cdot cp$　没有输入信号的电路是摩尔电路。

激励方程　$J_0 = K_0 = 1, J_1 = K_1 = 1, J_2 = K_2 = 1$, JK 触发器激励不接任何信号相当于接"1"。

次态方程　$Q_0^{n+1} = J_0 \bar{Q}_0 + \bar{K}_0 Q_0 = \bar{Q}_0$

$$Q_1^{n+1} = J_1 \bar{Q}_1 + \bar{K}_1 Q_1 = \bar{Q}_1$$

$$Q_2^{n+1} = J_2 \bar{Q}_2 + \bar{K}_2 Q_2 = \bar{Q}_2$$

第二步,做状态表、状态图,如图 8-14 所示。做状态表时先确定此时的脉冲是否有效再决定次态。

Q_2	Q_1	Q_0	$cp_2 = \bar{Q}_1, cp_1 = \bar{Q}_0, cp_0 = cp$			Q_2^{n+1}	Q_1^{n+1}	Q_0^{n+1}	Z
0	0	0	↓	↓	↓	1	1	1	1
0	0	1	—	↑	↓	0	0	0	0
0	1	0	↑	↓	↓	0	0	1	0
0	1	1	—	↑	↓	0	1	0	0
1	0	0	↓	↓	↓	0	1	1	0
1	0	1	—	↑	↓	1	0	0	0
1	1	0	↑	↓	↓	1	0	1	0
1	1	1	—	↑	↓	1	1	0	0

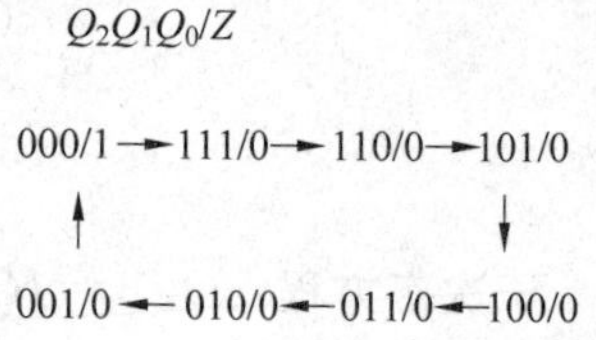

$Q_2 Q_1 Q_0 / Z$

000/1 → 111/0 → 110/0 → 101/0

001/0 ← 010/0 ← 011/0 ← 100/0

图 8-14　状态表及状态图

首先,考察 cp_0 , cp_0 接外部脉冲源总是有效,所以 Q_0 在 cp_0 有效期间都将变化。

然后,考察 cp_1 , $cp_1 = \bar{Q}_0$, Q_0 从 0→1 看作 $\bar{Q}_0$ 从 1→0 变化,产生一个下降沿触发 Q_1 的状态转换;如果 Q_0 从 1→0 看作 $\bar{Q}_0$ 从 0→1 变化,产生一个上升沿时 Q_1 的状态不变。

最后,考察 cp_2 ,由于 $cp_2 = \bar{Q}_1$,如果 Q_1 不变,意味着 cp_2 不变化用"—"表示,则 Q_2 保持不变,只有 Q_1 改变才产生 cp_2 的上升沿或下降沿,并且只在下降沿时触发 Q_2 。

第三步,时序图略。

第四步,电路的逻辑功能是一个三位二进制数减 1 计数器,输出 Z 代表借位。

8.3　时序电路的设计

同步时序电路设计的任务是根据题目对逻辑功能的要求确定触发器的驱动方程和输出方程,异步时序电路设计除此以外还需要确定脉冲方程。由于目前大、中规模数字集成电路普遍使用,设计时序电路已不是主要任务。本节仅介绍一些比较简单而典型的时序电路设计的基本方法,设计方案很多,实现同一功能的逻辑电路往往不唯一。

8.3.1　同步时序电路的设计

同步时序电路设计的一般步骤如下:

第一步,根据题目要求建立原始状态图和状态表。

第二步,状态化简与状态编码。

第三步,确定触发器类型和个数,确定状态方程、输出方程以及激励方程。

第四步,对无效状态进行检验其有无自启动能力,若无自启动能力时需要改进。

第五步,画逻辑图。

如果设计的时序电路其状态数量和状态编码均已确定,如计数器,则不必进行状态化简和状态编码,可以从第一步直接跳到第三步。所谓自启动能力是指如果电路在启动中受到干扰而进入了无效状态,经过一或两个时钟脉冲后可以从无效状态回到有效状态的能力。

例 8-4 用 JK 触发器设计一个 4 位二进制加 1 计数器。

解:计数器是对脉冲 cp 的有效作用次数计数,二进制加 1 计数器用触发器的状态表示二进制数,一个触发器只能表示一位二进制数,多位二进制数可以由多个触发器组成,每次计数初态应从 0 状态开始,以后 cp 每作用一次,触发器的状态就按照二进制数加 1 的规律变化,进位由低位向高位提供。

第一步,根据题目要求建立状态图。

用 $Q_3 Q_2 Q_1 Q_0$ 这 4 个状态变量表示这 4 位二进制数,用 Cy 表示进位。状态图如图 8-15(a)所示,本电路不存在无效状态。

第二步,选择 JK 触发器,建立时序电路的状态表如图 8-15(b)所示,确定激励形式。

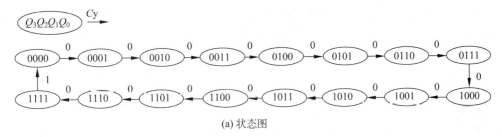

(a) 状态图

Q_3	Q_2	Q_1	Q_0	Q_3^{n+1}	Q_2^{n+1}	Q_1^{n+1}	Q_0^{n+1}	Cy
0	0	0	0	0	0	0	1	0
0	0	0	1	0	0	1	0	0
0	0	1	0	0	0	1	1	0
0	0	1	1	0	1	0	0	0
0	1	0	0	0	1	0	1	0
0	1	0	1	0	1	1	0	0
0	1	1	0	0	1	1	1	0
0	1	1	1	1	0	0	0	0
1	0	0	0	1	0	0	1	0
1	0	0	1	1	0	1	0	0
1	0	1	0	1	0	1	1	0
1	0	1	1	1	1	0	0	0
1	1	0	0	1	1	0	1	0
1	1	0	1	1	1	1	0	0
1	1	1	0	1	1	1	1	0
1	1	1	1	0	0	0	0	1

(b) 电路的状态表

图 8-15 例 8-4 用图

首先,从状态表中先得到每一位触发器的次态方程,再和 JK 触发器的状态方程比较,就可以容易地得到激励形式,已知 $Q^{n+1} = J\bar{Q} + \bar{K}Q$

$$Q_3^{n+1} = Q_2 Q_1 Q_0 \cdot \bar{Q}_3 + \overline{Q_2 Q_1 Q_0} \cdot Q_3, \quad 或 \quad J_3 = K_3 = Q_2 Q_1 Q_0$$

$$Q_2^{n+1} = Q_1 Q_0 \cdot \bar{Q}_2 + \overline{Q_1 Q_0} \cdot Q_2, \qquad\qquad J_2 = K_2 = Q_1 Q_0$$

$$Q_1^{n+1} = Q_0 \cdot \overline{Q_1} + \overline{Q_0} \cdot Q_1 \qquad\qquad J_1 = K_1 = Q_0$$

$$Q_0^{n+1} = \overline{Q_0} \qquad\qquad\qquad\qquad J_0 = K_0 = 1$$

进位 $Cy = Q_3 Q_2 Q_1 Q_0$

第三步,画逻辑图如图 8-16 所示,图中 J_0、K_0 不接相当于接1。

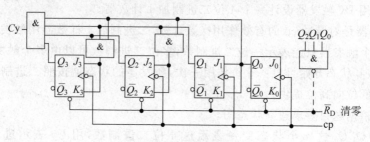

图 8-16　例 8-4 的逻辑图

第四步,讨论。

4 位二进制数加 1 计数器又被称做模 16 计数器,通过加反馈线清零的方法,当计数到 N 时清零可以得到一个模 N 加 1 计数器($N < 16$),具体做法如图 8-16 中虚线所示,所有触发器的清零端接在一起由与非门的输出控制,模 7 计数时计到 7 就清零,因此与非门的输入接 $Q_2 Q_1 Q_0$;模 4 计数时与非门的输入只接 Q_2……这种计数器扩展使用的方法在集成计数器中经常用到。

例 8-5　用 D 触发器设计一个模 6 加 1 计数器。

解:模 6 加 1 计数器需要用 3 个触发器,计数到 6 就返回到 0 状态,因此不存在 110、111 两个无效状态。本例目的是学会如何检验其有无自启动能力。

第一步,根据题目要求建立状态表、卡诺图化简如图 8-17(a) 和图 8-17(b) 所示。

第二步,画逻辑图如图 8-17(c) 所示,D_0 的表达式是通过观察得到的。

Q_2	Q_1	Q_0	Q_2^{n+1}	Q_1^{n+1}	Q_0^{n+1}
0	0	0	0	0	1
0	0	1	0	1	0
0	1	0	0	1	1
0	1	1	1	0	0
1	0	0	1	0	1
1	0	1	0	0	0
1	1	0	$\times$	$\times$	$\times$
1	1	1	$\times$	$\times$	$\times$

(a) 状态表

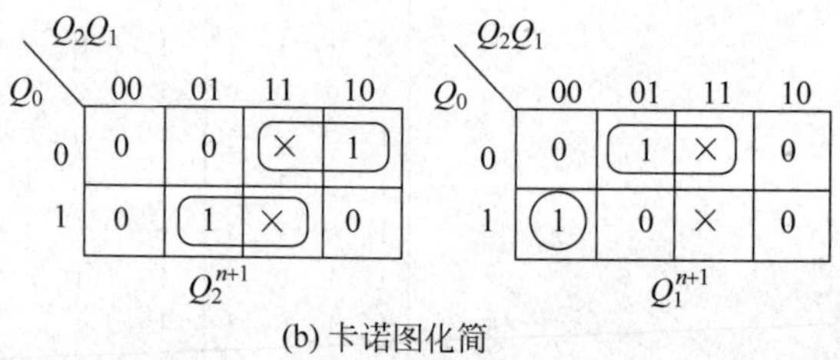

(b) 卡诺图化简

$$D_0 = Q_0^{n+1} = \overline{Q_0}$$

$$D_1 = Q_1^{n+1} = Q_1 \overline{Q_0} + \overline{Q_2}\,\overline{Q_1}\,Q_0$$

$$D_2 = Q_2^{n+1} = Q_2 \overline{Q_0} + Q_1 Q_0$$

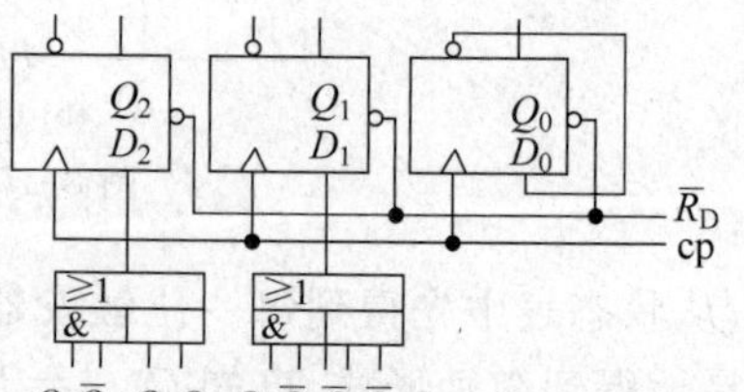

(c) 逻辑图

图 8-17　例 8-5 用图

第三步,检验其有无自启动能力。

在卡诺图化简中,如果将无效状态 110 和 111 圈在了卡诺圈内意味着将此次态看作 1,未圈在卡诺圈内意味着次态为 0。下面画出无效状态的状态表以及完全状态图,如图 8-18 所示,说明该电路的设计具有自启动能力。

Q_2	Q_1	Q_0	Q_2^{n+1}	Q_1^{n+1}	Q_0^{n+1}
1	1	0	1	1	1
1	1	1	1	0	0

(a) 考察无效状态变化的状态表

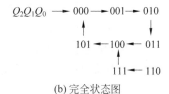

(b) 完全状态图

图 8-18　无效状态表及完全状态图

例 8-6　设计一个同步序列检测器,当串行输入数据中出现连续三位二进制代码为 101 时,电路输出为 1;否则,输出为 0。例如,从 D_0 开始的串行输入 X 和输出 Z 序列为:

$$D_0 \qquad\qquad\qquad\qquad\qquad\qquad\qquad\qquad D_{15}$$

输入 X:0　0　1　0　1　0　1　1　0　0　0　1　1　1　0　1　0

输出 Z:0　0　0　0　1　0　1　0　0　0　0　0　0　0　0　1　0

解:第一步,形成原始状态图和状态表。

由于电路的输出与输入有关,因此是一个 Mealy 型电路。电路状态数及编码未知,假设有状态 S_0、S_1、S_2、…,S_0 是初态,输入接近目标就前进一步,否则,就原地不动或退回到以前的某一步。初始状态图的建立过程如图 8-19(a)~图 8-19(c)所示。

(1) 在初态 S_0 时,输入 $X=0$ 不是检测的目标,因此状态不变仍为 S_0 且输出 $Z=0$,
输入 $X=1$ 是检测目标的第一位,状态转移到 S_1 同时输出 $Z=0$;

(2) 在状态 S_1 时,输入 $X=0$ 是检测目标的第二位,状态转移到 S_2 同时输出 $Z=0$,
输入 $X=1$ 不是检测目标的第二位,但却是检测目标的第一位,故状态不变仍为 S_1 同时输出 $Z=0$;

(3) 在状态 S_2 时,输入 $X=0$ 不是检测目标的第三位,状态回到初态 S_0 同时输出 $Z=0$,
输入 $X=1$ 是检测目标的第三位,也是下一组检测目标的第一位,状态转移到 S_1 同时输出 $Z=1$。

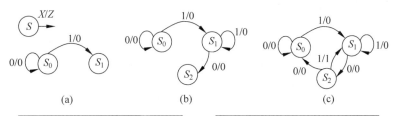

(a)　　　　　　　(b)　　　　　　　(c)

现态	次　态		输出 Z	
	$X=0$	$X=1$	$X=0$	$X=1$
S_0	S_0	S_1	0	0
S_1	S_2	S_1	0	0
S_2	S_0	S_1	0	1

(d) 初始状态表

现态	次　态		输出 Z	
	$X=0$	$X=1$	$X=0$	$X=1$
00	00	01	0	0
01	10	01	0	0
10	00	01	0	1

(e) 编码状态表

图 8-19　例 8-6 用图

第二步,状态化简与状态编码。

在同一个输入下的次态以及输出都相同的两个现态可以合并,如图 8-19(d)所示的初始状态表已是最简单的。对状态编码,三个状态只需要两个状态变量,取用 00、01、10、11 中的前三个编码,$S_0=00$,$S_1=01$,$S_2=10$,编码后的状态表如图 8-19(e)所示。

第三步,选择触发器,建立激励表,确定激励方程和输出方程。

选择 D 触发器,把图 8-19(e)表写成如图 8-20(a)所示激励表的形式,通过图 8-20(c)中卡诺图化简确定激励方程和输出方程。

第四步,画逻辑图如图 8-20(b)所示。经检验,所设计的电路有自启动能力。

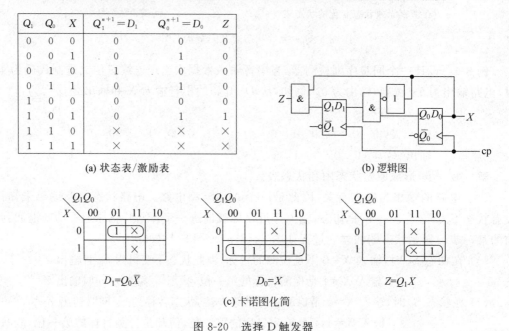

Q_1	Q_0	X	$Q_1^{n+1}=D_1$	$Q_0^{n+1}=D_0$	Z
0	0	0	0	0	0
0	0	1	0	1	0
0	1	0	1	0	0
0	1	1	0	1	0
1	0	0	0	0	0
1	0	1	0	1	1
1	1	0	×	×	×
1	1	1	×	×	×

(a) 状态表/激励表

(b) 逻辑图

$D_1=Q_0\bar{X}$ $D_0=X$ $Z=Q_1X$

(c) 卡诺图化简

图 8-20　选择 D 触发器

第五步,讨论。

序列检测器如果采用移位的方法来设计可能更容易,但电路不一定是最简单的。用 Q_1Q_0 记忆最近顺序输入的前 2 位,连同当前输入的构成"101"时,输出为 1。移位式序列检测器的状态表可以直接构成,状态表、逻辑图如图 8-21 所示。

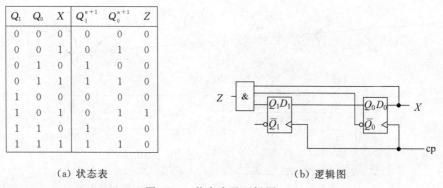

Q_1	Q_0	X	Q_1^{n+1}	Q_0^{n+1}	Z
0	0	0	0	0	0
0	0	1	0	1	0
0	1	0	1	0	0
0	1	1	1	1	0
1	0	0	0	0	0
1	0	1	0	1	1
1	1	0	1	0	0
1	1	1	1	0	0

（a) 状态表

(b) 逻辑图

图 8-21　状态表及逻辑图

8.3.2　异步时序电路的设计

脉冲异步时序电路设计的一般步骤如下：

第一步，根据题目要求建立状态图。

第二步，画波形图并由此确定时钟脉冲方程、次态方程和激励方程。

第三步，画逻辑图。

例 8-7　设计一个异步三位可逆计数器，当控制端 $X=0$ 时，作加 1 计数；当 $X=1$ 时，作减 1 计数，不考虑进位或借位。

解：第一步，根据题目要求建立状态图如图 8-22 所示，外环是加 1 计数，内环是减 1 计数。

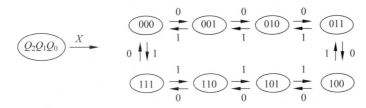

图 8-22　例 8-7 用图

第二步，分别画出加 1 和减 1 计数器的波形图并由此确定时钟脉冲方程、次态方程和激励方程。图 8-23 是加 1 计数器的波形图，由波形分析得出以下结论：

cp 的上升沿决定 Q_0 的变化时刻则 $cp_0=cp$ 以及 $Q_0^{n+1}=\bar{Q}_0$。

Q_0 的下降沿决定 Q_1 的变化时刻则 $cp_1=\bar{Q}_0$ 以及 $Q_1^{n+1}=\bar{Q}_1$。

Q_1 的下降沿决定 Q_2 的变化时刻则 $cp_2=\bar{Q}_1$ 以及 $Q_2^{n+1}=\bar{Q}_2$。

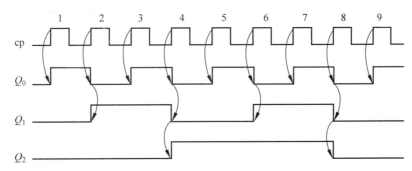

图 8-23　加 1 计数器波形

选择 D 触发器或 JK 触发器实现的加 1 计数器的逻辑图如图 8-24(a)和图 8-24(b)所示。

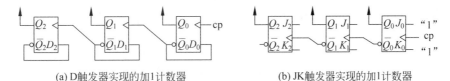

(a) D 触发器实现的加1计数器　　　　(b) JK 触发器实现的加1计数器

图 8-24　加 1 计数器

图 8-25 所示是减 1 计数器的波形图,由波形分析得出以下结论:

cp 的上升沿决定 Q_0 的变化时刻则 $cp_0 = cp$ 以及 $Q_0^{n+1} = \bar{Q}_0$。

Q_0 的上升沿决定 Q_1 的变化时刻则 $cp_1 = Q_0$ 以及 $Q_1^{n+1} = \bar{Q}_1$。

Q_1 的上升沿决定 Q_2 的变化时刻则 $cp_2 = Q_1$ 以及 $Q_2^{n+1} = \bar{Q}_2$。

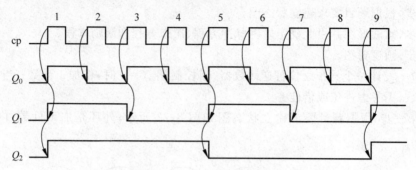

图 8-25　减 1 计数器波形

选择 D 触发器和 JK 触发器实现的减 1 计数器的逻辑图如图 8-26(a)和图 8-26(b)所示。

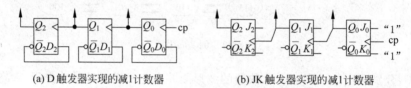

(a) D 触发器实现的减1计数器　　　　(b) JK 触发器实现的减1计数器

图 8-26　减 1 计数器

第三步,画出用 X 控制的可以加 1 和减 1 的可逆计数器逻辑图,从图 8-24 和图 8-26 两个逻辑图看,各位触发器的激励彼此相同,不同之处仅在脉冲 cp_1 和 cp_2。根据题意,控制端 $X = 0$ 时作加 1 计数,$cp_1 = \bar{Q}_0$ 和 $cp_2 = \bar{Q}_1$; $X = 1$ 时作减 1 计数,$cp_1 = Q_0$ 和 $cp_2 = Q_1$,则 $cp_1 = X \oplus \bar{Q}_0$ 和 $cp_2 = X \oplus \bar{Q}_1$。

通过异或门实现脉冲源的变化。可逆计数器的逻辑图如图 8-27(a)和图 8-27(b)所示。

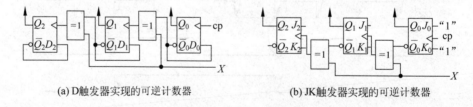

(a) D 触发器实现的可逆计数器　　　　(b) JK 触发器实现的可逆计数器

图 8-27　可逆计数器

8.4　常用时序逻辑部件

常用集成时序逻辑部件有寄存器、计数器、节拍发生器等。

8.4.1　寄存器

1. 数据寄存器和数据锁存器

n 个触发器的并联组成了一个 n 位的寄存器,可以存放 n 位二进制数。图 8-28 所示是 D 触发器组成的带清零端和缓冲级的 4 位寄存器。清零端 $\bar{R}_D=0$ 时清零并禁止输入,$\bar{R}_D=1$ 时允许输入数据;缓冲级由三态门组成,控制端 $OE=1$ 时输出数据,$OE=0$ 时输出端是开路的。缓冲器级起到隔离、驱动信号的作用。边沿触发的 D 触发器可以组成数据寄存器,电平触发的 D 触发器可以组成数据锁存器。

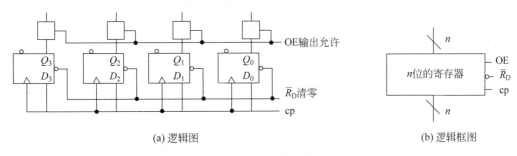

(a) 逻辑图　　　　　　　　　　　　　　　　(b) 逻辑框图

图 8-28　4 位寄存器

2. 移位寄存器

可以存储数据并将数移位操作的寄存器是移位寄存器。计算机的许多操作需要通过移位实现。例如,乘法运算和除法运算是通过算术移位与求和两种操作完成,算术移位操作的对象是带符号的数,通常用补码表示。一个数左移一位相当于乘以 2、而右移一位相当于除以 2,最高位表示的符号位保持不变,即

$$X=+0.0010 \quad [X]_{补}=0.0010 \quad [2X]_{补}=0.0100 \quad [2^{-1}X]_{补}=0.0001$$
$$X=-0.0010 \quad [X]_{补}=1.1110 \quad [2X]_{补}=1.1100 \quad [2^{-1}X]_{补}=1.1111$$

某些逻辑运算也需要移位操作,在逻辑运算中 1 代表"有"、0 代表"无",逻辑右移时最高位移走了,自然应补 0。算术左移和逻辑左移时最低位补 0。常用的移位操作列表如表 8-2 所示。

表 8-2　移位操作列表

类　　型	右　　移	左　　移
算术移位	b_n不变　$\boxed{b_n \to b_0}$ →	← $\boxed{b_n \leftarrow b_0}$ ←补0
逻辑移位	补0 → $\boxed{b_n \to b_0}$ →	← $\boxed{b_n \leftarrow b_0}$ ←补0
循环移位	$\boxed{b_n \to b_0}$	$\boxed{b_n \leftarrow b_0}$

　　计算机内部数据的传送、存储和操作是并行的,但在远程传送中是串行的。发送端要把内部并行传送的数据转换成串行数据一位一位地移出到宽带网或经过电话线传输到接收地,接收端一位一位地接收数据再转换成并行数据后送入主机进行保存或操作。右移时需要把相邻左边一位触发器的输出送到右边一位触发器的输入,左移时需要把右边一位触发器的输出送到左边一位触发器的输入。图 8-29(a)所示是串行输入串(并)行输出的右移寄存器;图 8-29(b)所示是串行输入串(并)行输出的左移寄存器;图 8-29(c)所示是可以串(并)行输入与串(并)行输出的右移寄存器。

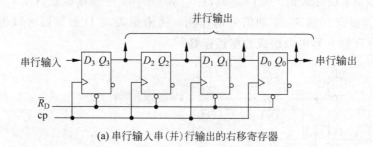

(a) 串行输入串(并)行输出的右移寄存器

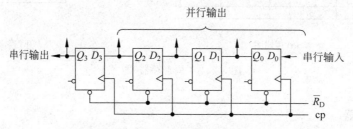

(b) 串行输入串(并)行输出的左移寄存器

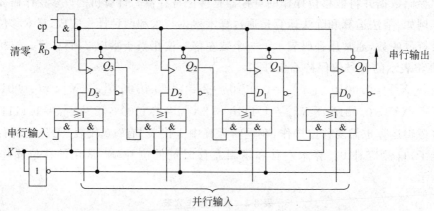

(c) 串(并)行输入、串(并)行输出。$X=0$ 时并行输入,$X=1$ 时右移和串行输入

图 8-29　移位寄存器

　　例 8-8　用 D 触发器设计一个 4 位的右移扭环形计数器。

　　解：扭环形计数器的编码是循环码的一种,从如图 8-30(a)所示的右移扭环形计数器编码可知,电路不需要加任何门电路,逻辑图如图 8-30(b)所示。

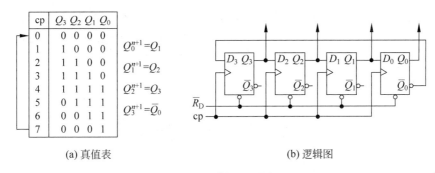

(a) 真值表　　　　　　　　　　　　　(b) 逻辑图

图 8-30　例 8-8 用图

3. 累加器

计算机 CPU 中的通用寄存器不仅具有移位功能同时还具有累加功能,这些寄存器不仅提供参与运算的一个操作数并且保存运算结果。图 8-31(a)所示是 4 位寄存器进行无符号数并行加、减运算的逻辑图,R_A 是累加器,R_B 是暂存器(如果对带符号数并行加、减则采用补码表示,符号位另需触发器表示)。$S=0$ 时做加法选择 A' 端输入的数,$R_A=R_A+R_B$;$S=1$ 时做减法选择 B' 端输入的数,减去一个正数相当于加上一个负数、负数的补码表示正是按位求反且最低位加 1,即 $R_A-R_B=R_A+\bar{R}_B+1$。

图 8-31(b)所示是串行加、减运算的逻辑图,图中 R_A 和 R_B 为右移寄存器,送数之前先清零,然后分别送入被加数和加数。一位全加器每次只对寄存器最低位的被加数、加数以及来自低位的进位求和,所产生的本位和送入 R_A 的最高位,向高位的进位保存在 D 触发器中,经过一个脉冲数据右移一位,经过 4 个脉冲,R_A 中存放的是和,R_B 中的数则不变。R_B 亦可送入新的加数,实现累加。显然串行加法运算花费的时间要比并行加法运算花费的时间长。

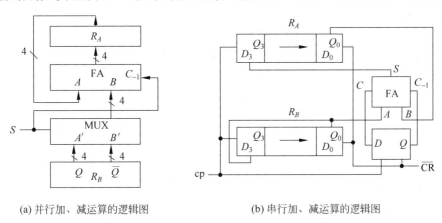

(a) 并行加、减运算的逻辑图　　　　　　　　(b) 串行加、减运算的逻辑图

图 8-31　累加器

8.4.2　计数器

计数器的类型可以分为同步的或异步的、n 位(模 2^n)计数器、模 N 计数器($2^{n-1}<N\leqslant 2^n$)、或"加 1"或"减 1"或"可逆的",还可以是按自然序列($1,2,3,4,\cdots$)或循环码序列或 BCD

码序列计数等等。本节介绍按自然序列计数的中规模集成计数器 74LS161,74LS161 是同步模 16 可预置可清除的加 1 计数器,图 8-32(a)所示是它的管脚图以及作为分频器使用时的连线图,它的功能表如图 8-32(b)所示。

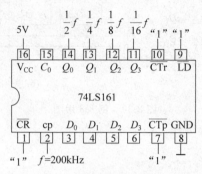

(a) 74LS161管脚图

输　　　入								输　　出
cp,	$\overline{CR}$,	$\overline{LD}$,	CTr,	CTp	D_3 D_2 D_1 D_0			$Q_3 Q_2 Q_1 Q_0$
$\times$	0	$\times$	$\times$	$\times$	$\times$	$\times$	$\times$ $\times$	0 0 0 0 清零
$\uparrow$	1	0	$\times$	$\times$	D_3	D_2	D_1 D_0	$D_3 D_2 D_1 D_0$ 送数
$\times$	1	1	0	$\times$	$\times$	$\times$	$\times$ $\times$	保持
$\times$	1	1	$\times$	0	$\times$	$\times$	$\times$ $\times$	保持
$\uparrow$	1	1	1	1	$\times$	$\times$	$\times$ $\times$	加 1 计数

(b) 74LS161 功能表

图 8-32　计数器

计数器的应用如下所述。

1. 计数器的扩展

利用加反馈线清零的方法使 n 位(模 2^n)计数器改造成模 N 计数器($2^{n-1} < N \leqslant 2^n$);一个模 M 计数器和一个模 N 计数器的级联构成模 $N \times M$ 的组合计数器。

2. 作分频器用

在图 8-32(a)的连线图中,Q_0、Q_1、Q_2、Q_3 输出信号的频率分别是时钟脉冲频率的 1/2(二分频)、1/4(四分频)、1/8(八分频)、1/16(十六分频)。

3. 计数器和译码器构成计数型的顺序脉冲发生器

例 8-9　将一个模 16 计数器可以扩展成模 $N(N < 16)$ 的计数器,可以利用加反馈线清零的方法使 16 计数器在计数到"1010"时清零就构成了模 10 计数器,逻辑图如图 8-33(a)所示。图 8-33(b)所示是用两个 4 位计数器的级联扩展为 8 位计数器的逻辑图。

在计算机中,一条指令的执行往往需要 4 步完成:取指令、指令译码及寻址(寻找操作数地址)、取操作数、执行指令并保存结果。顺序脉冲发生器能够产生按先后顺序的多个脉冲信号控制系统各部分的有序工作,顺序脉冲信号也称做节拍。图 8-34 所示是控制一条指令执行的四节拍顺序脉冲发生器的逻辑图和时序图。

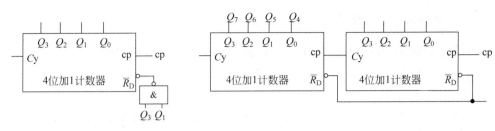

(a) 模16计数器扩展为模10计数器　　　　(b) 2个模16计数器级联扩展为模16×16计数器

图 8-33　计数器的扩展

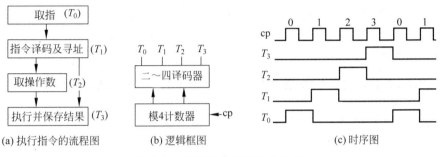

(a) 执行指令的流程图　　(b) 逻辑框图　　　　(c) 时序图

图 8-34　四节拍顺序脉冲发生器

8.5　555 定时器的原理和应用

555 定时器是一种数字电路与模拟电路相结合的中规模集成电路,可以组成各种脉冲产生、波形变换或整形电路。由于它使用简单、方便,目前应用十分广泛。常用的有 TTL 定时器 5G555 和 CMOS 定时器 CC7555,它们内部结构不同,但功能和管脚图完全相同。下面介绍 555 定时器的原理与应用。

8.5.1　555 定时器的结构和功能

555 定时器的内部结构和管脚图如图 8-35 所示,内部结构由三部分组成。

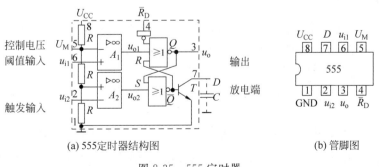

(a) 555定时器结构图　　　　　　　　(b) 管脚图

图 8-35　555 定时器

1. 分压器和两个电压比较器

三个等值电阻 R 组成分压器，A_1 和 A_2 两个运算放大器分别组成两个单限电压比较器。不接 U_M 时，分压器为两个比较器提供的门限电压分别是 $U_{1-} = \dfrac{2}{3}U_{CC}$，$U_{2+} = \dfrac{1}{3}U_{CC}$；接入 U_M 时，$U_{1-} = U_M$，$U_{2+} = \dfrac{1}{2}U_M$，改变 U_M 可以改变门限电压的大小。

未接入 U_M 时：

$U_{i1} > \dfrac{2}{3}U_{CC}$ 时，$U_{o1} = 1$（高电平）；$U_{i1} < \dfrac{2}{3}U_{CC}$ 时，$U_{o1} = 0$（低电平）；

$U_{i2} > \dfrac{1}{3}U_{CC}$ 时，$U_{o2} = 0$（低电平）；$U_{i2} < \dfrac{1}{3}U_{CC}$ 时，$U_{o2} = 1$（高电平）。

2. RS 触发器

这是用或非门构建的基本 RS 触发器，其逻辑图和真值表以及状态方程如图 8-36 所示。

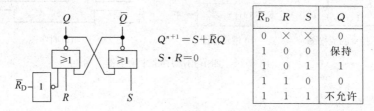

$\bar{R}_D$	R	S	Q
0	×	×	0
1	0	0	保持
1	0	1	1
1	1	0	0
1	1	1	不允许

$Q^{n+1} = S + \bar{R}Q$

$S \cdot R = 0$

图 8-36 或非门构建的基本 RS 触发器的逻辑图和真值表

3. 输出级和开关管 T

开关管 T 又称放电管，在当 $\bar{Q} = 1$ 时导通，允许流过大电流。

8.5.2 555 定时器的应用

555 定时器的管脚连接方式不同可以构成施密特触发器、单稳态触发器和多谐振荡器，它们分别用于波形的整形和脉冲的产生。

1. 施密特触发器

施密特触发器是一个双稳态触发器，施密特触发器通常应用于波形变换或幅度鉴别，把正弦波变换成方波，对输入的不规则的任意波形进行鉴别和整形。555 构成施密特触发器的连线图、功能表、传输特性和应用举例如图 8-37 所示。施密特触发器的传输特性具有回差特性，输入电压增大时必须大于上阈值 $\dfrac{2}{3}U_{CC}$ 输出才是低电平；输入电压减小时必须小于下阈值 $\dfrac{1}{3}U_{CC}$ 输出才是高电平；输入电压在 $\dfrac{2}{3}U_{CC} \sim \dfrac{1}{3}U_{CC}$ 之间变化时输出不变。回差电压的大小视电路的用途不同而不同，用作幅度鉴别时希望回差电压小；用作抗干扰电路时希望回差电压大。

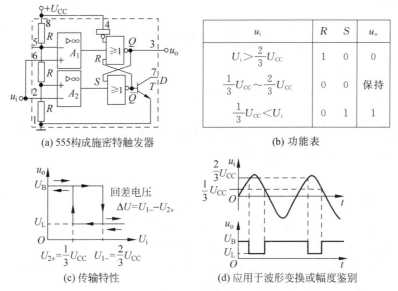

u_i	R	S	u_o
$U_i > \frac{2}{3}U_{cc}$	1	0	0
$\frac{1}{3}U_{cc} \sim \frac{2}{3}U_{cc}$	0	0	保持
$\frac{1}{3}U_{cc} < U_i$	0	1	1

(a) 555构成施密特触发器   (b) 功能表

(c) 传输特性   (d) 应用于波形变换或幅度鉴别

图 8-37 用 555 构成施密特触发器

2. 单稳态触发器

顾名思义,单稳态触发器在 0 和 1 两个状态中只有一个是稳态而另一个是暂态。555 按照如图 8-38(a)所示连线构成单稳态触发器,外接的电阻 R 和电容 C 构成一个充电电路,管脚 5 所接电容起滤波作用。下面从电路图和波形图(如图 8-38(b)和图 8-38(c)所示)出发分析其工作原理。

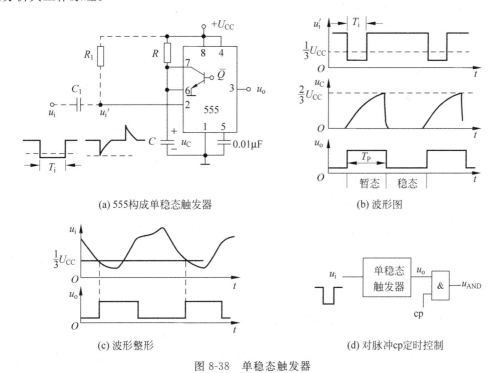

(a) 555构成单稳态触发器   (b) 波形图

(c) 波形整形   (d) 对脉冲cp定时控制

图 8-38 单稳态触发器

稳态期间：

$$u_i' > \frac{1}{3}U_{CC} \text{ 且 } u_c > \frac{2}{3}U_{CC} \longrightarrow S=0, R=1, u_o=0 \longrightarrow \overline{Q}=1, T \text{ 导通，电容放电到零。}$$

暂态期间：

输入一个 $u_i' < \frac{1}{3}U_{CC}$ 的负脉冲 ⌐⌐ $\longrightarrow S=1, R=0, u_o=1 \longrightarrow \overline{Q}=0, T$ 截止，电容充电，

在电容充电到 $u_c < \frac{2}{3}U_{CC}$ 期间之前，电路处于暂态；当充电到 $u_c > \frac{2}{3}U_{CC}$ 时，$S=0, R=1$，$u_o=0$，电容放电到 0 之后，电路回到稳态。

注意：

(1) 负脉冲到来的时刻就是暂态开始的时刻；

(2) 暂态时间 T_P 的长短由定时元件 R、C 的参数决定，$T_P = RC\ln3 \approx 1.1RC$；

(3) 要求负脉冲的宽度 $T_i < T_P$，才能保证从暂态及时地回到稳态。电容放电时放电管的电阻极小，放电时间很短。在不能满足 $T_i < T_P$ 的情况下，应在输入端接入 R_1 和 C_1 组成的微分电路变输入宽脉冲为尖脉冲，如图中虚线所示。

555 构成的单稳态触发器的波形图见图 8-38(b)。单稳态触发器的应用体现在对脉冲整形，也可以将单稳态电路作为"延时"器件，用作定时器，用单稳态的输出信号作为闸门信号去控制高频脉冲序列何时输出。

3. 多谐振荡器

用 555 构建的多谐振荡器如图 8-39 所示，电路依靠外接的电阻 R_1、R_2 和 C 工作在连续不断的充放电中，输出连续脉冲。

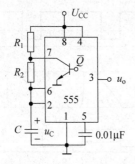 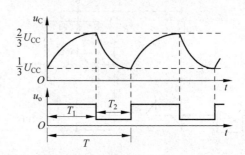

图 8-39　555 构成多谐振荡器及波形图

晶体管截止时对电容充电，充电路径是 $U_{CC} \rightarrow R_1 \rightarrow R_2 \rightarrow C \rightarrow$ 地。

当充电到 $u_c > \frac{2}{3}U_{CC}$ 时晶体管导通电容放电，放电路径是 $C+ \rightarrow R_2 \rightarrow$ 晶体管 $\rightarrow$ 地。

充电时间　$T_1 = 0.7(R_1 + R_2)C$　　　　　　　放电时间　$T_2 = 0.7R_2C$

振荡周期　$T = T_1 + T_2 = 0.7(R_1 + 2R_2)C$　　　振荡频率 $f = \frac{1}{T} = \frac{1.43}{(R_1 + 2R_2)C}$

输出高电平的时间 T_1 与振荡周期 T 之比称为占空比，本例占空比 $= \frac{R_1 + R_2}{R_1 + 2R_2}$。

改变 R_1、R_2 或 C 的参数就可以改变振荡周期以及占空比。不同频率的方波经过"数字量到模拟量的转换"驱动扬声器可以发出不同音律的声音,这也是数字化作曲和数字录音机的常用方法。

如果 R_1、R_2 或 C 的参数不变,接入并改变 U_M 可以改变充放电时间的长短,也就改变了振荡周期或频率。

习 题 8

8-1 触发器的基本性质是什么？触发器有哪些描述方法？画出钟控 RS、JK、T 和 D 触发器的逻辑符号并写出其次态方程。

8-2 脉冲触发器"一次性变化"的内容是什么？它对时序电路的操作有何意义？

8-3 在如图 8-40(a)所示基本 RS 触发器的输入加上如图 8-40(b)所示的输入信号,设触发器的初态为 0 且延迟时间为 0,试画出 $\bar{Q}$ 和 Q 的波形图。

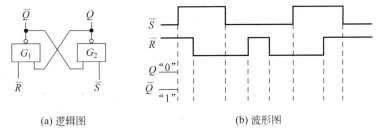

(a) 逻辑图   (b) 波形图

图 8-40 习题 8-3 用图

8-4 图 8-41 中的各触发器初态为 0 且延迟时间为 0,请画出在连续 4 个时钟脉冲作用下,各触发器输出端 Q 的波形。

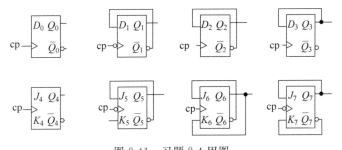

图 8-41 习题 8-4 用图

8-5 维持阻塞型 D 触发器组成的电路如图 8-42 所示,根据所示的输入波形画出输出端 Q_1、Q_2 的波形。设触发器初态为 0 且延迟时间为 0。

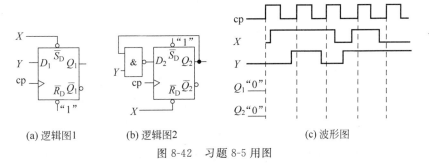

(a) 逻辑图1   (b) 逻辑图2   (c) 波形图

图 8-42 习题 8-5 用图

8-6 边沿 JK 触发器组成的电路如图 8-43(a)所示,根据如图 8-43(b)所示的输入信号波形画出输出端 Q_1、Q_2 的波形。设触发器初态为 0 且延迟时间为 0。

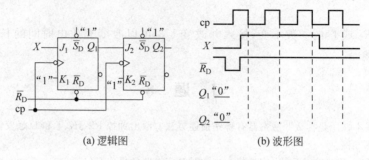

(a) 逻辑图   (b) 波形图

图 8-43 习题 8-6 用图

8-7 根据如图 8-44 所示时序电路的状态图写出时序电路的状态表和状态方程,设计该时序电路。

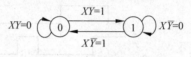

图 8-44 习题 8-7 用图

8-8 若已知时序电路的状态方程为下式,试画出这个时序电路的状态图、状态表以及逻辑图,触发器可以任选。

$$Q^{n+1} = (\bar{X} + \bar{Y})\bar{Q} + (X + Y)Q$$

8-9 分析如图 8-45 所示电路的逻辑功能,画出状态表、状态图,试说明其逻辑功能。

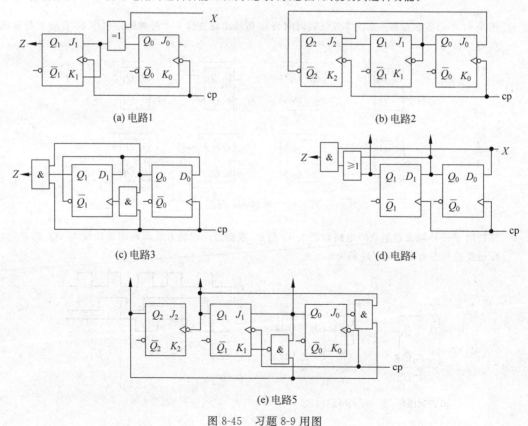

(a) 电路1   (b) 电路2

(c) 电路3   (d) 电路4

(e) 电路5

图 8-45 习题 8-9 用图

8-10 分析如图 8-46 所示逻辑电路的功能。若输入 X 的串行序列为 5D36H,问输出 Z 的序列是什么? 提示：从波形图中确定输出序列,假设先输入低位、后输入高位,触发器初态是 0。

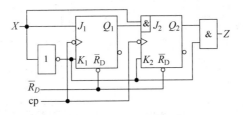

图 8-46　习题 8-10 用图

8-11 设计用上升沿触发的维持阻塞 D 触发器实现满足如图 8-47 所示状态图的同步时序电路。

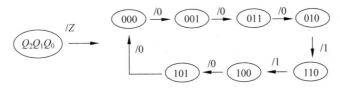

图 8-47　习题 8-11 用图

8-12 4 位二进制计数器 74LS161 按照如图 8-48 所示的连接,分析并画出相应的状态图,同时说明电路能否自启动。

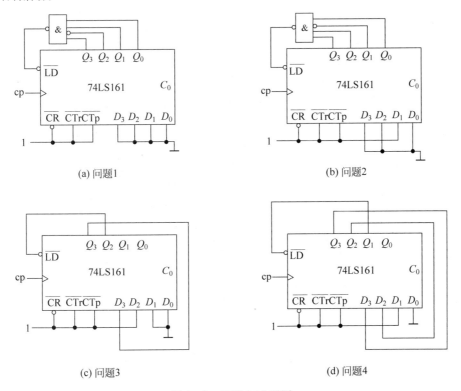

图 8-48　习题 8-12 用图

8-13 试用两片 74LS161 芯片(Ⅰ)和芯片(Ⅱ)连接成 8421BCD 码二十四进制的计数器,要求芯片的级间同步,画出相应的接线图。

8-14　分析如图 8-49 所示电路的功能,说明外接的晶体管和二极管作用。

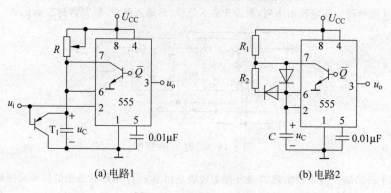

(a) 电路1　　　　　　　　　　　　(b) 电路2

图 8-49　习题 8-14 用图

第9章　数模转换和模数转换

数字系统是一个数据处理部件,被处理的数据来自于数字系统外部,而数据处理的结果将送到数字系统外部去控制执行机构。图 9-1 所示为工业生产中控制系统的方框图,其控制流程为传感器将采集到的生产现场的温度(或速度)模拟成电压形式→模数转换器将模拟量电压转换成数字量→数字系统进行数据处理→数模转换器将数字量转换成模拟量完成对现场的实时控制,如升温或降温,加速或减速等。数模转换器的英文缩写是(digital to analog converter,DAC),模数转换器的英文缩写是(analog to digital converter,ADC),两者在工控中的应用极为普遍。

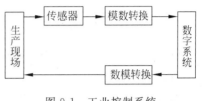

图 9-1　工业控制系统

9.1　DAC 和 DAC 0832 芯片

9.1.1　DAC 的工作原理

DAC 将二进制数字每一位的代码按"权"的大小转换成相应的模拟量,然后把各位的模拟量相加,所得之和就是与数字量正比的模拟量。在如图 9-2 所示的 4 位权电阻 DAC 中,每位权电阻支路有一个双向电子开关 S,受这一位的数字量 b_i 控制,当 $b_i=1$ 时 S_i 接通基准电压 V_{REF},支路上就有电流。数据位的"权"越大,它控制的这位权电阻支路的电流就越大。汇集到 $\sum$ 的总电流是

$$
\begin{aligned}
I_{\sum} &= I_3 + I_2 + I_1 + I_0 \\
&= \frac{V_{REF}}{2^0 R}b_3 + \frac{V_{REF}}{2^1 R}b_2 + \frac{V_{REF}}{2^2 R}b_1 + \frac{V_{REF}}{2^3 R}b_0 \\
&= \frac{V_{REF}}{2^3 R}(2^3 b_3 + 2^2 b_2 + 2^1 b_1 + 2^0 b_0)
\end{aligned} \tag{9-1}
$$

由此类推,n 位权电阻转换器总电流为

$$
I_{\sum} = \frac{V_{REF}}{2^{n-1} R}(2^{n-1} b_{n-1} + 2^{n-2} b_{n-2} + \cdots + 2^1 b_1 + 2^0 b_0)
$$

选取 $R_f = \frac{1}{2} R$ 时,运算放大器的输出电压为

$$
u_o = -I_{\sum} R_f = \frac{V_{REF}}{2^n}(2^{n-1} b_{n-1} + 2^{n-2} b_{n-2} + \cdots + 2^1 b_1 + 2^0 b_0) = -\frac{V_{REF}}{2^n}N \tag{9-2}
$$

上式中,$N = 2^{n-1} b_{n-1} + 2^{n-2} b_{n-2} + \cdots + 2^1 b_1 + 2^0 b_0$ 为数字量按权展开式。

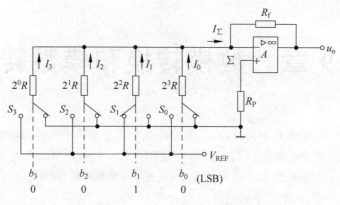

图 9-2 4 位权电阻 DAC

例 9-1 设 $V_{\mathrm{REF}} = -10\mathrm{V}$,试分别求出二进制数 0001、1010、1111 相对应的模拟输出量。

解:根据式(9-2)

当数字量为 0001 时,　　$u_{\mathrm{o}} = \dfrac{10}{2^4}(2^3 \times 0 + 2^2 \times 0 + 2^1 \times 0 + 2^0 \times 1) = 0.625(\mathrm{V})$

当数字量为 1010 时,　　$u_{\mathrm{o}} = \dfrac{10}{2^4}(2^3 \times 1 + 2^2 \times 0 + 2^1 \times 1 + 2^0 \times 0) = 6.25(\mathrm{V})$

当数字量为 1111 时,　　$u_{\mathrm{o}} = \dfrac{10}{2^4}(2^3 \times 1 + 2^2 \times 1 + 2^1 \times 1 + 2^0 \times 1) = 9.375(\mathrm{V})$

例 9-2 设 $V_{\mathrm{REF}} = -10\mathrm{V}$,试求出 8 位 DAC 在二进制数为 00000001 时的最小输出电压和在二进制数为 11111111 时的最大输出电压。

解:8 位 DAC 的最小输出电压　$u_{\mathrm{omin}} = \dfrac{10}{2^8} \times 1 \approx 0.04(\mathrm{V})$

8 位 DAC 的最大输出电压　$u_{\mathrm{omax}} = \dfrac{10}{2^8} \times (2^8 - 1) \approx 9.94(\mathrm{V})$

最小输出电压为输入最小数字量时对应的输出模拟电压值,代表着数字量每增加一个单位 LSB(least significant bit,最低有效位或称做"步长"),输出模拟电压的增加量。权电阻形式电路的优点是结构简单,有助于对数模转换的理解;缺点是各支路电阻阻值种类多,很难达到精度要求。实际 DAC 还有采用其他形式的电路,鉴于篇幅限制就不在这里讨论了。

9.1.2　集成 DAC 0832 芯片

集成 DAC 0832 芯片将电阻解码网络和二进制数码控制的开关集成在一块芯片上,图 9-3 所示是 DAC 0832 内部逻辑框图。它采用二级缓冲输入方式,第一级是输入寄存器、第二级是 DAC 寄存器,二级缓冲可以在输出的同时采集下一个数字量。管脚功能如下所示。

ILE:允许输入锁存。

$\overline{\mathrm{CS}}$:片选信号。

$\overline{\mathrm{WR}}_1$:写信号 1,在 $\overline{\mathrm{CS}}$ 和 ILE 有效时将数据锁存于输入寄存器。

$\overline{\mathrm{WR}}_2$:写信号 2,在 $\overline{\mathrm{XFER}}$ 有效时,将输入寄存器的数据传送到 DAC 寄存器。

$\overline{\text{XFER}}$：传送控制信号。

I_{OUT1}：DAC 电流输出 1，是逻辑电平 1 的各位输出电流之和。

I_{OUT2}：DAC 电流输出 2，是逻辑电平 0 的各位输出电流之和。

R_{F}：反馈电阻，约 $15\text{k}\Omega$。

V_{REF}：基准电压，可在 $\pm 10\text{V}$ 范围内选择。

V_{CC}：电源 $+5\text{V} \sim +15\text{V}$。

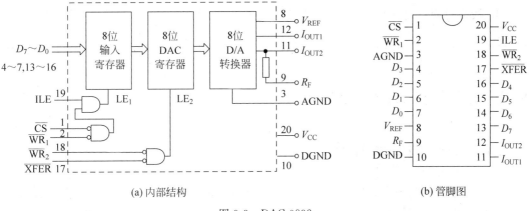

(a) 内部结构　　　　　　　　　　　(b) 管脚图

图 9-3　DAC 0832

DAC 0832 将输入的数字信号转换为模拟电流的形式输出，为了得到模拟电压，还必须外接运算放大器。图 9-4 所示是单极性输出和双极性输出电路。在图 9-4(b) 中选取 $R_4 = R_3 = 2R_2$ 时，$-V_{\text{OUT}} = 2V_1 + V_{\text{REF}}$。

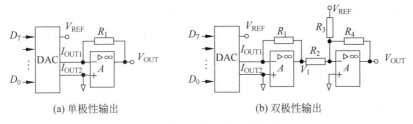

(a) 单极性输出　　　　　　　　(b) 双极性输出

图 9-4　单极性输出与双极性输出

9.1.3　DAC 的主要性能指标

1. 分辨率

分辨率是指 DAC 的最小输出电压与最大输出电压之比。转换器的位数越多，越能反映出输出电压的细微变化，因此，分辨率也可以用数字量的位数 n 确定。

$$\text{分辨率} = \frac{1}{2^n - 1}$$

2. 精度

参考电压 V_{REF} 的波动、运算放大器的零点漂移、权电阻阻值的偏差都将造成 DA 转换误差,误差的大小直接反映转换的精确程度。精度分为绝对精度和相对精度。

1) 绝对精度

绝对精度指输出模拟电压的实际值与理想值之差,即绝对误差。

2) 相对精度

相对精度又被称做线性度,通常用非线性误差表示。指实际输出与理想值偏差的最大值与满量程输出之比的百分数来表示。

3. 转换时间

从输入数字起到输出电压(电流)达到稳定值所需时间。12 位 DAC 的转换时间小于 $1\mu s$。

9.2　ADC 和 ADC 0809 芯片

9.2.1　ADC 的基本概念

将模拟量转换为数字量通常需要经过采样、保持、量化和编码 4 个步骤,采样-保持在采样保持电路中完成,量化和编码在模数转换电路中完成。

1. 采样、保持

图 9-5 所示是采样-保持电路和输入输出电压波形。$S(t)$ 是采样脉冲,当 $S(t)$ 为高电平时使电子开关 S 闭合,采集 u_i 信号并对电容 C 充电到 u_c,输出电压 $u_o = u_c$;$S(t)$ 为低电平时使电子开关 S 断开,电容因没有放电回路而保持其电压不变。采样脉冲 $S(t)$ 的频率越高,采样值就越多,采样信号 u_o 的包络线就越接近输入信号的波形。采样定理指出:只有采样频率大于模拟信号最高频率分量的两倍时,即 $f_s \geqslant 2f_{simax}$ 时,所采集到的信号才能不失真地反映模拟信号的变化规律。

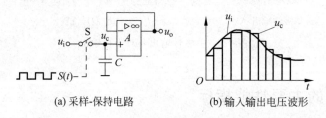

(a) 采样-保持电路　　　　　　(b) 输入输出电压波形

图 9-5　采样-保持电路

2. 量化和编码

对采样电压转化为某个规定的最小单位电压整数倍的过程称为量化。所规定的最小单位电压称为量化单位,用 Δ 表示。把量化的数值用二进制数代码表示称为编码,这个二进制代码就是 ADC 的输出信号。采样-保持电路输出的模拟电压不一定能被 Δ 整除,因而不可避免地存在因量化而产生的误差。例如,用二进制数 $(001)_2$ 表示 1mV、$(010)_2$ 表示 2mV,…,$(111)_2$ 表示 7mV。若有 2.5mV 将表示为 $(010)_2$ 还是 $(011)_2$? 量化误差有两种处理方法:一种是只舍不入法,将不足量化单位的输入电压忽略;另一种是四舍五入法,将小于 $\Delta/2$ 的电压舍掉,大于等于 $\Delta/2$ 的电压看作数字量 Δ。

模数转换电路随转换精度的要求会有很大的不同,常用的有三种:并行比较型、逐渐逼近型和双斜线积分型。下面以图 9-6(a)所示的逐渐逼近型电路原理图为例,简单介绍它的工作原理,操作的时序图如图 9-6(b)所示。

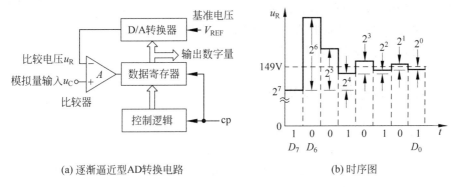

(a) 逐渐逼近型AD转换电路 (b) 时序图

图 9-6 逼近型

第一个脉冲到来时,将数据寄存器最高位置 1,其余位置 0,该数据送到 D/A 转换器可以获得一个比较电压 u_{R1},如果比较器的输出为高电平,则数据寄存器最高位置 1 不变,否则清零。

第二个脉冲到来时,将数据寄存器次高位置 1,低几位置 0,该数据送到 D/A 转换器可以获得一个新的比较电压 u_{R2},如果比较器的输出为高电平,则数据寄存器的次高位置 1 不变,否则清零。

第三个脉冲到来时……以此方法得到 n 位数字量。

9.2.2 ADC 0809 芯片

图 9-7 所示是 ADC 0809 芯片内部结构的逻辑框图,管脚功能如下所示。

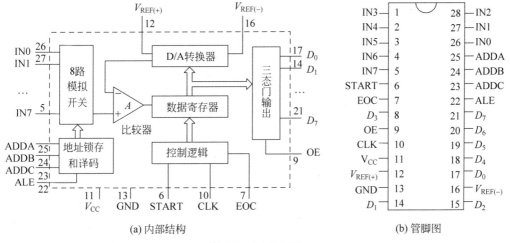

(a) 内部结构 (b) 管脚图

图 9-7 ADC 0809

IN0～IN7：8 路模拟量输入。

ADDA、ADDB、ADDC：三位地址信号用于选通 8 路模拟量输入的任一路输入。

ALE：地址锁存信号。

D_0～D_7：8 位数字量输出。

START：A/D 转换的启动信号。

EOC：转换结束信号可用作中断请求信号。

OE：输出允许,OE＝1 时打开三态门输出数字量。

$V_{REF(-)}$,$V_{REF(+)}$：芯片内部 DAC 的基准电压。

9.2.3 ADC 的主要性能指标

1. 分辨率

分辨率是指 ADC 对输入模拟电压微小变化的分辨能力,它是数字输出的最低有效位 LSB 所对应的模拟输入电压。若输入电压的满刻度值为 V_{FS},则 n 位 ADC 的分辨率为 $\frac{1}{2^n}V_{FS}$。分辨率也可以用位数 n 表示。

2. 转换误差

转换误差通常以输出误差最大值的形式给出,并以最低有效位的倍数表示 ADC 实际输出的数字量与理论上应有的输出数字量之间的差别。例如：

$$转换误差 < \pm\frac{1}{2^n}V_{FS}$$

3. 转换时间

转换时间指完成一次 D/A 转换所需时间,具体讲,是从接到转换命令 START 开始到 EOC 信号有效为止这段时间。

习 题 9

9-1 什么是 DAC? 它的作用是什么? DAC 分辨率的意义是什么?

9-2 设权电阻 DAC 的数字量为 6 位,且最高位的电阻 $R=10\Omega$,试计算其他各位的权电阻值。

9-3 输出满量程为 10V,为了获得 1mV 的分辨率,应选用多少位的权电阻 DAC?

9-4 什么是 ADC? 它的作用是什么? 逐渐逼近型 ADC 输出的是数字量还是模拟量? 若是数字量还需要编码吗?

附录 A 实 验

1. 课前准备

教师在实验课开课之前,做好实验讲义的编写,在做过所有试验基础上建立完整的试验报告,检查实验仪器设备、元件器材和工具的准备工作,落实学生做实验的时间、地点以及任课教师。每个实验之前应再次检查当前的准备工作。下面实验可供选择,每次约 4 小时。

前 5 个模拟电路实验,每个实验分别需要把器件焊接在实验用的印刷电路板上,因此要为学生准备好电烙铁;后 7 个数字电路实验是在数字逻辑试验箱上搭建线路,数字逻辑试验箱上包含直流电源、逻辑开关、逻辑笔、发光二极管、数码管、单脉冲、连续脉冲和面包板(或类似的可固定器件和连线的印刷电路板)等。

2. 对学生的要求

(1) 实验前做预习报告,教师每次课上检查预习报告。预习报告内容包括以下三部分:
① 实验名称、内容摘要、试验步骤。
② 画出要求的图表、原理图。
③ 计算实验中的数据等。同时复习和了解实验中所用仪器、仪表、设备的使用方法和注意事项。

(2) 实验中,在断开电源的情况下连线,初次实验应在教师检查线路确认无误后再通电,做好实验记录并让教师检查与签字,该实验记录为课后完成实验报告提供依据。实验中一旦发现异常情况(短路、冒烟、有异味),应及时关断电源、保持现场,并报告教师。做完实验应整理好实验台,经教师同意后方可离开。

(3) 实验后做实验报告,分析试验数据误差的原因,回答实验讲义中的思考题,提出自己对实验的体会和改进意见。实验报告在下次实验课上交给教师。预习报告、实验中的表现以及实验报告共同决定这一次实验的成绩。

实验 1 戴维南定理和叠加原理的验证

1. 实验目的

(1) 加深对戴维南定理和叠加原理的理解,加深对最大功率传输定理的理解。
(2) 掌握支路电流的测量方法;熟悉稳压电源、万用表的使用。

2. 预习要求

复习戴维南定理和叠加原理,计算如表 A-1 和表 A-2 所示电路的理论值。

3．实验内容和步骤

（1）按照图 A-1(a)连线，用万用表电压挡测量输出电压 U_{ab}，用电流挡测量输出电流 I，两者相除得到负载电阻值 $R_L = U/I$，改变 R_L 值测量电路外特性填入表 A-1 中。

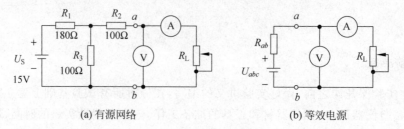

(a) 有源网络　　　　　　　　(b) 等效电源

图 A-1　戴维南定理

表 A-1　实验数据

	R_L/Ω	0	100	150	200	250	300	500	700	1000	∞
有源网络	I/mA										
	U/V										
等效电源	I/mA										
	U/V										

（2）用万用表电压挡测量图 A-1(a)电路的开路电压 U_{abc}，用万用表欧姆挡测量除源后 ab 端的等效电阻 R_{ab}；用稳压电源及电阻器构成等效电源，如图 A-1(b)的电路，改变 R_L 值测量电路外特性，填入表 A-1 中。

注意：等效电源中每改变一次 R_L，都要保持 U_{abc} 始终不变；严禁稳压电源短路；用万用表电压挡测量电压时先选电压挡大一些，逐步调整到合适挡为止。

（3）验证叠加原理的实验电路如图 A-2 所示。根据叠加原理：在具有几个独立电源共同作用的线性电路中，各支路电流等于各个电源单独作用时在该支路所产生电流的代数和。按照图 A-2 中的连线，将测量结果填于表 A-2 中。

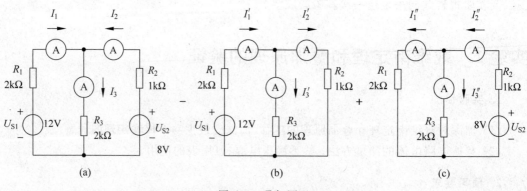

(a)　　　　　　　　　(b)　　　　　　　　　(c)

图 A-2　叠加原理

表 A-2　叠加原理测试记录

	由图 A-2(a)			由图 A-2(b)			由图 A-2(c)	
I_1	I_2	I_3	I_1'	I_2'	I_3'	I_1''	I_2''	I_3''
实测值								
理论值								

4. 思考题

(1) 比较有源网络和等效电源两个电路的测试记录,画出外特性曲线,验证戴维南定理。

(2) 在图 A-1 中,当负载电阻 R_L 变化时,输出电压最大时也就是负载吸收功率最大时,做功率传输特性曲线 $P_L = f(R_L)$,验证最大功率传输定理。

(4) 计算表 A-2 中实测数据是否满足 $I_1 = I_1' - I_1''$、$I_2 = -I_2' + I_2''$、$I_3 = I_3' + I_3''$,分析误差原因。

5. 实验设备与器材

直流稳压电源 1 个、万用表 1 个、毫安表 1 个、实验电路板 1 个。

可变电阻：$0 \sim 1000\Omega$，2 个，

电阻：180Ω，1 个，

电阻：100Ω，2 个，

电阻：$2k\Omega$，2 个，

电阻：$1k\Omega$，1 个。

实验 2　RLC 串联谐振电路

1. 实验目的

(1) 测量交流电路阻抗与频率关系,观察串联谐振现象,加强对串联谐振特点的了解。

(2) 测量不同品质因数电路的谐振曲线,学习使用音频信号发生器和交流毫伏表。

2. 预习要求

复习 RLC 串联电路的阻抗与谐振关系,其中品质因数的定义如下：

$$Q = \frac{U_L}{U} = \frac{U_C}{U} = \frac{1}{2\pi f_0 RC} = \frac{2\pi f_0 L}{R}$$

3. 实验内容和步骤

(1) 按照如图 A-3 所示的电路连线,保持音频信号发生器的输出电压恒定($U = 2V$),调节输出频率,用交流毫伏表测量 U_R、U_L 和 U_C。根据电流(或 U_R)达到的最大值的现象,找出串联谐振频率 f_0,以及此时的 U_R、U_L 和 U_C。

（2）改变 C 的大小，测 f_0 有无改变以及测量 U_R、U_L 和 U_C 值，填入表 A-3 中。

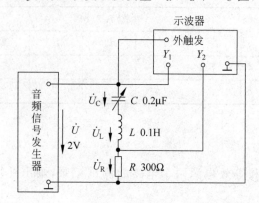

图 A-3　RLC 串联

表 A-3　RLC 串联谐振测试记录

	改变信号源 $f,U=2V$					改变 C 和 $f,U=2V$				
	f/Hz	U_R	U_L	U_C		C	f/Hz	U_R	U_L	U_C
测量值					测量值					
	f_0						f_0			
谐振时计算值	$X_L=$　,$X_C=$　,$Q=$　,$f_0=$				谐振时计算值	$X_L=$　,$X_C=$　,$Q=$　,$f_0=$				

（3）用示波器核准谐振频率 f_0，通道 $Y_1=\dot{U}$ 总电压、通道 $Y_2=\dot{U}_R$ 电阻电压，谐振时总电压 $\dot{U}$ 与 $\dot{U}_R$ 同相位。

注意：改变频率时，要随时调节音频信号发生器的输出电压，使 RLC 输入电压保持不变。

4. 思考题

（1）根据表 A-3 中的测量结果画出电路参数不变而信号源频率改变时的频率特性曲线。

（2）分析信号源频率不变而电容大小改变时得到的各元件上电压变化曲线。

5. 实验设备与器材

直流稳压电源 1 个、音频信号发生器 1 个、万用表 1 个、交流毫伏表 1 个、实验电路板 1 个。

电阻：300Ω，1 个。

电容：$0.2\mu F$，1 个。

电感：$0.1H$，1 个。

实验 3 共射极放大电路

1. 实验目的

(1) 进一步理解共射极放大电路的组成和工作原理。

(2) 掌握放大电路的静态测试和动态测试。

(3) 了解电流串联负反馈对放大电路性能的影响,进行失真分析。

2. 预习要求

(1) 复习稳定静态工作点的共射极放大电路的组成和工作原理,根据如图 A-4 所示的电路给出的参数计算静态工作点 Q 参数(I_C,U_{CE})和动态参数(A_u,r_i 和 r_o)。

(2) 在图 A-4 中的电路中断开发射极电容 C_E,将引入电流串联负反馈。初步判断闭环时的动态参数(A_{uf},r_{if} 和 r_{of})将会发生怎样变化?

3. 实验内容和步骤

(1) 静态测试。

按图 A-4 中的连线,调整直流稳压电源电压 $U_{CC}=12V$,调节 R_W 同时用万用表监测使 $U_{CE}=6V$。测量 U_{BE} 并且计算 $I_C=(U_{CC}-U_{CE})/(R_C+R_E)$ 的值填入表 A-4 中。

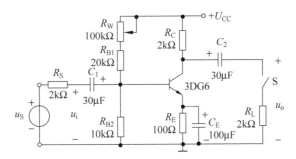

图 A-4 共射极放大电路

表 A-4 静态测试

项 目	U_{CC}/V	U_{CE}/V	U_{BE}/V	I_C/mA
实测值	12	6		

(2) 动态测试。

① 断开 S 做空载测试,在输入端加入 $f=1kHz$ 的正弦信号电压(有效值)$U_S=40mV$,用示波器观察输出电压 u_o 波形。按照如表 A-5 所示的要求画波形图,从示波器屏幕上读出输入电压 u_i 和输出电压 u_o 的最大值(或用万用表测量有效值),按照下面公式计算空载时的电压放大倍数 A_u、输入电阻 r_i 和输出电阻 r_o。计算公式根据图 A-5(a) 和图 A-5(b) 推导得出。

$$A_u = \frac{u_{om}}{u_{im}} \quad r_i = R_S \times \frac{\dot{U}_i}{\dot{U}_S - \dot{U}_i} \quad r_o = R_1 \times \frac{\dot{U}_{oc} - \dot{U}_o}{\dot{U}_o}$$

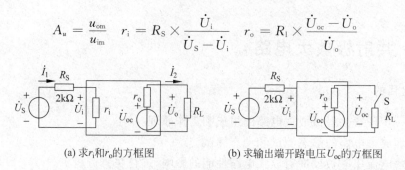

(a) 求 r_i 和 r_o 的方框图　　　　　　(b) 求输出端开路电压 $\dot{U}_{oc}$ 的方框图

图 A-5　动态测试

② 接通 S 做加载测试,输入信号不变,重复步骤①中的测试。

③ 断开 C_E,电路引入电流串联负反馈。接通 S,输入信号不变,重复步骤①中的测试。

表 A-5　动态测试

项　目	u_{im}/mV	u_{om}/mV	A_u	r_i	r_o	u_i 和 u_o 的波形
空载测试					不写	
加载测试						
断开 C_E						

(3) 波形失真观察。

① 用示波器观察,增大输入信号直到输出信号将要进入畸变时,测量输入电压。

② 增大输入信号直到输出信号进入畸变时,观察调节 R_W 对畸变的输出波形有无改善。

(4)(选做)在图 A-4 中的电路 S 接通情况下,在输出电压与输入电压之间接入 $R_f = 30\text{k}\Omega$ 和 $C = 30\mu\text{F}$ 的串联电路,由此引入电压并联负反馈,负载电阻 R_L 用滑线变阻器代替。用示波器观察:当负载电阻 $\dot{R}_L$ 改变时输出电压 u_o 变化还是不变?

4. 思考题

(1) 空载、加载以及引入电流串联负反馈三种情况下,电压放大倍数、输入电阻和输出电阻有什么变化? 原因是什么?

(2) 调节 R_W 将对输出电压波形有怎样影响?

(3) 为防止晶体管因输出短路而烧毁,常采用图 A-5 中的测试方法,然后根据公式计算输入电阻 r_i 和输出电阻 r_o,请推导求解 r_i 和 r_o 的公式。

5. 实验设备与器材

直流稳压电源 1 个、音频信号发生器 1 个、双线示波器 1 个、万用表 1 个、实验电路板 1 个。

晶体管:3DG6　1 个。

电阻:100kΩ　1 个,　　　　10kΩ　1 个,

　　　30kΩ　1 个,　　　　2kΩ　3 个,

　　　20kΩ　1 个,　　　　100Ω　1 个。

电容：$30\mu F$　3 个，

　　　$100\mu F$　1 个。

实验 4　集成运算放大器的应用

1. 实验目的

了解运算放大器的基本性能，掌握运算放大器的几种线性应用。

2. 预习要求

（1）复习集成运算放大器的工作原理、主要参数的含义以及应用。

（2）计算图 A-6 中电路的电压放大倍数 $A_{uf} = U_o/U_i$，计算图 A-7 电路中周期 T_1 和 T_2。

3. 实验内容和步骤

（1）按照如图 A-6 所示的电路连线，按照如表 A-6 所示的要求调节直流信号源大小，用万用表测量输出电压并把测量值填入表 A-6 中。

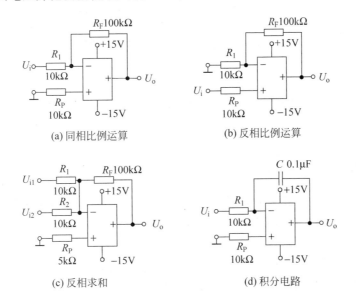

图 A-6　集成运算放大器的应用

表 A-6　测量值

图 A-6(a)和 A-6(b)比例运算					图 A-6(c)反相求和				
U_i/V	-0.2	-0.1	0.1	0.2	U_{i1}/V	0.3	0.1	0	-0.1
反相比例 U_o/V					U_{i2}/V	-0.1	0.2	-0.2	0.2
同相比例 U_o/V					U_o/V				

（2）按照如图 A-6(d)所示连线，反相输入端接 1kHz 的标准方波时，观察并画出输出电压与输入电压波以时间为坐标的波形图。

（3）利用运算放大器产生方波的电路如图 A-7 所示，由 R_1 和 R_f 引入的正反馈是一个滞回比较器，在同相端产生一个随输出电压变化的门限电压 $\pm FU_Z$；由 R_3、R_4、D_1、D_2 和电容 C 共同组成 RC 负反馈电路。电容处在不停地充放电过程，电容电压 u_C 与门限电压 $\pm FU_Z$ 的比较结果决定输出是高电平还是低电平；R_2 作为限流电阻存在是为了防止运放短路电流太大而烧毁，双向稳压管限制输出电压的大小。改变 R_3 值的大小，用示波器观察输出电压波形，计算方波振荡频率。

电容充电时的电压变化规律以及方波处于高电平的时间 T_1 为：

$$u_c = U_Z + (-FU_Z - U_Z)e^{-t/R_3C} \qquad T_1 = R_3C\ln(1 + 2R_1/R_F)$$

电容放电时的电压变化规律以及方波处于低电平的时间 T_2 为：

$$u_c = -U_Z + (FU_Z + U_Z)e^{-t/R_4C} \qquad T_2 = R_4C\ln(1 + 2R_1/R_F)$$

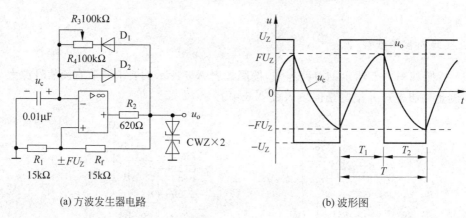

(a) 方波发生器电路　　　　　　　　　　　(b) 波形图

图 A-7　产生方波

4. 思考题

设计一个能测试运算放大器共模抑制比 CMRR 的实验电路，同时，考虑一下对同相端和反相端的输入电阻、反馈电阻的大小要有什么要求？

5. 实验报告要求

计算实验电路的数据，与测量值比较，分析误差原因。

6. 实验设备与器材

直流稳压电源 1 个、音频信号发生器 1 个、示波器 1 个、万用表 1 个、实验板 1 个。

运算放大器：LM741，1 个。

稳压管：CWZ，2 个。

电容：0.1μF，1 个；0.01μF，1 个。

电位器：100kΩ，2 个。

电阻：15kΩ，2 个；10kΩ，2 个；5kΩ，1 个；620Ω，1 个。

实验 5　直流稳压电源

1. 实验目的

(1) 了解直流稳压电源的基本组成,熟悉三端集成稳压器的使用;

(2) 掌握直流稳压电源的主要技术指标的测试方法。

2. 预习要求

(1) 复习直流稳压电源的组成以及工作原理。

(2) 计算表 A-7 和表 A-8 中的数据。

3. 实验内容和步骤

按照如图 A-8 所示的电路连线。

(1) S_1 断开,用示波器观察变压器副边电压波形和桥式整流输出电压 u_A 波形,测量有效值。

(2) S_1 接通,用示波器观察电容滤波输出电压 u_A 的波形,测量有效值。

(3) S_1 接通,S_2 断开,用示波器观察空载时稳压器输出电压 u_B 波形,测量有效值。

(4) S_1 接通,S_2 接通,用示波器观察加载时稳压器输出电压 u_B 波形,测量有效值。

将以上测量结果填入表 A-7 中。

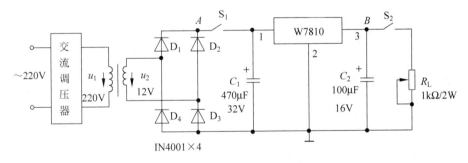

图 A-8　直流稳压电源电路

表 A-7　测量数据

项　目	u_2/V	U_A/V		U_B/V	
		S_1 断开	S_1 接通	S_2 断开	S_2 接通
实测值	10				$R_L=1k\Omega$
					$R_L=500\Omega$
波　形					

(5) 保持输出电流不变($I_O=100mA$),通过交流调压器改变 $u_1 \pm 10\%$(198V、220V、242V),计算稳压系数 $S = \dfrac{\Delta u_o/u_o}{\Delta u_i/u_i}\Big|_{\Delta I=0}$。

4. 思考题

当计算机、电视接收机以及许多电器设备处于待机(不工作但未切断输入电源)状态时,仍消耗许多电能。请分析,这主要是电器设备哪部分消耗电能? 这对电器设备的使用寿命有什么影响?

5. 实验报告要求

得出表 A-7 和表 A-8 的各项数据、波形图。

表 A-8　稳压系数

u_1	198V	220V	242V
u_2			
u_o			
S			

6. 实验设备与器材

交流调压器 1 个、电源变压器 220V/10V 1 个、示波器 1 个、万用表 1 个、实验板和面包板各 1 个。

三端集成稳压器:W7810,1 个。

二极管:IN4001,　4 个($I_F=1A, U_{RM}=50V$)。

电位器:1kΩ/2W,1 个。

电容:470μF/32V,1 个;100μF/16V,1 个。

实验 6　全加器及其应用

1. 实验目的

(1) 掌握数字逻辑实验箱的使用。

(2) 学习全加器和代码转换电路的设计、实现以及测试。

2. 预习要求

复习组合逻辑电路的设计方法。

组合逻辑电路的设计通常有 4 步:列真值表、化简、画逻辑图和连线。

以一位全加器为例,首先要明白一位全加器的定义。一位全加器是求被加数、加数,以及来自低位进位的三个一位二进制数之和以及向高位进位的组合逻辑电路,它有三个输入端、二个输出端。下面是全加器的设计过程。

第一步,列真值表(如表 A-9 所示)。设输入中 A、B 代表被加数和加数,C 代表来自低位的进位;输出为 S 代表本位和,J 代表向高位的进位。

第二步,化简。用最少器件实现的方案是用异或门和与非门(或与门和或门)。

第三步,画逻辑图并连线。逻辑图如图 A-9 所示,为了使初学者掌握连线方法,这里给出了接线图(如图 A-10 所示),连线时要一个输出一个输出地连,连好一个就测试一次。

$$S = \sum(1,2,4,7) \qquad\qquad J = \sum(3,5,6,7)$$
$$= \bar{A}\cdot\bar{B}C + \bar{A}B\bar{C} + A\bar{B}\cdot\bar{C} + ABC \qquad = \bar{A}BC + A\bar{B}C + AB\bar{C} + ABC$$
$$= \bar{A}(B\oplus C) + A\cdot\overline{B\oplus C} \qquad = (A\oplus B)C + AB$$
$$= A\oplus B\oplus C \qquad = \overline{\overline{(A\oplus B)C}\cdot\overline{AB}}$$

表 A-9　真值表

A	B	C	J	S
0	0	0	0	0
0	0	1	0	1
0	1	0	0	1
0	1	1	1	0
1	0	0	0	1
1	0	1	1	0
1	1	0	1	0
1	1	1	1	1

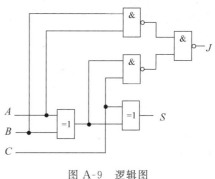

图 A-9　逻辑图

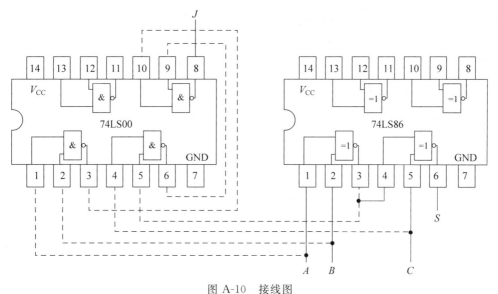

图 A-10　接线图

3. 实验内容和步骤

(1) 按照图 A-10 中的连线用与非门 74LS00 和异或门 74LS86 设计一位全加器。

(2) 在一位全加器的基础上,设计一个二位加法器,二位加法器的框图如图 A-11 所示。

(3) 用异或门 74LS86 设计代码转换电路,输入是原码 $A_3A_2A_1A_0$,输出是反码 $B_3B_2B_1B_0$。当 $A_3=0$ 时,输出等于输入;当 $A_3=1$ 时,除 $B_3=A_3$ 外,其余各位取值为 $B_2=\bar{A}_2$,

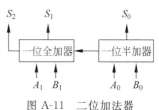

图 A-11　二位加法器

$B_1 = \overline{A}_1$，$B_0 = \overline{A}_0$。

4. 思考题

（1）设计一个十进制数的加法电路，即当两个 8421BCD 码相加的"和"出现了无效代码，或"和"虽然是有效的但存在"进位"，这两种情况都应该进行十进制调整。请问如何调整？写出调整措施，只需列真值表、写出函数表达式和画逻辑图。

（2）一位二进制全加器可以实现"三输入的多数判别器"吗？说明怎样使用？

（3）将封装好的一位二进制全加器通过在管脚上连接怎样的门电路，达到实现一位全减器的目的？

5. 实验设备与器材

四-二输入与非门 74LS00 一片，　　　四-二输入或门 74LS32 一片。

六-非门 74LS04 一片，　　　　　　四-二输入异或门 74LS86 一片。

四-二输入与门 74LS08 一片，　　　逻辑实验箱一台。

实验 7　译码器和数据选择器及其应用

1. 实验目的

掌握译码器和数据选择器的工作原理和使用方法。

2. 预习要求

复习译码器和数据选择器的组成以及工作原理，它们的输出函数通常用最小项之和表达式，也为扩大它们的应用范围提供了理论依据。

3. 实验内容与步骤

（1）用非门芯片 74LS04 和与门芯片 74LS08 设计一个如图 A-12 所示的二-四译码器，观测其输入、输出信号的时序关系。

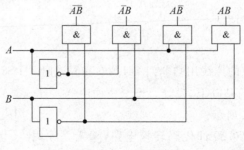

图 A-12　译码器

（2）用三-八译码器 74LS138、与非门 74LS00、或门 74LS32 三种芯片设计一位全加器。一位全加器的本位和 S 和进位 J 与三-八译码器 74LS138 芯片的输出间的逻辑关系如下：

$$S = Y_1 + Y_2 + Y_4 + Y_7 = \overline{\overline{Y_1} \cdot \overline{Y_2}} + \overline{\overline{Y_4} \cdot \overline{Y_7}}$$

$$J = Y_3 + Y_5 + Y_6 + Y_7 = \overline{\overline{Y_3} \cdot \overline{Y_5}} + \overline{\overline{Y_6} \cdot \overline{Y_7}}$$

（3）用三-八译码器 74LS138 和门电路设计一个二位比较器，当 $A_1A_0 \geqslant B_1B_0$ 时，输出为 1。提示：三-八译码器只能输入三个变量，另一个变量通过门电路输入。

（4）用八选一数据选择器 74LS151 实现一个四变量的逻辑函数，当 $A_1A_0 \geqslant B_1B_0$ 时，输出为 1。

例如，实现二位比较器 $F = A_1A_0 \geqslant B_1B_0$，先将函数写成标准与或式，通过函数 F 与八选一选择器输出 Y 的比较，得出结论：把三个变量（$A_1A_0B_1$）放在地址端（$A_2A_1A_0$），另一个变量的组合形式（即 B_0、$\overline{B_0}$、1 或 0）放在数据输入端的 $D_0 \sim D_7$。

$$\begin{aligned} F(A_1, A_0, B_1, B_0) &= \sum m(0, 4, 5, 8, 9, 10, 12 \sim 15) \\ &= \overline{A_1}\overline{A_0}\overline{B_1}\overline{B_0} + (\overline{A_1}A_0\overline{B_1}\overline{B_0} + \overline{A_1}A_0\overline{B_1}B_0) + (A_1\overline{A_0}\overline{B_1}\overline{B_0} + A_1\overline{A_0}\overline{B_1}B_0) \\ &\quad + A_1\overline{A_0}B_1\overline{B_0} + (A_1A_0\overline{B_1}\overline{B_0} + A_1A_0\overline{B_1}B_0) + (A_1A_0B_1\overline{B_0} + A_1A_0B_1B_0) \\ &= m_0 \cdot \overline{B_0} + m_1 \cdot 0 + m_2 \cdot 1 + m_3 \cdot 0 + m_4 \cdot 1 + m_5 \cdot \overline{B_0} + m_6 \cdot 1 + m_7 \cdot 1 \end{aligned}$$

即 $D_0 \sim D_7$ 接入的数据是 $\overline{B_0}$、0、1、0、1、$\overline{B_0}$、1、1。

4. 思考题

（1）译码器和数据选择器主要用于译码电路和数据选择电路，很少用来实现一个逻辑函数，但它们带来的启发是，一个集成块是由这样的"与阵列"和"或阵列"按一定方式连接而成，就可以实现各种组合逻辑电路。

（2）画出用两个三-八译码器 74LS138 及门电路实现一个四-十六译码器的逻辑图。

（3）画出用 4 位二选一数据选择器实现 8 位四选一的数据选择器的逻辑图。

5. 实验设备与器材

4-二输入与非门 74LS00 一片、 四-二输入异或门 74LS86 一片。

6-非门 74LS04 一片、 三-八译码器 74LS138 一片。

4-二输入与门 74LS08 一片、 四位二进制加 1 计数器 74LS161。

4-二输入或门 74LS32 一片、 逻辑实验箱 1 台。

实验 8 触发器与移位寄存器

1. 实验目的

（1）熟练掌握触发器的两个基本性质——具有两个稳态；在外部的激励下可以从一个状态转换为另一个状态。

（2）了解不同逻辑功能触发器的转换原理。

（3）掌握钟控 RS 触发器的构成及寄存器的应用。

2. 预习要求

复习触发器相关知识,特别是通过实验体会什么是现态、次态、激励、输出、空翻等现象。复习触发器的转换以及构成的寄存器是怎样实现移位的,有几种移位方式。

3. 实验内容与步骤

1) 用与非门设计一个钟控 RS 触发器

钟控 RS 触发器的逻辑图和真值表,以及次态方程如图 A-13 所示。只有当时钟脉冲 cp=1 时,输入信号 R、S 才可以传输到输出;当 cp=0 时,输出保持不变。

2) RS→D 触发器的转换

转换的任务是,设计一个组合电路,找出组合电路的输入 D 与输出 R、S 的逻辑关系。先列出 D 触发器的状态表,根据 $Q_D^{n+1}=Q_{RS}^{n+1}$,再列出 RS 触发器的激励表,得到 $S=D$,$R=\overline{D}$,转换电路如图 A-14 所示。

R	S	Q	Q^{n+1}
0	0	0	0 保持
0	0	1	1
0	1	0	1 置1
0	1	1	1
1	0	0	0 置0
1	0	1	0
1	1	0	×不允许
1	1	1	×

(a) 状态真值表　　　　　　　　(b) 逻辑图　　　　　　　(c) 特性方程

$$\begin{cases} Q^{n+1}=S+\overline{R}Q \\ R\cdot S=0 \text{ 约束条件} \end{cases}$$

图 A-13　钟控 RS 触发器

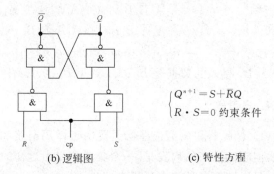

D	$Q_D^{n+1}=Q_{RS}^{n+1}$	R	S
0	0	1	0
1	1	0	1

(a) 激励表　　　　　　　(b) 转换电路

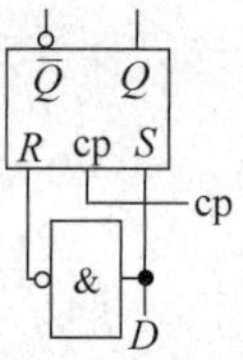

图 A-14　RS→D 转换

3) 移位寄存器

n 个触发器的并联组成了一个 n 位的寄存器,只存放数据的寄存器是数据寄存器,对存入的数据能进行左移或右移的寄存器是移位寄存器,图 A-15 所示是既可以输入数据又可以右移的移位寄存器。

4. 思考题

(1) 画出既可以左移又可以右移的 4 位移位寄存器的逻辑图。

(2) 克服钟控 RS 触发器空翻有几种方法?举例说明。

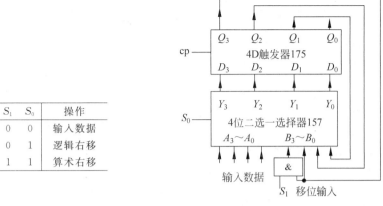

S_1	S_0	操作
0	0	输入数据
0	1	逻辑右移
1	1	算术右移

图 A-15 进行算术右移和逻辑右移的移位寄存器

5. 实验设备与器材

4-二输入与非门 74LS00 一片、 4-二输入异或门 74LS86 一片。

6-非门 74LS04 一片、 4 位二选一数据选择器 74LS157 一片。

4-二输入与门 74LS08 一片、 4D 触发器 74LS175 一片。

4-二输入或门 74LS32 一片、 逻辑实验箱一台。

实验 9 计数器

1. 实验目的

(1) 掌握计数器的设计方法。
(2) 了解如何构成不同进制的计数器。

2. 预习要求

(1) 复习二进制加 1 计数器的工作原理。
(2) 复习不同进制计数器将如何进行进制转换。

3. 实验内容与步骤

(1) 设计一个同步 4 位二进制加 1 计数器

同步 4 位二进制加 1 计数器的设计过程如下:

第一步,画状态图(略)、列状态表(如表 A-10 所示,由于 $D = Q^{n+1}$,这里省去了激励表)。

表 A-10 计数器状态表

Q_3	Q_2	Q_1	Q_0	Q_3^{n+1}	Q_2^{n+1}	Q_1^{n+1}	Q_0^{n+1}	Q_3	Q_2	Q_1	Q_0	Q_3^{n+1}	Q_2^{n+1}	Q_1^{n+1}	Q_0^{n+1}
0	0	0	0	0	0	0	1	1	0	0	0	1	0	0	1
0	0	0	1	0	0	1	0	1	0	0	1	1	0	1	0
0	0	1	0	0	0	1	1	1	0	1	0	1	0	1	1

续表

Q_3	Q_2	Q_1	Q_0	Q_3^{n+1}	Q_2^{n+1}	Q_1^{n+1}	Q_0^{n+1}	Q_3	Q_2	Q_1	Q_0	Q_3^{n+1}	Q_2^{n+1}	Q_1^{n+1}	Q_0^{n+1}
0	0	1	1	0	1	0	0	1	0	1	1	1	1	0	0
0	1	0	0	0	1	0	1	1	1	0	0	1	1	0	1
0	1	0	1	0	1	1	0	1	1	0	1	1	1	1	0
0	1	1	0	0	1	1	1	1	1	1	0	1	1	1	1
0	1	1	1	1	0	0	0	1	1	1	1	0	0	0	0

第二步,卡诺图化简后得到

$$D_0 = Q_0^{n+1} = \bar{Q}_0$$

$$D_1 = Q_1^{n+1} = Q_1 \oplus Q_0$$

$$D_2 = Q_2^{n+1} = Q_2 \oplus [Q_1 \cdot Q_0]$$

$$D_3 = Q_3^{n+1} = Q_3 \oplus [Q_2 \cdot Q_1 \cdot Q_0]$$

第三步,画逻辑图(如图 A-16 所示)。

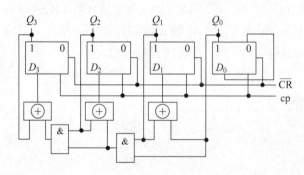

图 A-16　计数器逻辑图

(2) 十六进制计数器转换为十进制计数器

十六进制加 1 计数器计数到 16 就清零。若对其清零端通过与非门输入一个小于 16 的数 N,就能将其转换为 N 进制的计数器。例如,十六进制加 1 计数器清零端 CR 接入一个

$\overline{CR} = \overline{Q_3\bar{Q}_2Q_1\bar{Q}_0}$(或 $\overline{CR} = \overline{Q_3Q_1}$),就成为十进制加 1 计数器。

(3) 用 4D 触发器 74LS175 和门电路设计一个同步的 2 位可逆计数器,即当 $X = 0$ 时,加 1 计数;$X = 1$ 时,减 1 计数。

(4) 用双线示波器观察十六进制计数器 74LS161 作为分频器使用时的输出波形,接线图如图 A-17 所示。

4. 思考题

(1) 实验内容(2)中,转换后的十进制计数器必须计数到 10 以后才清零,这是否存在误差? 如何消除误差?

(2) 用两片同步 4 位二进制加 1 计数器 74LS161 设计一个六十进制加 1 计数器,并且计数输出显示在两位数码管上。只需画出逻辑图不必连线。

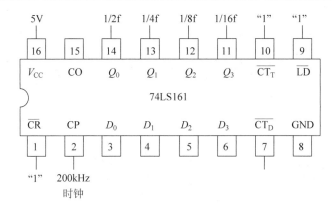

图 A-17　74LS161 管脚图

5. 实验设备与器材

4-二输入与非门 74LS00 一片、　　4-二输入异或门 74LS86 一片。

6-非门 74LS04 一片、　　　　　　4D 触发器 74LS175 一片。

4-二输入与门 74LS08 一片、　　　4 位计数器 74LS161 一片。

4-二输入或门 74LS32 一片、　　　双线示波器 1 台。

实验 10　并行加减

1. 实验目的

了解二进制数并行加减和十进制数并行加减的基本原理及特点。

2. 基本原理

一个 n 位长的全加器可以实现两个 n 位二进制数的加法运算。在加减运算中,减去一个正数相当于加上一个负数的补码,如果把加法器的输出存入寄存器中,则可以进行连续加减。在图 A-18 的电路中, R_A 是累加器、R_B 是暂存器。当实现下面运算时:

$$A = A + B, \qquad\qquad B\ 不变$$
$$A = A - B = A + \bar{B} + 1, \quad B\ 不变$$

表 A-11　真值表

$\bar{E}$	$\overline{CR}$	S	cp	R_A	R_B	说　　　明
0	0	×	×	0000	0000	清零
0	1	0	↑	1100	1100	送数 $0 + R_B \rightarrow R_A$
0	1	0	↑	1101	0001	加法 $R_A + R_B \rightarrow R_A$
0	1	1	↑	1000	0101	减法 $R_A - R_B \rightarrow R_A$

在带符号数的运算中,送数时使用的一位符号位,而在求和时使用的是二位符号位,当和的双符号位不同时,代表溢出。发生溢出是故障,除了置标志位以外,还应当报警,停止程序的执行。无溢出时,才输出带有一位符号位的结果。

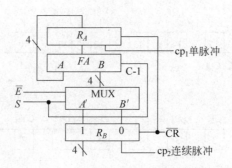

图 A-18　二进制数并行加减运算的逻辑图

3. 实验内容

(1) 设计一个 4 位无符号二进制数并行加减运算的逻辑电路。

(2) 设计一个微型算术逻辑运算部件(miniALU),输入是 $S_1 S_0 A B$,

当 $S_1 S_0 = 00$ 时,输出为 $A + B$。

当 $S_1 S_0 = 01$ 时,输出是 $A - B$。

当 $S_1 S_0 = 10$ 时,输出是 A AND B。

当 $S_1 S_0 = 11$ 时,输出是 A XOR B。

4. 实验设备与器材

4-二输入与非门 74LS00 一片、　　4-二输入异或门 74LS86 一片。

6-非门 74LS04 一片、　　　　　　4 位二选一数据选择器 74LS157 一片。

4-二输入与门 74LS08 一片、　　　4D 触发器 74LS175 二片。

4-二输入或门 74LS32 一片、　　　4 位全加器 74LS283 一片。

实验 11　4 位乘法器

1. 实验目的

了解二进制数并行乘法运算的基本原理。

2. 预习要求

仔细阅读本实验的基本原理,推导每次脉冲时各寄存器可能的变化。

3. 基本原理

本实验以两个 4 位二进制数的乘法运算为例,了解到二进制数的乘法运算如同我们手工做乘法运算的步骤相似,是由加法运算和移位操作组成。参考如图 A-19 所示的连线图,寄存器 175-0 保存积的低位、寄存器 175-1 保存积的高位,4 位全加器 283 实现求和,4 位数据选择器 157 用来选择送数或移位操作。

其工作原理如下:

第一步,当 $K_7 = 0$ 时,寄存器 175-1 清 0,由 $K_3 \sim K_0$ 送入乘数且 cp↑保存乘数到寄存器

175-0 中。

第二步,当 $K_7 = 1$ 时,寄存器 175-1 可以接收数据,由 $K_3 \sim K_0$ 送入被乘数且 cp↑4 次脉冲后在 $Q_7 \sim Q_0$ 上得到最终结果。

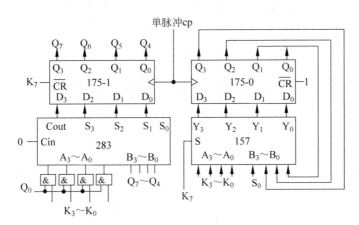

图 A-19 4 位乘法器的连线图

4. 思考题

如果利用图 A-19 实现 4 位除法器,应如何修改?

5. 实验设备与器材

4D 触发器 74LS175 二片、　　　　　4-二输入与门 74LS08 一片、
4 位二选一选择器 74LS157 一片、　4 位全加器 74LS283 一片。

实验 12　读写存储器

1. 实验目的

(1) 熟悉 RAM 半导体存储器的工作特性以及相关操作。
(2) 掌握 RAM 存储器 2114 的应用。

2. 预习要求

预习存储器的构成和工作原理,读懂图 A-20 各器件的功能及操作步骤。

3. 实验内容

图 A-20 是 RAM 2114 功能验证的实验电路图,4 位二进制数加 1 计数器的输出接在存储器 2114 的地址输入端,电平开关以及电平显示接在 2114 存储器的 I/O 端。缓冲/驱动器 74LS244 是为了在输入数据时,$\overline{IE} = 0$,接通电平开关与 I/O 口的连接;输出数据时,$\overline{IE} = 1$,断开电平开关与 I/O 口的连接。

RAM 2114 功能表如表 A-12 所示。

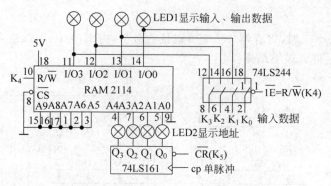

图 A-20　读写 RAM 2114 的实验电路图

表 A-12　RAM 2114 功能表

$\overline{\text{CS}}$	R/$\overline{\text{W}}$	I/O	工作模式
1	X	高阻态	未选中
0	0	0	写 0
0	0	1	写 1
0	1	输出	读出

操作步骤是:

第一步,写入数据,置 R/$\overline{\text{W}}$=1 $\overline{\text{E}}$=0。

将计数器清零端 K_5 先清零($\overline{\text{CR}}$=0)后置 1(CR=1)。每按动一次,单脉冲存储器地址加 1,随着地址的变化,从 0000B 单元开始到 1111B 单元为止依次存入 16 个数据,第一组指示灯 LED1 显示输入的数据;第二组指示灯 LED2 显示地址的变化。

第二步,读出数据,置 R/$\overline{\text{W}}$=$\overline{\text{1E}}$=1。

将计数器清零端 K_5 先清零后置 1,按动单脉冲,显示从 0000B 单元到 1111B 单元存放的 16 个数据。记录并比较读出与输入的数据是否一致,如表 A-13 所示。

表 A-13　输入输出数据记录表

地址 A3A2A1A0	输入数据 D3D2D1D0	输出数据 D3D2D1D0
0000		
0001		
0010		
0011		
0100		
0101		

4. 思考题

画出用 RAM 2114 扩展成 2K×8 的存储器逻辑电路图,写出实验方案。

5. 实验设备与器材

缓冲器/驱动器 74LS244 一个、　　存储器 2114 一个。

4 位二进制数加 1 计数器 74LS161 一个。

附录B 部分习题题解及答案

第 1 章

1-6 参见图 B-1。

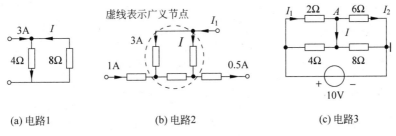

(a) 电路1 (b) 电路2 (c) 电路3

图 B-1 习题 1-6 用图

解：(a) 电路 1 中，电流 I 是 4Ω 电阻与 8Ω 电阻并联并且在 8Ω 电阻上的分流，电流真实方向与图中标示方向相反，故

$$I = -\frac{4}{8+4} \times 3 = -1(A)$$

(b) 电路 2 中，将中间的三个电阻用虚线围成广义节点，根据流入的电流总和等于流出的电流总和，列电流方程如下：

因为 $I_1 + 1 = 0.5A$　　所以 $I_1 = 0.5 - 1 = -0.5(A)$

再对 I_1 所在节点列电流方程：$I = I_1 - 3 = -0.5 - 3 = -3.5(A)$

(c) 电路 3 中先表示出接地符号和 A 点，并求解 A 点电位 U_{A0}。

$$U_{A0} = \frac{6//8}{2//4 + 6//8} \times 10 = 7.2(V)$$

$$I = I_1 - I_2 = \frac{10 - 7.2}{2} - \frac{7.2}{6} = 0.2(A)$$

1-7 **解**：(a) $U_{AB} = IR + E$ 　　　　(b) $U_{AB} = IR - E_1 + E_2$

(c) $U_{AB} = E - IR$ 　　　　　　(d) $U_{AB} = E_2 - E_1 - IR_1 - IR_2$

1-8 **解**：首先确定网孔电压方程的绕行方向为顺时针方向，再定义三条支路的电流分别为 I_1、I_2 和 I_3 如图 B-2 所示。

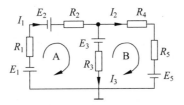

图 B-2 习题 1-8 用图

在网孔 A 的电压方程中,等号左边表示电流 I_1 和 I_3 在电阻 R_1、R_2 和 R_3 上的电位降;等号左边表示由电动势 E_1、E_2 和 E_3 组成总的电位升,由于 E_1 和 E_3 真实方向是电位降,故他们带负号"—"。

网孔 A 的电压方程　　　$I_1(R_1+R_2)+I_3R_3=E_2-E_3-E_1$

网孔 B 的电压方程　　　$I_2(R_4+R_5)-I_3R_3=E_3-E_5$

1-9　解:电路如图 B-3 所示。

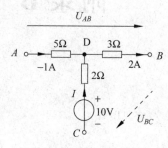

$$U_{AB}=U_{AD}+U_{DB}$$
$$=-1\times5+2\times3=1(\text{V})$$
$$U_{BC}=U_{BD}+U_{DC}$$
$$=-2\times3+(-I)\times2+10$$
$$=-6-(2+1)\times2+10=-2(\text{V})$$

图 B-3　习题 1-9 用图

1-10　解:

电路如图 B-4(a)所示。

$$U_B=1\times4=4(\text{V})$$
$$U_A=U_B-1\times5=-1(\text{V})$$
$$U_C=0-2\times2=-4(\text{V})$$

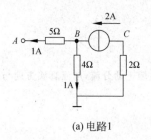

(a) 电路1

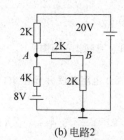

(b) 电路2

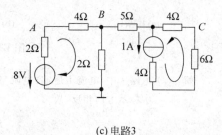

(c) 电路3

图 B-4　习题 1-10 用图

图 B-4(b)中

$$U_{A0}=\frac{\text{流入 }A\text{ 点电流源的代数和}}{\text{连接在 }A\text{ 点与地之间的电导之和}}=\frac{\dfrac{20}{2K}-\dfrac{8}{4K}}{\dfrac{1}{2K}+\dfrac{1}{4K}+\dfrac{1}{4K}}=8(\text{V})$$

$$U_B=\frac{1}{2}\times U_A=4(\text{V})$$

图 B-4(c)中画出左右两个网孔的电流方向,U_A 和 U_B 分别是 4Ω 电阻和 2Ω 电阻上简单的分压,可以直接读出。因 5Ω 电阻没有闭合路经故没有电流,U_C 是在 U_B 的基础上加上 4Ω 电阻的电压。

$$U_A=\frac{4+2}{2+4+2}\times8=6(\text{V})$$

$$U_B=2(\text{V})$$

$$U_C=U_B+1\times4=2+4=6(\text{V})$$

1-11　解:先规定 A 元件上的电压或电流的参考方向。

如图 B-5(a)所示,将 9V 电压源与 1Ω 电阻以及 6V 电压源与 10Ω 电阻互换了位置,这样做并没有改变电路参数,同时更符合计算电流 I_1 和 I_2 的习惯。计算如下:

由于 $P_A>0$,A 元件是负载。

$$I_1=\frac{9-1}{1}=8(\text{A})$$

$$I_2=\frac{1-(-6)}{10}=0.7(\text{A})$$

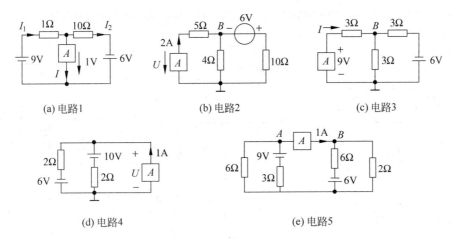

(a) 电路1   (b) 电路2   (c) 电路3

(d) 电路4   (e) 电路5

图 B-5 习题 1-11 用图

$$I = I_1 - I_2 = 8 - 0.7 = 7.3(A)$$

$$P_A = I \times 1 = 7.3 \times 1 = 7.3(W)$$

在图 B-5(b)中由于 $P_A < 0$, A 元件是电源。计算如下

$$U_B = \frac{2 - \dfrac{6}{10}}{\dfrac{1}{4} + \dfrac{1}{10}} = 4(V)$$

$$U = U_B + 2 \times 5 = 14(V)$$

$$P_A = -U \times 2 = -14 \times 2 = -28(W)$$

在图 B-5(c)中由于 $P_A < 0$, A 元件是电源。计算如下

$$U_B = \frac{\dfrac{9}{3} + \left(-\dfrac{6}{3}\right)}{\dfrac{1}{3} + \dfrac{1}{3} + \dfrac{1}{3}} = 1(V)$$

$$I = \frac{9 - U_B}{3} = \frac{8}{3}(A)$$

$$P_A = -9 \times I = -9 \times \frac{8}{3} = -24(W)$$

在图 B-5(d)中由于 $P_A < 0$, A 元件是电源。计算如下

$$U = \frac{-\dfrac{6}{2} + \dfrac{10}{2} + 1}{\dfrac{1}{2} + \dfrac{1}{2}} = -3 + 5 + 1 = 3(V)$$

$$P_A = -U \times 1 = -3 \times 1 = -3(W)$$

在图 B-5(e)中由于 $P_A > 0$, A 元件是负载。计算如下

$$U_A = \frac{\dfrac{9}{3} - 1}{\dfrac{1}{6} + \dfrac{1}{3}} = 2 \times 2 = 4(V)$$

$$U_B = \frac{1 - \dfrac{6}{2}}{\dfrac{1}{2} + \dfrac{1}{2}} = -2(V)$$

$$P_A = U_{AB} \times 1 = (U_A - U_B) \times 1 = 4 - (-2) = 6(W)$$

1-12　**解**：先将原电路变形成为简单的串并联形式,如图 B-6 所示,然后再计算等效电阻。

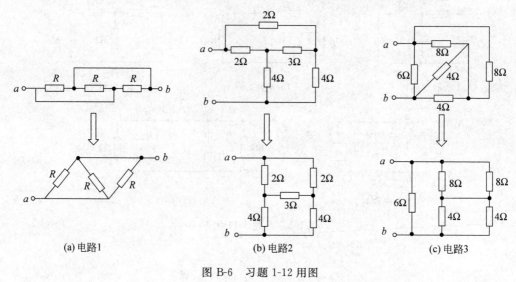

(a)电路1　　　　　　　　(b)电路2　　　　　　　　(c)电路3

图 B-6　习题 1-12 用图

在图 B-6(a)中 $R_{ab} = \dfrac{R}{3}$

在图 B-6(b)中 3Ω 电阻两边电位相等,可作开路或短路处理。

$$R_{ab} = 2//2 + 4//4 = 3(\Omega)$$

在图 B-6(c)中 $R_{ab} = 6//(8//8 + 4//4) = 3(\Omega)$

1-13　**解**：如图 B-7 所示,先规定各支路上的电压 U 或电流 I 的参考方向。

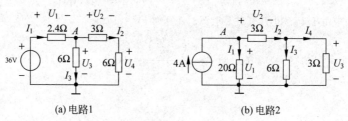

(a)电路1　　　　　　　　　　(b)电路2

图 B-7　习题 1-13 用图

在图 B-7(a)中

$$U_A = \frac{\dfrac{36}{2.4}}{\dfrac{1}{2.4} + \dfrac{1}{6} + \dfrac{1}{9}} = 21.6(\text{V}) \quad U_1 = I_1 \times 2.4 = 6 \times 2.4 = 14.4(\text{V})$$

$$I_1 = \frac{36 - U_A}{2.4} = 6\text{A} \qquad U_2 = I_2 \times 3 = 2.4 \times 3 = 7.2(\text{V})$$

$$I_2 = \frac{U_A}{3+6} = \frac{21.6}{3+6} = 2.4(\text{A}) \qquad U_3 = U_A = 21.6(\text{V})$$

$$I_3 = \frac{U_A}{6} = \frac{21.6}{6} = 3.6(\text{A}) \qquad U_4 = I_2 \times 6 = 2.4 \times 6 = 14.4(\text{V})$$

在图 B-7(b)中

$$I_1 = \frac{U_A}{20} = \frac{16}{20} = 0.8(\text{A}) \qquad U_A = \frac{4}{\dfrac{1}{20} + \dfrac{1}{3 + 6//3}} = 16(\text{V})$$

$$I_2 = \frac{U_A}{3 + 6//3} = \frac{16}{5} = 3.2(\text{A}) \quad U_1 = U_A = 16(\text{V})$$

$$I_3 = \frac{3}{3+6} \times I_2 = \frac{1}{3} \times 3.2 = 1.06(\text{A}) \quad U_2 = I_2 \times 3 = 3.2 \times 3 = 9.6(\text{V})$$

$$I_4 = I_2 - I_3 = 3.2 - 1.06 = 2.14(\text{A}) \quad U_3 = I_3 \times 6 = 1.06 \times 6 \approx 6.4(\text{V})$$

1-14 利用电源转换的方法作图 1-36 的最简等效电路,如图 B-8 所示。

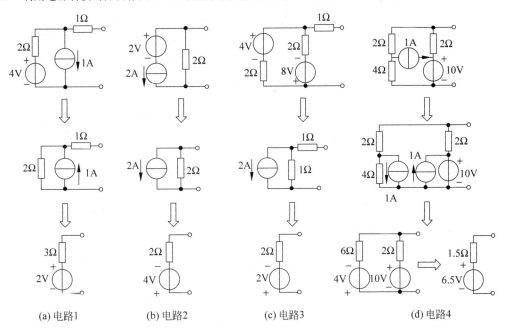

(a) 电路1　　　　(b) 电路2　　　　(c) 电路3　　　　(d) 电路4

图 B-8 习题 1-14 用图

1-15 **解**:电路如图 B-9 所示。

$$U = 10 - 15 = -5(\text{V})$$

$$I = 5 + 2 = 7(\text{A})$$

$$P_{2\Omega} = 5^2 \times 2 = 50(\text{W}) \cdots\cdots 负载$$

$$P_{10\text{V}} = 10 \times I = 10 \times 7 = 70(\text{W}) \cdots\cdots 负载$$

$$P_{15\text{V}} = -15 \times 2 = -30(\text{W}) \cdots\cdots 电源$$

$$P_{2\text{A}} = -U \times 2 = -(-5) \times 2 = 10(\text{W}) \cdots\cdots 负载$$

$$P_{5\text{A}} = -U_1 \times 5 = -(2 \times 5 + 10) \times 5 = -100(\text{W}) \cdots\cdots 电源$$

$$\sum P_{吸收} = \sum P_{发出}$$

1-16 **解**:电路如图 B-10 所示。第一步,求 I,对右上角回路列电压方程并求解

$$因为 2 \times 10 = 3 \times 5 + I \times 10$$

$$所以 I = (2 \times 10 - 3 \times 5)/10 = 0.5(\text{A})$$

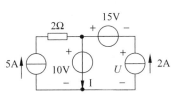

图 B-9 习题 1-15 用图

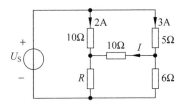

图 B-10 习题 1-16 用图

第二步,求 U_s,U_s 是对 5Ω 电阻和 6Ω 电阻上的电压之和

$$U_s = 3 \times 5 + (3 - I) \times 6 = 30(\text{V})$$

第三步,求 R,U_s 也是对 10Ω 电阻和 R 电阻上的电压之和

因为 $U_s = 2 \times 10 + (2 + I) \times R$

所以 $R = (U_s - 2 \times 10)/(2 + I) = (30 - 20)/2.5 = 4(\Omega)$

1-17 **解**:根据电源 Ⅰ 和电源 Ⅱ 的伏安特性画出各自的电压源等效电路,再将电压源等效电路按照如图 B-11 所示的电路连线并求解。

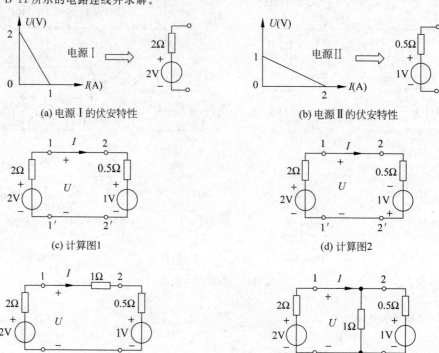

(a) 电源 Ⅰ 的伏安特性　　　　　　　　　　　(b) 电源 Ⅱ 的伏安特性

(c) 计算图1　　　　　　　　　　　　　　　　(d) 计算图2

(e) 计算图3　　　　　　　　　　　　　　　　(f) 计算图4

图 B-11　习题 1-17 用图

在图 B-11(c) 中

$$I = (2 - 1)/(2 + 0.5) = 0.4(\text{A})$$
$$U = 2 - 2 \times 0.4 = 1.2(\text{V})$$

在图 B-11(d)中

$$I = (2 + 1)/(2 + 0.5) = 1.2(\text{A})$$
$$U = 2 - 2 \times 1.2 = -0.4(\text{V})$$

在图 B-11(e)中

$$I = (2 - 1)/(2 + 1 + 0.5) = 2/7(\text{A})$$
$$U = 2 - 2 \times \frac{2}{7} = 10/7(\text{V})$$

在图 B-11(f)中

$$U = \frac{\dfrac{2}{2} + \dfrac{1}{0.5}}{\dfrac{1}{2} + 1 + \dfrac{1}{0.5}} = \frac{6}{7}(\text{V})$$

$$I = \left(2 - \frac{6}{7}\right)/2 = \frac{4}{7}(\text{A})$$

1-18   **解**：将有源二端网络用戴维南等效电路代替后再求解。电路如图 B-12 所示。

因为 $U_S = I \times R_O + U$

$I = \dfrac{U}{R_L} = 8/4 = 2(\text{A})$

所以 $R_O = (U_S - U)/I = (10-8)/2 = 1(\Omega)$

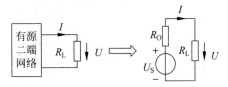

图 B-12   习题 1-18 用图

1-19   **解**：做左边两条支路的戴维南等效电路，如图 B-13 所示。当 $U_S = 1.5(\text{V})$ 时，$I = 0$。

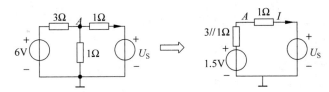

图 B-13   习题 1-19 用图

1-20   **解**：先化简 I 支路以外部分的戴维南等效电路如图 B-14 所示。

在图 B-14(a)中 $I = 20/(2+8) = 2(\text{A})$

在图 B-14(b)中 $I = (9-8)/(2+4) = 1/6(\text{A})$

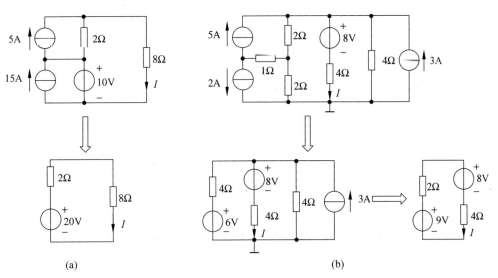

图 B-14   习题 1-20 用图

1-21   **解**：先化简 R 支路以外部分的戴维南等效电路如图 B-15 所示。当负载电阻 R 等于戴维南等效电路的输出电阻 R_O 时可以获得最大功率 R_{MAX}。在图 B-15(a)中，

$$U_{S1} = U_{AD} + U_{DC} = -2 + 8 = 6(\text{V})$$

$$R_{O1} = 2 + 5 = 7(\Omega)$$

$$P_{\text{MAX1}} = \frac{1}{4} \cdot \frac{U_{S1}^2}{R_{O1}} = \frac{1}{4} \cdot \frac{6^2}{7} = \frac{9}{7}(\text{W})$$

在图 B-15(b)中

$$U_{S2} = -6 + 8 = 2(\text{V})$$

$$R_{O2} = 10 + 4 = 14(\Omega)$$

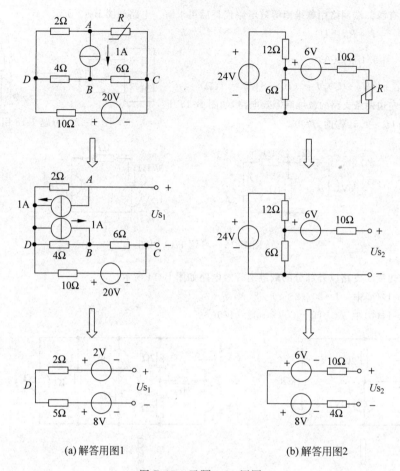

(a) 解答用图1　　　　　　　　　(b) 解答用图2

图 B-15　习题 1-21 用图

$$P_{MAX2} = \frac{1}{4} \cdot \frac{U_{S2}^2}{R_{O2}} = \frac{1}{4} \cdot \frac{2^2}{14} = \frac{1}{14}(W)$$

1-22　**解**：正常使用的照明灯都是并联连接，吸收的总功率是各灯功率直接相加。两支灯泡串联相当于两电阻串联，每支灯泡的工作电压因减小而使吸收的电功率减少。每支灯泡的电阻 R 及两支灯泡的总功率 P_Σ 为

$$R = \frac{U^2}{P} = \frac{220^2}{100} = 484(\Omega)$$

$$P_\Sigma = \frac{U^2}{2R} = \frac{1}{2}P = 50(W)$$

1-23　**解**：电路如图 B-16 所示。

因为 $P_N = I_N \times U_N$

所以 $I_N = \dfrac{P_N}{U_N} = \dfrac{1000}{220} = \dfrac{50}{11}(A)$

$R_L = \dfrac{U_N}{I_N} = \dfrac{220}{50/11} = 48.4(\Omega)$

$U_S = I_N \times R_O + U_N = \dfrac{50}{11} \times 1 + 220 = 224.5(V)$

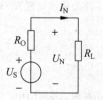

图 B-16　习题 1-23 用图

1-24　**解**：电路如图 B-17。在图 B-17(a)中

$$U_A = \frac{\frac{8}{4} + 2 - \frac{4}{2+2}}{\frac{1}{4} + \frac{1}{4}} = 6(\text{V}), \quad I = \frac{U_A - (-4)}{2+2} = 2.5(\text{A})$$

在图 B-17(b)中

$$U_A = \frac{6-2}{\frac{1}{5}} = 20(\text{V}), \quad U_B = \frac{2 + \frac{6}{6}}{\frac{1}{3} + \frac{1}{6}} = 6(\text{V})$$

$$I = \frac{U_B}{3} = \frac{6}{3} = 2(\text{A})$$

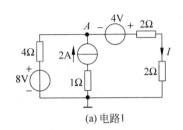 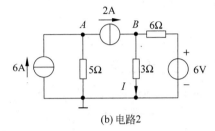

(a) 电路1　　　　　　　　　　　　(b) 电路2

图 B-17　习题 1-24 用图

1-25　**解**：K 闭合时 1Ω 电阻上有两部分电流 $I + I'$。其中，I' 是 3A 单独作用时在 1Ω 上的分流。有源二端网络的等效电路如图 B-18 所示。

$$K \text{ 断开时}, \quad \frac{U_S - 4}{R_O + 1} = 1 \cdots\cdots(1)$$

$$K \text{ 闭合时}, \quad \frac{U_S - 4}{R_O + 1} + \frac{R_O}{R_O + 1} \times 3 = 2 \cdots\cdots(2)$$

由(1)式得到

$$U_S = R_O + 5 \cdots\cdots \text{ 代入(2) 式得}$$

$$U_S = 5.5\text{V} \cdots\cdots R_O = 0.5(\Omega)$$

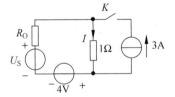 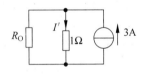

(a) K断开时的电流I　　　　　　　(b) 3A单独作用时的电流I'

图 B-18　习题 1-25 用图

1-26　**解**：(1) 各电源单独作用时的电路图如图 B-19 所示。

$$U'_{AB} = U'_A - U'_B = \frac{15}{5+15} \times 10 - \frac{6}{4+6} \times 10 = 1.5(\text{V})$$

$$U''_{AB} = -[(5//15) + (4//6)] \times 1 = -6.15(\text{V})$$

$$U_{AB} = U'_{AB} + U''_{AB} = 1.5 - 6.15 = -4.65(\text{V})$$

（2）各电源单独作用时的电路图如图 B-20 所示。

$$U'_{AB} = \frac{2}{2//2 + 2} \times 9 = 6(\text{V})$$

$$U''_{AB} = I \times 2 = \left(\frac{1}{1 + 1 + 2//2} \times \frac{1}{2} \times 3\right) \times 2 = 1(\text{V})$$

$$U_{AB} = U'_{AB} + U''_{AB} = 6 + 1 = 7(\text{V})$$

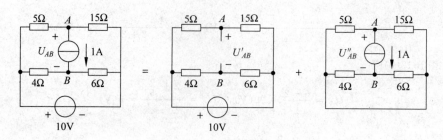

图 B-19　习题 1-26(1)用图

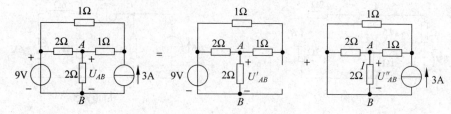

图 B-20　习题 1-26(2)用图

(3) 各电源单独作用时的电路图如图 B-21 所示。

$$U'_{AB} = -\frac{3}{3+3} \times \frac{6//(3+3)}{6//(3+3)+12} \times 9 = -0.9(\text{V})$$

$$U''_{AB} = 3//(3+6//12) \times 3 \times \frac{3}{3+6//12} = 3//7 \times 3 \times \frac{3}{7} = 2.7(\text{V})$$

$$U_{AB} = U'_{AB} + U''_{AB} = -0.9 + 2.7 = 1.8(\text{V})$$

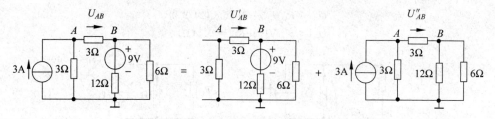

图 B-21　习题 1-26(3)用图

1-27　**解**：本题任务是求开路电压 U_{ab0} 和输出电阻 R_O。

在图 1-47(a) 中　　　　$I = 1(\text{A})$　　　　　　在图 1-47(b) 中　　$U = 2(\text{V})$

　　　　　　　　　　$U_{ab0} = -2I \times 1 = -2(\text{V})$　　　　　　　　　$U_{ab0} = 2U \times 1 = 4(\text{V})$

　　　　　　　　　　$R_O = 1(\Omega)$　　　　　　　　　　　　　　　　　$R_O = 1(\Omega)$

1-28　**解**：在图 1-48(a)中

$$\text{因为 } I = \frac{U}{6} + \frac{U-(-6U)}{3}$$

$$\text{所以 } R_{ab} = \frac{U}{I} = \frac{U}{\dfrac{U}{6} + \dfrac{U+6U}{3}} = 6//\frac{3}{7} = 0.4(\Omega)$$

将图 1-48(b)化简为如图 B-22 所示的最终结果

$$\text{因为 } U = (7+1) \times I + 2I = 10I$$

$$\text{所以 } R_{ab} = U/I = 10(\Omega)$$

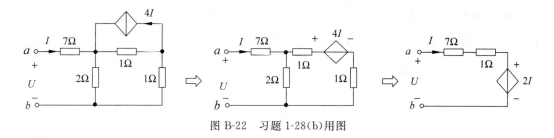

图 B-22　习题 1-28(b)用图

1-29　解：

在图 1-49(a)中,因为

$$U_1 = \frac{\dfrac{9}{3} + 0.5U_1}{\dfrac{1}{3} + \dfrac{1}{12}} = \frac{36 + 6U_1}{5}$$

所以

$$U_1 = -36\text{V}$$

在图 1-49(b)中,因为

$$U_1 = \frac{6 - 5I}{1/8} = 48 - 40I\cdots\cdots(1)$$

$$U_2 = \frac{5I + \dfrac{24}{12}}{\dfrac{1}{6} + \dfrac{1}{12}} = 8 + 20I\cdots\cdots(2)$$

将 $I = \dfrac{24 - U_2}{12}$ 分别代入(2)式后得到

$$U_2 = 18(\text{V}), \quad U_1 = 28(\text{V}), \quad I = 0.5(\text{A})$$

第　2　章

2-3　解：

$$U_{M1} = 6(\text{V}), \quad T_1 = 8\text{ms}, \quad \bar{\omega}_1 = \frac{2\pi}{T_1} = \frac{2\pi}{8 \times 10^{-3}} = 250\pi, \quad \varphi_1 = 0$$

$$u_1 = 6\sin 250\pi t$$

$$U_{M2} = 4(\text{V}), \quad T_2 = 8\text{ms}, \quad \bar{\omega}_2 = \frac{2\pi}{T_2} = 250\pi, \quad \varphi_2 = -\frac{\pi}{4}$$

$$u_2 = 4\sin(250\pi t - 45°)(\text{V})$$

$$U_{M2} = 8(\text{V}), \quad T_3 = 12\text{ms}, \quad \bar{\omega}_3 = \frac{2\pi}{T_3} = \frac{500\pi}{3}, \quad \varphi_3 = 30°$$

$$u_3 = -8\sin\left(\frac{500\pi}{3}t + 30°\right) = 8\sin\left(\frac{500\pi}{3}t - 150°\right)(\text{V})$$

2-7　解：

$$\dot{A}_1 = 10\angle 30° = 8.66 + \text{j}5$$

$$\dot{A}_2 = -6 + \text{j}8 = 10\angle 126.9°$$

$$\dot{A}_1 + \dot{A}_2 = (8.66 + \text{j}5) + (-6 + \text{j}8) = 2.66 + \text{j}13$$

$$\dot{A}_1 - \dot{A}_2 = (8.66 + \text{j}5) - (-6 + \text{j}8) = 14.66 - \text{j}3$$

$$\dot{A}_1 \times \dot{A}_2 = 10\angle 30° \times 10\angle 126° = 100\angle 156.9°$$

$$\frac{\dot{A}_1}{\dot{A}_2} = \frac{10\angle 30°}{10\angle 126°} = 1\angle -96.9°$$

2-8　**解**：电路如图 B-23 所示。

$$\dot{U}_m = 100\angle 30°(\text{V}), \quad \dot{I}_m = 20\angle -30°(\text{A})$$

$$Z = \frac{\dot{U}_m}{\dot{I}_m} = \frac{100\angle 30°}{20\angle -30°} = 5\angle 60°(\Omega)$$

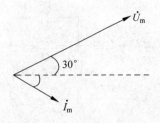

图 B-23　习题 2-8 用图

2-9　**解**：

在图 2-25(a) 中 $A_0 = \sqrt{3^2 + 4^2} = 5(\text{A})$

在图 2-25(b) 中 $V_0 = \sqrt{100^2 - 60^2} = 80(\text{V})$

图 2-25(c)电路结合图 B-24 所示的相量图求解，设$\dot{U}_1 = U\angle 0°$，则纯电容支路$\dot{I}_1$超前$\dot{U}_1$90°。因为$(5+j5)\Omega$的实部与虚部相同，故支路电流$\dot{I}_2$滞后$\dot{U}_1$45°。在下面的计算中得知，$\dot{I}_0 = \dot{I}_1 + \dot{I}_2 = 10\text{A}$ $\dot{I}_0$ 与$\dot{U}_1$同方向，$\dot{U}_1$ 加上 $\dot{I}_0 \times (-j10\Omega)$就是$\dot{U}_0$。

设$\dot{U}_1 = 100\angle 0°\text{V}$，则

$$\dot{I}_2 = \frac{\dot{U}_1}{5+j5} = (10-j10)(\text{A})$$

$$\dot{I}_1 = j10(\text{A})$$

$$\dot{I}_0 = \dot{I}_1 + \dot{I}_2 = 10(\text{A})$$

$$\dot{U}_0 = -j10 \times \dot{I}_0 + \dot{V}_1 = (100-j100)(\text{V})$$

故 A0 电流 10A　　　　$V_0 = 100\sqrt{2}(\text{V})$

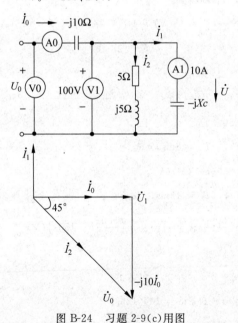

图 B-24　习题 2-9(c)用图

2-10　**解**：根据题意画出复阻抗电路图和它的相量图如图 B-25 所示。

设$\dot{U} = 220\angle 0°(\text{V})$，

$$jX_L = j\omega L = j314 \times 127 \times 10^{-3} = j40(\Omega)$$

$$-jX_c = -j\frac{1}{\omega c} = -j\frac{1}{314 \times 40 \times 10^{-6}} = -j80(\Omega)$$

$$Z = R + j(X_L - X_c) = (30 - j40) = 50\angle -53.1°(\Omega)$$

$$\dot{I} = \frac{\dot{U}}{Z} = \frac{220}{50\angle -53.1°} = 4.4\angle 53.1°(A)$$

$$\dot{U}_R = \dot{I} \times R = 4.4\angle 53.1° \times 30 = 132\angle 53.1°(V)$$

$$\dot{U}_L = \dot{I} \times jX_L = 4.4\angle 53.1° \times j40 = 176\angle 143.1°(V)$$

$$\dot{U}_C = \dot{I} \times (-jX_C) = -4.4\angle 53.1° \times j80 = 352\angle -36.9°(V)$$

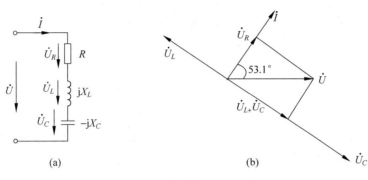

图 B-25 习题 2-10 用图

2-11 **解**：电路如图 B-26 所示。

$$\dot{I}_1 = \frac{20}{3 + j4} = 4\angle -53.1° = 2.4 - j3.2(A)$$

$$\dot{I}_2 = \frac{20}{-j4} = j5(A)$$

$$\dot{I} = \dot{I}_1 + \dot{I}_2 = 2.4 - j3.2 + j5 = 2.4 + j1.8(A)$$

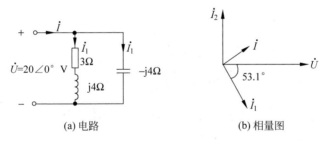

图 B-26 习题 2-11 用图

2-12 **解**：电路如图 B-27 所示。

$$Z = jX_L//(-jX_C) = \frac{j4 \times (-j2)}{j4 - j2} = -j4(\Omega)$$

$$\dot{I} = \frac{\dot{U}_1}{R + Z} = \frac{20}{4 - j4} = 2.5\sqrt{2}\angle 45°(A)$$

$$\dot{U}_2 = \dot{I} \times Z = 2.5\sqrt{2}\angle 45° \times (-j4) = 10\sqrt{2}\angle -45°(V)$$

2-13 **解**：(1)输入直流时电感相当于短路、电容相当于开路,因此

$$A_3 = 0, \qquad V_3 = U$$

$$A_2 = U/R, \qquad V_2 = 0$$

$$A_1 = U/(2R), \qquad V_1 = 0.5U$$

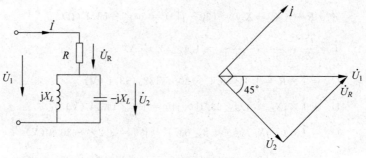

图 B-27　习题 2-12 用图

(2) 输入交流时随着频率逐渐增大,电压和电流变化如下

$$A_3 = 变大, \qquad V_3 = 变小$$
$$A_2 = 变小, \qquad V_3 = 变大$$
$$A_1 = U/(2R), \quad V_1 = 0.5U$$

2-14 **解**:列出 $\dot{U}_2$ 对 $\dot{U}_1$ 的分压公式并令其虚部为 0,就可以满足 $\dot{U}_2$ 与 $\dot{U}_1$ 的相位相同,并得到角频率 $\bar{\omega}$ 与电路参数之间满足的关系。

$$\dot{U}_2 = \frac{R_2 // \dfrac{1}{\mathrm{j}\bar{\omega}c_2}}{R_1 + \dfrac{1}{\mathrm{j}\bar{\omega}c_1} + R_2 // \dfrac{1}{\mathrm{j}\bar{\omega}c_2}} \times \dot{U}_1$$

$$= \frac{R_2}{R_1 + 2R_2 + \dfrac{1}{\mathrm{j}\bar{\omega}c_1} + \mathrm{j}\bar{\omega}c_2 R_1 R_2} \times \dot{U}_1$$

令虚部为 0,则 $\dfrac{1}{\mathrm{j}\bar{\omega}c_1} + \mathrm{j}\bar{\omega}c_2 R_1 R_2 = 0$

$$\frac{1}{\bar{\omega}c_1} = \bar{\omega}c_2 R_1 R_2 \cdots \rightarrow \bar{\omega} = \frac{1}{R_1 C_1}$$

2-16 **解**:

因为 $P = I^2 R \cdots \rightarrow$ 所以 $R = \dfrac{P}{I^2} = \dfrac{7500}{50^2} = 3 (\Omega)$

因为 $Q = I^2 \bar{\omega} L \cdots \rightarrow$ 所以 $L = \dfrac{Q}{I^2 \bar{\omega}} = \dfrac{7850}{50^2 \times 314} = 0.01 (\mathrm{Hz})$

因为 $S = UI = \sqrt{P^2 + Q^2} \cdots \rightarrow$ 所以 $U = \dfrac{\sqrt{P^2 + Q^2}}{I} = 217 (\mathrm{V})$

$$u = 217\sqrt{2} \sin 314t (\mathrm{V})$$

2-17 **解**:电路如图 B-28 所示。

根据 $P_1 + P_2 = P$,即

$$\frac{U^2}{R_2} + \frac{U^2}{R_1^2 + X_C^2} \times R_1 = 2400$$

$$U^2 = \frac{2400}{\dfrac{1}{R_2} + \dfrac{R_1}{R_1^2 + X_C^2}} = \frac{2400}{\dfrac{1}{10^2} + \dfrac{6}{6^2 + 8^2}} = \frac{2400}{0.16}$$

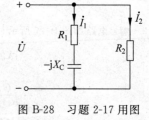

图 B-28　习题 2-17 用图

$$U = \sqrt{\frac{2400}{0.16}} \approx 119 (\mathrm{V})$$

$$P_2 = \frac{U^2}{R_2} = \frac{2400}{0.16} \times \frac{1}{10} = 1500 = 1.5 (\mathrm{kW})$$

$$P_1 = P - P_2 = 2400 - 1500 = 900 = 0.9 (\mathrm{kW})$$

2-18　**解**：根据题意画出的逻辑图和相量图如图 B-29 所示。

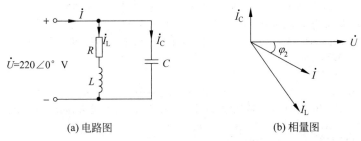

(a) 电路图　　　　　　　　　　　(b) 相量图

图 B-29　习题 2-18 用图

(1)

$$因为\ P = UI_L\cos\varphi_1$$

$$所以\ I_L = \frac{P}{U\cos\varphi_1} = \frac{800}{220\times0.6} \approx 6.06(A)$$

$$令\dot{U} = 220\angle0°\text{V},\quad \dot{I}_L = 6.06\angle-53.1°(A)$$

(2) 并联电容后的总电流 I 与电压 U 的相位差是 $\varphi_2 = 25°50'$。

$$I = \frac{P}{U\cos\varphi_2} = \frac{800}{220\times0.9} \approx 4(A)\ \text{或}\dot{I} = 4\angle-25°50'$$

$$\dot{I}_C = \dot{I} - \dot{I}_L = 4\times(\cos25°50' - j\sin25°50') - 6.06\times(\cos53.1° - j\sin53.1°)$$

$$= 4\times(0.9 - j0.4357) - 6\times(0.6 - j0.8)$$

$$\approx -j1.743 + j4.8 = j3.05(A)$$

$$因为\ X_C = \frac{1}{\bar{\omega}C} = \frac{U}{I_C} = \frac{220}{3.05} = 72(\Omega)$$

$$所以\ C = \frac{1}{\bar{\omega}X_C} = \frac{1}{314\times72} = 44(\mu f)$$

选用电容 $50\mu f/220V$。

第 3 章

3-3　**解**：在图 B-30 所示波形中，虚线表示输入波形的轮廓，实线表示输出波形。

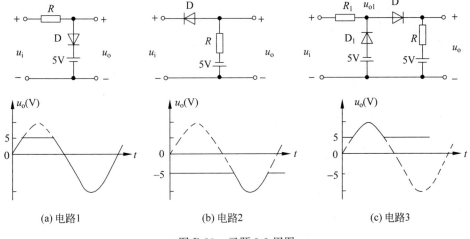

(a) 电路1　　　　　　　(b) 电路2　　　　　　　(c) 电路3

图 B-30　习题 3-3 用图

(a) 当 $u_i > 5\text{V}$ 时 D 导通，$u_o = 5\text{V}$；$u_i < 5\text{V}$ 时 D 截止，$u_o = u_i$。

(b) 当 $u_i > -5\text{V}$ 时 D 截止，$u_o = -5\text{V}$；$u_i < -5\text{V}$ 时 D 导通，$u_o = u_i$。

(c) 当 $u_i > 5\text{V}$ 时 D 导通，$u_o \approx u_i$；$u_i < 5\text{V}$ 时 D 截止，$u_o = 5\text{V}$。

3-4　**解**：当一个二极管导通时另一个二极管截止，截止二极管承受的反相电压是 $U_{21M} + U_{22M}$，即 $U_{RM1} = U_{RM2} = 2U_{21M}$。波形图略。

3-13　**解**：(1) $U_1 = 7\text{V}$，$U_2 = 12.3\text{V}$，$U_3 = 13\text{V}$；

　　　　　　因为 $|U_{BE}| = U_3 - U_2 = 0.7\text{ V}$，　所以是硅管；

　　　　　　因为 $U_1 < U_2$ 和 U_3，为最低，所以按照电压 U_3、U_2、U_1 是步步低变化，故是 PNP 管。

　　　　　　　U_3、U_2、U_1 是 U_E、U_B、U_C。

　　　(2) $U_1 = 3.2\text{V}$，$U_2 = 3\text{V}$，$U_3 = 12\text{V}$；

　　　　　锗管，NPN 管，U_1、U_2、U_3 分别是 U_B、U_E、U_C。

　　　(3) $U_1 = -6.7\text{V}$，$U_2 = -7.4\text{V}$，$U_3 = -4\text{V}$；

　　　　　硅管，NPN 管，U_1、U_2、U_3 分别是 U_B、U_E、U_C。

　　　(4) $U_1 = 7\text{V}$，$U_2 = 12.3\text{V}$，$U_3 = 13\text{V}$。

　　　　　硅管，PNP，U_1、U_2、U_3 分别是 U_C、U_B、U_E。

3-15　**解**：

$$(a)\quad I_B = \frac{I_C}{\beta} = \frac{3 \times 10^{-3}}{60} = 50 \times 10^{-6} = 50(\mu A)$$

$$R_B = \frac{U_B - U_{BE}}{I_B} = \frac{6 - 0.6}{50 \times 10^{-6}} = 108(k\Omega)$$

$$(b)\quad R_E = \frac{0 - U_{BE} - U_{EE}}{I_E} = \frac{-0.6 + 6}{3 \times 10^{-3}} = 1.8(k\Omega)$$

第 4 章

4-2　**解**：

(1) 共射极放大电路属于反相放大，

　　① 输出正半周失真表明输入的负半周进入截止区，是截止失真。

　　② 是饱和失真。

　　③ 兼有截止失真和饱和失真。

(2) 共集电极放大电路属于同相放大，

　　① 输出正半周失真表明输入的正半周进入饱和区，是饱和失真。

　　② 是截止失真。

　　③ 兼有截止失真和饱和失真。

4-3　**解**：

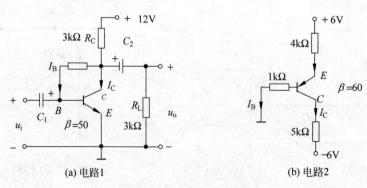

(a) 电路1　　　　　　　　　　　　(b) 电路2

图 B-31　习题 4-3 用图

(a)

因为 $U_{CC} = (I_B + I_C) \cdot R_C + I_B R_B + U_{BE}$

所以 $I_B = \dfrac{U_{CC} - U_{BE}}{(1+\beta)R_C + R_B} = \dfrac{12 - 0.6}{(1+50) \times 3 \times 10^3 + 120 \times 10^3} \approx 40(\mu A)$

$$I_C = \beta I_B = 50 \times 40 \times 10^{-6} = 2 \times 10^{-3} = 2(mA)$$

$$U_{CE} = U_{CC} - I_C R_C = 12 - 2 \times 10^{-3} \times 3 \times 10^3 = 6(V)$$

$U_{CE} < 1V$，认为 Q 点在放大区。

(b)

因为 $U_{EE} = I_E R_E + U_{EB} + I_B R_B$，所以

$$I_B = \dfrac{U_{EE} - U_{EB}}{(1+\beta)R_E + R_B} = \dfrac{6 - 0.6}{(1+60) \times 4 \times 10^3 + 1 \times 10^3} \approx 23(\mu A)$$

$$I_C = \beta I_B = 60 \times 23 \times 10^{-6} = 1.38 \times 10^{-3} = 1.38(mA)$$

$$U_{CE} = U_{EE} - I_E R_E - I_C R_C - U_{CC}$$

$$= 6 - 1.38 \times 10^{-3} \times (4+5) \times 10^3 - (-6) = -0.42(V)$$

Q 点在饱和区。

4-4　**解：**(1) $I_C = \beta I_B = \beta \cdot \dfrac{U_{CC} - U_{BE}}{R_B} = 80 \cdot \dfrac{12 - 0.2}{400 \times 10^3} \approx 2.4(mA)$

$$-U_{CE} = -(U_{CC} - I_C R_C) = -(12 - 2.4 \times 10^{-3} \times 3 \times 10^3) = -4.8(V)$$

(2) 因为 $-U_{CE} = -(U_{CC} - I_C R_C)$，所以

$$I_C = \dfrac{U_{CC} - U_{CE}}{R_C} = \dfrac{12 - 2.4}{3 \times 10^3} = 3.2(mA)$$

$$I_B = \dfrac{I_C}{\beta} = \dfrac{3.2 \times 10^{-3}}{80} = 40(\mu A)$$

因为 $I_B = \dfrac{U_{CC} - U_{BE}}{200 \times 10^3 + R_w}$，所以

$$R_w = \dfrac{U_{CC} - U_{BE}}{I_B} - 200 \times 10^3 = \dfrac{12 - 0.2}{40 \times 10^{-6}} - 200 \times 10^3 = 100(k\Omega)$$

(3) 当 $I_C = 1.6mA$ 时 $I_B = \dfrac{I_C}{\beta} = \dfrac{1.6 \times 10^{-3}}{80} = 20 \times 10^{-6} = 20(\mu A)$

$$R_w = \dfrac{U_{CC} - U_{BE}}{I_B} - 200 \times 10^3 = \dfrac{12 - 0.2}{20 \times 10^{-6}} - 200 \times 10^3 = 400(k\Omega)$$

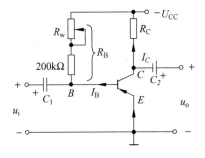

图 B-32　习题 4-4 用图

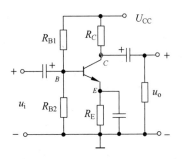

图 B-33　习题 4-5 用图

4-5　**解：**

因为 $U_E = \dfrac{1}{2}U_C = \dfrac{1}{3}U_{CC} = 4(V)$，　$U_B = U_E + 0.6 = 4.6(V)$，　$U_C = \dfrac{2}{3}U_{CC} = 8(V)$

$$U_C = U_{CC} - I_C R_C$$

所以 $I_C = \dfrac{U_{CC} - U_C}{R_C} = \dfrac{12 - 8}{2 \times 10^3} = 2(mA)$

(1) $R_E = \dfrac{U_E}{I_E} \approx \dfrac{U_C}{I_C} = R_C = 2(k\Omega)$

（2）因为 $U_\mathrm{B} = \dfrac{R_\mathrm{B2}}{R_\mathrm{B1}+R_\mathrm{B2}} \times U_\mathrm{CC}$

所以 $R_\mathrm{B1} = \left(\dfrac{U_\mathrm{CC}}{U_\mathrm{B}}-1\right) \cdot R_\mathrm{B2} = \left(\dfrac{12}{4.6}-1\right) \cdot R_\mathrm{B2} = 1.6 R_\mathrm{B2}$

若 $R_\mathrm{B2}=12\mathrm{k\Omega}$，则 $R_\mathrm{B1}=19.2\mathrm{k\Omega}$。

4-6　**解**：（1）结合图 B-34 中的微变等效电路进行求解。

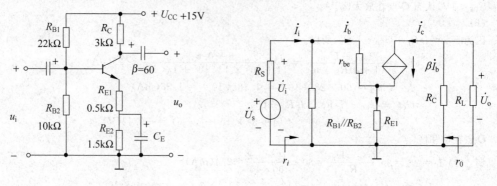

(a) 放大电路　　　　　　　　　　　(b) 微变等效电路

图 B-34　习题 4-6(a)用图

① 求静态工作点 I_C 和 U_CE

$$U_\mathrm{B} = \frac{R_\mathrm{B2}}{R_\mathrm{B1}+R_\mathrm{B2}} \times U_\mathrm{CC} = \frac{10}{22+10} \times 15 = 4.7(\mathrm{V})$$

$$I_\mathrm{C} \approx I_\mathrm{E} = \frac{U_\mathrm{B}-U_\mathrm{BE}}{R_\mathrm{E1}+R_\mathrm{E2}} = \frac{4.7-0.6}{0.5\times 10^3 + 1.5\times 10^3} \approx 2(\mathrm{mA})$$

$$U_\mathrm{CE} = U_\mathrm{CC}-I_\mathrm{C} \cdot (R_\mathrm{C}+R_\mathrm{E1}+R_\mathrm{E2}) = 15-2\times 10^{-3}\times(3+2)\times 10^3 = 5(\mathrm{V})$$

静态工作点在放大区。

② 结合微变等效电路求解电压放大倍数 A_u，输入电阻 r_i 和输出电阻 r_o。

$$r_\mathrm{be} = 300 + (1+\beta)\frac{26(\mathrm{mV})}{I_\mathrm{E}(\mathrm{mA})} \approx 300 + (1+50)\times\frac{26\times 10^{-3}}{2\times 10^{-3}} \approx 1(\mathrm{k\Omega})$$

$$A_u = \frac{\dot{U}_\mathrm{o}}{\dot{U}_\mathrm{i}} = \frac{-\beta \dot{I}_\mathrm{b} R_\mathrm{C}}{\dot{I}_\mathrm{b} r_\mathrm{be} + (1+\beta)\dot{I}_\mathrm{b} R_\mathrm{E1}} = -\frac{60\times 3\times 10^3}{1\times 10^3 + 61\times 0.5\times 10^3} \approx -6(\mathrm{V})$$

$$r_\mathrm{i} = R_\mathrm{B1}//R_\mathrm{B2}//[r_\mathrm{be}+(1+\beta)R_\mathrm{E1}] = [22/10//(1+61\times 0.5)]\times 10^3 \approx r_\mathrm{be} = 5.7(\mathrm{k\Omega})$$

$$r_\mathrm{o} = R_\mathrm{C} = 3(\mathrm{k\Omega})$$

（2）结合图 B-35 中的电路进行求解。

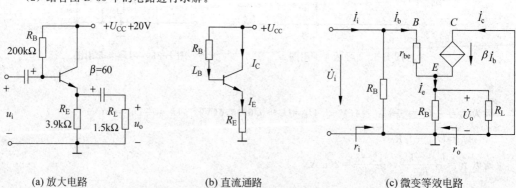

(a) 放大电路　　　　　　(b) 直流通路　　　　　　(c) 微变等效电路

图 B-35　习题 4-6(b)用图

（1）求静态工作点 I_C 和 U_{CE}。

因为 $U_{CC} = I_B R_B + U_{BE} + (1+\beta) I_B R_E$

所以 $I_B = \dfrac{U_{CC} - U_{BE}}{R_B + (1+\beta) R_E} = \dfrac{20 - 0.6}{200 \times 10^3 + 61 \times 3 \times 10^3} \approx 44(\mu A)$

$I_C = \beta I_B = 60 \times 44 \times 10^{-6} \approx 2.64(mA)$

$U_{CE} = U_{CC} - I_E R_E = 20 - 2.64 \times 10^{-3} \times 3.9 \times 10^3 = 10.3(V)$

静态工作点在放大区。

（2）结合微变等效电路求解电压放大倍数 A_u，输入电阻 r_i 和输出电表 r_o。

$$r_{be} = 300 + (1+\beta) \frac{26mV}{I_E mA} \approx 300 + (1+50) \times \frac{26 \times 10^{-3}}{2.64 \times 10^{-3}} \approx 1(k\Omega)$$

$$A_u = \frac{\dot{U}_o}{\dot{U}_i} = \frac{(1+\beta) \dot{I}_b R_E // R_L}{\dot{I}_b r_{be} + (1+\beta) \dot{I}_b R_E // R_L} = \frac{61 \times (3.9//1.5) \times 10^3}{1 \times 10^3 + 61 \times (3.9//1.5) \times 10^3} \approx 0.983$$

$$r_i = R_B //[r_{be} + (1+\beta) R_E // R_L] = (200 \times 10^3)//(1 + 65.88) \times 10^3 \approx 50(k\Omega)$$

$$r_o = R_E // \frac{r_{be}}{\beta} \approx \frac{r_{be}}{\beta} = \frac{1 \times 10^3}{60} \approx 17(\Omega)$$

4-7 **解**：根据图 B-36 中的微变等效电路求解

（1）$A_{u1} = -\dfrac{\beta R_C}{r_{be} + (1+\beta) R_E}$，　　$A_{u2} = \dfrac{(1+\beta) R_E}{r_{be} + (1+\beta) R_E}$

（2）$r_i = R_{B1} // R_{B2} //[r_{be} + (1+\beta) R_E]$，　　$r_{o1} = R_C$，　　$r_{o2} \approx \dfrac{r_{be}}{\beta}$

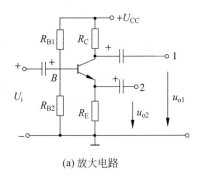
（a）放大电路

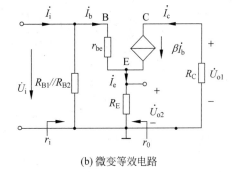
（b）微变等效电路

图 B-36　习题 4-7 用图

4-8 **解**：参见图 B-37 求解。

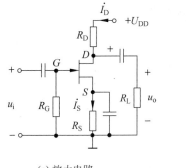
（a）放大电路

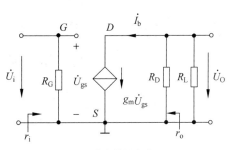
（b）微变等效电路

图 B-37　习题 4-8 用图

(1) 因为 $I_D R_D = U_{DD} - U_{DS} - U_S$,所以

$$R_D = -\frac{U_{DD} - U_{DS} - U_S}{I_D} = \frac{24 - 15 - 1}{3.4 \times 10^{-3}} \approx 2.4 (\text{k}\Omega)$$

$$R_S = \frac{U_{GS}}{I_S} = \frac{U_{GS}}{I_D} = \frac{1}{3.4 \times 10^{-3}} \approx 300 (\Omega)$$

(2) $A_u = \dfrac{\dot{U}_o}{\dot{U}_i} = -\dfrac{g_m \dot{U}_{gs} \cdot R_L /\!/ R_D}{\dot{U}_{gs}} = -5 \times 10^{-3} \times (2.4 /\!/ 2.4) \times 10^3 = -6$

$r_i = R_G = 300 (\text{k}\Omega), \quad r_o = R_D = 2.4 (\text{k}\Omega)$

4-10 解:

(1) 共模输入 $u_{ic} = \dfrac{1}{2}(u_1 + u_2) = \dfrac{1}{2}[20.5 + (-4.5)] \times 10^{-3} = 8 (\text{mV})$

  差模输入 $u_{id} = \dfrac{1}{2}(u_1 - u_2) = \dfrac{1}{2}[20.5 - (-4.5)] \times 10^{-3} = 12.5 (\text{mV})$

(1) 共模输入 $u_{ic} = \dfrac{1}{2} u_1 = \dfrac{1}{2} \times 20.5 \times 10^{-3} = 10.25 (\text{mV})$

  差模输入 $u_{id} = \dfrac{1}{2} u_1 = 10.25 (\text{mV})$

4-11 解: 温度漂移 $= \dfrac{5.5 - 5}{A(40 - 25)} = \dfrac{0.5}{300 \times 15} = \dfrac{1}{9000} = 0.1111 (\text{mV}/^\circ\text{C})$

4-12 解: $A_u = 2000$ 时,漂移电压 0.8V,好于 $A_u = 200$ 时漂移电压 0.5V

4-15 解: (1)

$$P_O = \frac{U_O^2}{R_L} = \frac{\left(\dfrac{20 - U_{CES}}{\sqrt{2}}\right)^2}{12} \approx 13.5 (\text{W})$$

$$P_E = \frac{2}{\pi} \times \frac{U_{Om}}{R_L} \times U_{CC} = \frac{2 \times 18 \times 20}{\pi \times 12} \approx 19.1 (\text{W})$$

$$P_C = P_{C1} + P_{C2} = P_E - P_O = 19.1 - 13.5 = 5.6 (\text{W})$$

$$\eta = P_O/P_E = 13.5/19.1 \times 100\% = 70.7\%$$

(2) 将输入电压看作有效值

$$P_O = \frac{U_i^2}{R_L} = \frac{10^2}{12} \approx 8.33 (\text{W})$$

$$P_E = \frac{2}{\pi} \times \frac{U_{Om}}{R_L} \times U_{CC} = \frac{2 \times 10 \cdot \sqrt{2} \times 20}{\pi \times 12} \approx 15 (\text{W})$$

$$P_C = P_E - P_O = 15 - 8.33 = 6.67 (\text{W})$$

$$\eta = P_O/P_E = 8.33/15 \times 100\% = 55\%$$

(3) $P_O = \dfrac{U_{Om}^2}{2 R_L} = \dfrac{20^2}{2 \times 12} \approx 16.67 (\text{W})$

$$P_E = \frac{2}{\pi} \times \frac{U_{Om}}{R_L} \times U_{CC} = \frac{2 \times 20 \times 20}{\pi \times 12} \approx 21.23 (\text{W})$$

$$P_C = P_E - P_O = 21.23 - 16.67 = 4.56 (\text{W})$$

$$\eta = P_O/P_E = 16.67/21.23 \times 100\% = 77.5\%$$

4-16 解: $P_{LMAX} = \dfrac{\left(\dfrac{U_{Om}}{\sqrt{2}}\right)^2}{R_L} \approx \dfrac{\left(\dfrac{U_{im}}{\sqrt{2}}\right)^2}{R_L} = \dfrac{10^2}{2 \times 4} = 12.5 (\text{W})$

4-17 解:

（1）求 U_{CC}

因为
$$P_L = \frac{(U_{OM}/\sqrt{2})^2}{R_L} = \frac{(U_{CC} - U_{CES})^2}{R_L}$$

所以
$$U_{CC} = U_{CES} + \sqrt{2R_L \cdot P_L} = 2 + \sqrt{2 \times 8 \times 10} \approx 15(V)$$

（2）选择管子参数

$$I_{CM} \geqslant \frac{U_{CC}}{R_L} = \frac{15}{18} \approx 2(A)$$

$$P_{OM} = \frac{U_{CC}^2}{2R_L} = \frac{15^2}{2 \times 8} \approx 14.1(W)$$

$$U_{BRCE0} > 2U_{CC} = 30(V)$$

选管：$I_{CM} > 2A, P_{CM} \geqslant 0.2P_{OM} = 3W, U_{BRCE0} > 2U_{CC} = 30(V)$

4-18　**解：**

因为
$$P_{OM} = \frac{(1/2U_{CC})^2}{2R_L}$$

所以
$$U_{CC} = 2 \times \sqrt{2R_L P_{OM}} = 2 \times \sqrt{2 \times 150 \times 120 \times 10^{-3}} = 12(V)$$

第 5 章

5-6　**解：**（a）当温度上升时
$$T \uparrow U_{CC} \uparrow \longrightarrow I_B \uparrow I_C \uparrow \longrightarrow \downarrow U_{BE} = U_{CC} - (I_B + I_C)R_C - I_B R_B \longrightarrow I_B \downarrow I_C \downarrow$$

（b）当温度上升时
$$T \uparrow U_{CC} \uparrow \longrightarrow I_B \uparrow I_C \uparrow \longrightarrow \downarrow U_{BE} - U_B - (I_B + I_C) \uparrow R_E \longrightarrow I_B \downarrow I_C \downarrow$$

5-7　**解：**

（1）采用串联负反馈，R_f 连在运放的输出端与运放的反相输入端 $u-$。

（2）信号源 us 接在 R_2 时为同相输入，因为
$$Au_f = 1 + R_f/R_1,$$
所以
$$R_f = (Au_f - 1)R_1 = 99(k\Omega)。$$

5-8　**解：**

（1）$R_{P1} = R_1 // R_f = (1//10) \times 10^3 \approx 1(k\Omega)$

$$R_{P2} = R//R = 5 \times 10^3 \approx 5(k\Omega)$$

因为 $u_{O1} = -\dfrac{R_f}{R_1} \times u_i = -10u_i \cdots \rightarrow u_{O2} = -u_{O1} = 10u_i$

所以 $u_O = u_{O2} - u_{O1} = 20u_i$

（2）$u_i = 1V$ 时输出电压进入非线性区，不能正常工作。

5-9　**解：** K 接通时 $u_o = -u_i$，$A_u = -1$；K 断开时 $u_o = u_i$，$A_u = 1$。

5-10　**解：** A_1 是具有不同比例系数的比例运算器：

当 $u_i > 0$ 时，$u_{o1} = -2u_i$，$u_i < 0$ 时，$u_{o1} = -u_i$；

A_2 是电压比较器，门限电压 $U_T = -2V$

当 $u_{o1} > -2V$ 时，$u_o = -U_{OM}$，$u_{o1} < -2V$ 时，$u_o = +U_{OM}$。

5-11　**解：**

$$u_{o1} = -\frac{R_f}{R_1}u_{i1} + \left(1 + \frac{R_f}{R_1}\right)u_{i2}$$

$$u_o = -\frac{1}{C}\int\frac{u_{o1}}{R_3}dt = -\frac{1}{R_3 C}\int\left[-\frac{R_f}{R_1}u_{i1} + \left(1 + \frac{R_f}{R_1}\right)u_{i2}\right]dt$$

$$= \frac{R_f}{R_3 R_1 C} \int u_{i1} \, dt - \left(1 + \frac{R_f}{R_1}\right) \frac{1}{R_3 C} \int u_{i2} \, dt$$

5-12　**解**：A_1 是过零比较器,门限电压 $U_T = 0\text{V}$,A_2 是和差电路。

$$u_o = -\frac{R_f}{R_5} u_{i2} + \left(1 + \frac{R_f}{R_5}\right) u_{i1} = 1 + \frac{7}{6} u_{o1}$$

$$\text{当 } u_i > 0 \text{ 时，} \quad u_{o1} = -6\text{V}, u_o = -6\text{V}$$

$$\text{当 } u_i < 0 \text{ 时，} \quad u_{o1} = +6\text{V}, u_o = +8\text{V}$$

5-13　**解**：(1)

$$u_o = -\left(\frac{R_f}{R_1} u_{i1} + \frac{R_f}{R_2} u_{i2} + \frac{R_f}{R_3} u_{i3}\right) = -(u_{i1} + 10 u_{i2} + 2 u_{i3})$$

设 $R_1 = R_f = 10\text{k}\Omega$,则 $R_2 = 1\text{k}\Omega$,$R_3 = 5\text{k}\Omega$,电路如图 B-38 所示。

(2)

$$u_o = -\frac{R_{f1}}{R_1} u_{i1} + \left(-\frac{R_{f1}}{R_4}\right) u_{O1}$$

$$= -\frac{R_{f1}}{R_1} u_{i1} + \frac{R_{f1}}{R_4} \times \left(\frac{R_{f2}}{R_2} u_{i2} + \frac{R_{f2}}{R_3} u_{i3}\right)$$

设 $R_1 = R_4 = 2\text{k}\Omega$、$R_2 = 1\text{k}\Omega$ 及 $\frac{R_{f1}}{R_1} = 5$,则 $R_{f1} = 10\text{k}\Omega$ 代入上式

因为 $5 \times \frac{R_{f2}}{R_2} = 1.5 \cdots \rightarrow R_{f2} = 0.3(\text{k}\Omega)$

所以 $5 \times \frac{R_{f2}}{R_3} = 0.1 \cdots \rightarrow R_3 = 15(\text{k}\Omega)$ 电路如图 B-39 所示。

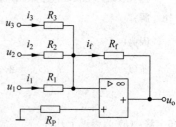

图 B-38　习题 5-13(1)用图

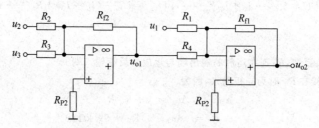

图 B-39　习题 5-13(2)用图

5-14　**解**：$U_2 = 122\text{V}$,二极管参数 $I_D = 1.5\text{A}$,$U_{RM} = 172\text{V}$

5-17　**答**：$U_o = 12 + 5 = 17\text{V}$

5-18　**解**：当输出电压大于 10V 开始稳压,此时需要的反馈电压 U_f' 较小

$$U_f' = \frac{R_2}{R_1 + R_2 + R_3} \times 10$$

当输出电压小于 6V 开始稳压,此时需要的反馈电压 U_f'' 较大

$$U_f'' = \frac{R_2 + R_w}{R_1 + R_2 + R_w} \times 6$$

令 $U_f = U_Z = 3\text{V}$ 联立求解下二式

$$\frac{R_2 + R_w}{R_1 + R_2 + R_w} \times 6 = 3 \cdots \rightarrow (1)$$

$$\frac{R_2}{R_1 + R_2 + R_w} \times 10 = 3 \cdots \rightarrow (2)$$

由(1),$2(R_2 + R_w) = R_1 + R_2 + R_w \cdots \rightarrow R_2 + R_w = R_1 = 100(\Omega)$

由(2),$R_2 = \frac{3}{10} \times (R_1 + R_2 + R_w) = 60\Omega \cdots \rightarrow R_w = 40(\Omega)$

第 6 章

6-1 **解**：(1) $(13)_{10} = (1101)_2$

(2) $(81)_{10} = (101\ 0001)_2$

(3) $(4097)_{10} = (1\ 0000\ 0000\ 0001)_2$

(4) $(31.3125)_{10} = (1\ 1111.0101)_2$

(5) $(89.75)_{10} = (101\ 1001.11)_2$

(6) $\left(\dfrac{27}{128}\right)_{10} = (27 \times 2^{-7})_{10} = (0.0011\ 011)_2$

6-2 **解**：(1) $(1101)_2 = (13)_{10} = (15)_8 = (D)_{16}$

(2) $(10\ 1101)_2 = (45)_{10} = (55)_8 = (2D)_{16}$

(3) $(1\ 1101)_2 = (29)_{10} = (35)_8 = (1D)_{16}$

(4) $(1\ 1010.0101)_2 = (26.3125)_{10} = (32.24)_8 = (1A.5)_{16}$

(5) 连续 15 个 1

$(11\ldots1)_2 = (2^{15} - 1)_{10} = (77777)_8 = (7FFF)_{16}$

6-3 **解**：(1) $(563)_8 = (173)_{16}$

(2) $(EA9.C)_{16} = (7251.6)_8 = (322221.3)_4$

(3) $(2120.12)_3 = (69.55)_{10}$

(4) $(371)_{10} = (2441)_5$

(5) $(125.6)_7 = (69.857)_{10} = (76.763)_9$

6-4 **解**：

(1) $(1001.1)_{10} = (0001\ 0000\ 0000\ 0001.0001)_{8421BCD码}$

$\qquad\qquad = (0100\ 0011\ 0011\ 0100.0100\ )_{余三码}$

(2) $(0100\ 0010)_{8421BCD码} = (42)_{10}$

$\qquad\qquad\qquad = (0100\ 0010)_{2421码}$

(3) $(1011\ 1001\ 0101)_{余三码} = (1000\ 0110\ 0010)_{8421BCD码}$

$\qquad\qquad\qquad\quad = (0111\ 1001\ 0010)_{2421码}$

(4) $(1011\ 1011)_2 = (1110\ 0110)_{格雷码}$

$\qquad\quad = (0\ 1011\ 1011)_{偶校验码}$

$\qquad\quad = (1\ 1011\ 1011)_{奇校验码}$

6-5 **解**：

(1) $X = (+0111)_2$

$\cdots [X]_{原码} = [X]_{反码} = [X]_{补码} = 0,0111$

(2) $X = (-0.10111)_2$

$\cdots [X]_{原码} = 1.10111$

$\cdots [X]_{反码} = 1.01000$

$\cdots [X]_{补码} = 1.01001$

(3) $X = (-47)_{10} = (-101111)_2$

$\cdots [X]_{原码} = 1,101111$

$\cdots [X]_{反码} = 1,010000$

$\cdots [X]_{补码} = 1,010001$

(4) $X = \left(-\dfrac{21}{64}\right)_{10} = (-0.010101)_2$

$\cdots [X]_{原码} = 1.010101$

$\cdots [X]_{反码} = 1.101010$

$\cdots [X]_{补码} = 1.101011$

6-6　**证明：**

(1) 如果 $\overline{A}B=0,A\overline{B}=0,A=B$

证明

因为 $\overline{A}B+A\overline{B}=0$，即 $A\oplus B=0$

所以 $\overline{A\oplus B}=\overline{AB}+\overline{A}\overline{B}=1\cdots\rightarrow AB=1\cdots\rightarrow\overline{A}\overline{B}=1\cdots\rightarrow A=B$

对偶式：$\overline{A}+B=1,A+\overline{B}=1,A=B$

(2) 如果 $A+B=A+C$，且 $AB=AC$，则 $B=C$

证明：

$B=B+AB$

$\quad=B+AC$ 代入

$\quad=(A+B)(C+B)$ 加法分配律

$\quad=(A+C)(B+C)$ 代入

$\quad=AB+AC+BC+C$ 分配律

$\quad=AC+AC+BC+C=C$，证毕

(3) 如果 $A+B=AB$，则 $A=B$

证明：

$A=A+AB$ 吸收律

$\quad=A+(A+B)$ 代入

$\quad=A+B$ 吸收律

$\quad=AB+B$ 代入

$\quad=B$，证毕

(4) 证明 $m_i+m_j=m_i\oplus m_j$

当 $i=j$ 时，$m_i\oplus m_j=0\cdots\rightarrow m_i+m_j=m_i\neq0\cdots$ 若 $m_i+m_j=1$ 必有 $i\neq j$

当 $i\neq j$ 时，$m_i+m_j=m_i+m_i\overline{m_j}+m_j+\overline{m_i}m_j\cdots$ 吸收律，添加某几项

$\cdots=(m_i+m_j)+m_i\oplus m_j$

$\cdots=m_i\oplus m_j$

6-7　(1) C　　(2) AC　　(3) ACD　　(4) C　　(5) AC

6-8　**公式法证明下式：**

(1) $AB+BCD+\overline{A}C+\overline{B}C=AB+C$

左边$=AB+C(BD+\overline{A}+\overline{B})=AB+CD+C\overline{AB}=AB+C$

(2) $(A+B)(A+\overline{B})(\overline{A}+B)(\overline{A}+\overline{B})=0$

左边$=A\cdot\overline{A}=0$

(3) $ABC+\overline{A}\overline{B}\overline{C}=\overline{A\overline{B}+B\overline{C}+C\overline{A}}$

右边$=(\overline{A}+B)(\overline{B}+C)(\overline{C}+A)$ 反演律

$\quad=ABC+\overline{A}\overline{B}\overline{C}$

(4) $\overline{A\oplus B\oplus C}=(\overline{A}+\overline{B}+\overline{C})(\overline{A}+B+C)(A+\overline{B}+C)(A+B+\overline{C})$

左边$=\overline{(\overline{A}B+A\overline{B})\oplus C}=\overline{(\overline{A}\cdot B+A\cdot\overline{B})\cdot\overline{C}+\overline{\overline{A}B+A\overline{B}}\cdot C}$ 反演律

$\quad=\overline{A}\overline{B}\overline{C}+A\overline{B}\overline{C}+\overline{A}\overline{B}C+ABC$

$\quad=(\overline{A}+\overline{B}+\overline{C})(\overline{A}+B+C)(A+\overline{B}+C)(A+B+\overline{C})$

(5) $(AB+\overline{A}\overline{B})(BC+\overline{B}\overline{C})(CD+\overline{C}\cdot\overline{D})=\overline{A}\overline{B}+B\overline{C}+C\overline{D}+D\overline{A}$

左边$=(ABC+\overline{A}\overline{B}\overline{C})(CD+\overline{C}\overline{D})=ABCD+\overline{A}\overline{B}\overline{C}\overline{D}$

右边$=(\overline{A}+B)(\overline{B}+C)(\overline{C}+D)(\overline{D}+A)=ABCD+\overline{A}\overline{B}\,\overline{C}\overline{D}$

(6) $A\overline{B}+\overline{B}+\overline{C}+E+B\overline{E}=\overline{B}+C+E$

左边$=A\overline{B}+BC\overline{E}+\overline{B}+E$ 吸收律

$$=\overline{B}+C+E$$

(7) $A\overline{B}+B\overline{C}+AB\overline{C}+AB\overline{C}D=A\overline{B}+B\overline{C}$

左边 $=A\overline{B}+\overline{C}\cdot(B+A\overline{B}+ABD)=A\overline{B}+\overline{C}\cdot(B+A)=A\overline{B}+B\overline{C}$

(8) $A+A\overline{B}\overline{C}+\overline{A}CD+(\overline{C}+\overline{D})E=A+CD+E$

左边 $=A+CD+\overline{CD}\cdot E=A+CD+E$

6-9　公式法化简

(1) $F=\overline{A}\overline{B}C+\overline{A}BC+ABC+AB\overline{C}$

$\qquad =\overline{A}C(\overline{B}+B)+AB(C+\overline{C})=\overline{A}C+AB$

(2) $F=AB+\overline{A}C+\overline{B}\overline{C}=AB+\overline{A}C+\overline{B}+\overline{C}=1$

(3) $F=\overline{A}B+\overline{A}C+\overline{B}\overline{C}+AD$

$\qquad =\overline{A}\overline{B}\overline{C}+\overline{B}\overline{C}+AD$

$\qquad =\overline{A}+\overline{B}\overline{C}+D$ 结合律吸收律

(4) $F=(A+B+C)(\overline{A}+B)(A+B+\overline{C})$

因为对偶公式 $F'=ABC+\overline{A}B+AB\overline{C}=AB+\overline{A}B=B$

所以 $F=B$

(5) $F=\overline{\overline{AB}+BC+\overline{A}\overline{B}}\cdot(\overline{A}B+A\overline{B}+BC)$

$\qquad =(\overline{A}+\overline{B})(\overline{B}+\overline{C})(A+B)(\overline{A}B+A\overline{B}+BC)$ 反演律

$\qquad =(\overline{A}B+A\overline{B})(\overline{B}+\overline{C})(\overline{A}B+A\overline{B}+BC)$ 展开

$\qquad =(\overline{A}B\overline{C}+A\overline{B})(\overline{A}B+A\overline{B}+BC)$

$\qquad =\overline{A}B\overline{C}+A\overline{B}$

(6) $F=\overline{\overline{A}\overline{C}+A\overline{B}C}+B\overline{C}+ABC+\overline{A}C$

$\qquad =\overline{\overline{A}(\overline{C}+\overline{B}C)}+B\overline{C}+ABC+\overline{A}C$ 结合律

$\qquad =\overline{\overline{A}\overline{B}+\overline{B}\overline{C}}+ABC+\overline{A}C$ 吸收律

$\qquad =(\overline{A}+B)(\overline{B}+C)+ABC+\overline{A}C$ 反演律

$\qquad =\overline{A}B+BC+ABC+\overline{A}C=\overline{A}B+BC$

(7) $F=D+AB\cdot(C+D)+\overline{D}\cdot(A+B)(\overline{B}+\overline{C})$

$\qquad =D+ABC+(A+B)(\overline{B}+\overline{C})$ 吸收律

$\qquad =D+ABC+A\overline{B}\overline{C}+B\overline{C}$ 分配律

$\qquad =D+A+B\overline{C}$

(8) $F=(A\oplus B)C+ABC+\overline{A}\overline{B}$

$\qquad =\overline{A}BC+A\overline{B}C+ABC+\overline{A}\overline{B}$

$\qquad =BC+AC+\overline{A}\overline{B}$ 分配律

$\qquad =C\cdot\overline{\overline{A}\overline{B}}+\overline{A}\overline{B}=C+\overline{A}\overline{B}$ 结合律

(9) $F=\overline{\overline{(AB+\overline{A}B)}\cdot\overline{(BC+\overline{B}\overline{C})}}$

$\qquad =(AB+\overline{A}B)(C+\overline{C})+(BC+\overline{B}\overline{C})(A+\overline{A})$ 反演律

$\qquad =ABC+AB\overline{C}+\overline{A}\overline{B}C+\overline{A}\overline{B}\overline{C}+\overline{A}BC+A\overline{B}\overline{C}$ 分配律

$\qquad =AB+\overline{A}C+\overline{B}\overline{C}$ 或

$\qquad =ABC+AB\overline{C}+\overline{A}\overline{B}C+\overline{A}\overline{B}\overline{C}+\overline{A}BC+A\overline{B}\overline{C}$

$\qquad =\overline{A}\overline{B}+BC+A\overline{C}$

或 $AB+\overline{A}C+\overline{B}\overline{C}$

(10) $F=(AD+\overline{A}\overline{D})\cdot C+ABC+(A\overline{D}+\overline{A}D)\cdot B+BCD$

$\qquad =\overline{A\oplus D}\cdot C+ABC+A\oplus D\cdot B+BCD$

$\qquad =\overline{W}\cdot C+ABC+WB+BCD$ 替代 $W=A\oplus D$

$\qquad =\overline{A\oplus D}\cdot C+A\oplus D\cdot B$,吸收律

6-10 **解：**

(1) $F=(\overline{A}+\overline{B})(AB+C)$

$\overline{F}=AB+(\overline{A}+\overline{B})\cdot\overline{C}$

$F'=\overline{A}\cdot\overline{B}+(A+B)\cdot C$

(2) $F=A+\overline{B+\overline{C}+\overline{\overline{D+\overline{E}}}}$

$\overline{F}=\overline{A}\cdot\overline{\overline{B}\cdot C\cdot\overline{\overline{DE}}}$

$F'=A+\overline{\overline{B}\cdot\overline{C}\cdot\overline{D}\cdot\overline{E}}$

(3) $F=\overline{\overline{A\overline{B}+\overline{B}D}\cdot(C+\overline{D})}+A\overline{C}D$

$\overline{F}=[\overline{\overline{(\overline{A}+B)(\overline{B}+\overline{D})}+\overline{CD}}]\cdot(\overline{A}+\overline{C}+\overline{D})$

$F'=[\overline{(A+\overline{B})(B+D)}+C\overline{D}]\cdot(A+\overline{C}+D)$

(4) $F=\overline{A}[\overline{C}+(B\overline{D}+AC)]+AC\overline{D}E$

$\overline{F}=[A+C\cdot(\overline{B}+D)(\overline{A}+\overline{C})]\cdot(\overline{A}+\overline{C}+D+\overline{E})$

$F'=[\overline{A}+\overline{C}\cdot(B+\overline{D})(A+C)]\cdot(A+C+\overline{D}+E)$

6-11 用卡诺图化简下式为最简"与或式"，代简结果不唯一。

(1) $F=\overline{A}B+\overline{A}BC=\overline{A}B+\overline{A}C$

(2) $F(A,B,C)=\sum m(1,3,4,5,7)=C+A\overline{B}$

(3) $F(A,B,C,D)=\sum m(0,2,7,13,15)+\sum d(1,3,4,5,6,9,10)=\overline{A}+BD$

(4) $F(A,B,C,D)=\prod M(2,3,6,7,10,11)=AB+\overline{C}$

(5) $F=A\overline{B}\overline{C}+\overline{A}B+\overline{A}\overline{B}C+BC=\overline{A}+BC+\overline{B}\overline{C}$

(6) $F=\overline{A}\overline{B}CD+\overline{A}BCD+A\overline{B}CD+AB\overline{C}\cdot\overline{D}+BCD+B\overline{C}$
    $=CD+B\overline{C}$

(7) $F=\overline{\overline{A}BC+AC}+\overline{B}\overline{C}+ABC=\overline{C}+AB$

(8) $F=\overline{A}BCD+\overline{A}\overline{B}D+C\overline{D}+A\overline{C}\cdot\overline{D}=\overline{A}C+A\overline{D}+\overline{A}BD$

6-12 卡诺图判断 F 与 G 的关系

(1) $F=\overline{G}$

(2) $F=\overline{G}$

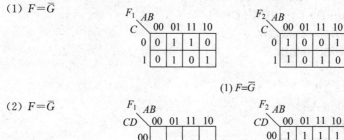

(1) $F=\overline{G}$

(2) $F=\overline{G}$

图 B-40 习题 6-12 用图

6-13 完成下面多输出的化简

(1)
$$F(A,B,C)=G+A\overline{C}$$
$$G(A,B,C)=\overline{A}B+\overline{B}C$$

(2)
$$F(A,B,C,D)=\overline{A}B+A\overline{D}+\overline{C}D$$

$$G(A,B,C,D)=\overline{A}B\overline{C}D+A\overline{C}\overline{D}$$
$$Q(A,B,C,D)=\overline{A}\overline{C}\overline{D}+AC\overline{D}$$

6-14

(1) 因为 $F'=\overline{B}\cdot\overline{C}+B\cdot C+AB+AC=A+\overline{B}\cdot\overline{C}+BC$

所以 $F=A(\overline{B}+\overline{C})(B+C)$

(2) 因为 $F'=BD+A\overline{C}\cdot\overline{D}+A\overline{B}C$

所以 $F=(B+D)(A+\overline{C}+\overline{D})(A+\overline{B}+\overline{C})$

6-15 先分别画出 F_1 和 F_2 的卡诺图,求两者相与就是就是结果,如图 B-41 所示。

(1) $F_1\cdot F_2=AB\overline{C}+\overline{A}BC$

$$(1)F_1\cdot F_2=AB\overline{C}+\overline{A}BC$$

(2) $F_1\cdot F_2=A\overline{B}\overline{C}+\overline{B}C\overline{D}$

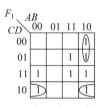

$$(2)F_1\cdot F_2=A\overline{B}\overline{C}+\overline{B}C\overline{D}$$

图 B-41　习题 6-15 用图

6-16 **解**：答案不唯一

(1) $F_1+F_2=(\overline{B}CD+B\overline{C}+\overline{C}\cdot\overline{D})+(\overline{A}B\overline{C}+A\overline{D}+CD)$

$\quad=\overline{C}\cdot(B+\overline{D}+\overline{A}B)+A\overline{D}+CD$ 分配律

$\quad=B\overline{C}+\overline{C}\cdot\overline{D}+\overline{A}\cdot\overline{C}+A\overline{D}+CD$ 吸收律

$\quad=B\overline{C}+\overline{A}\cdot\overline{C}+A\cdot\overline{D}+C\cdot D$

或 $AB+\overline{C}\cdot\overline{D}+\overline{A}D+AC$

(2) $F_1\cdot F_2=(\overline{B}CD+B\overline{C}+\overline{C}\cdot D)\cdot(\overline{ABC}+A\overline{D}+CD)$

$\quad=\overline{B}CD+AB\overline{C}\cdot\overline{D}+\overline{AB}\overline{C}D+A\overline{C}\cdot\overline{D}$ 分配律

$\quad=\overline{B}CD+\overline{C}\cdot\overline{D}\cdot(A+\overline{B})$

$\quad=\overline{B}CD+AC\overline{D}+\overline{B}C\overline{D}$

(3) $F_1\oplus F_2=\overline{A}B\overline{C}+BD+AC\overline{D}+\overline{A}CD$

第(3)题可以直接通过卡诺图表示,对应的两个最小项求异,不同时为1,如图 B-42 所示。

图 B-42　习题 6-6 用图

第 7 章

7-1 化简结果不唯一。简化后的逻辑图略。

(a) $F=A+\overline{B}+C$

(b) $F=A\overline{C}+\overline{A}B$

(c) $F=A\oplus B\oplus C\oplus \overline{D}$ 已是最简电路

(d) $W=\overline{\overline{A\cdot \overline{AB}}\cdot \overline{B\cdot \overline{AB}}}=A\cdot \overline{AB}+B\cdot \overline{AB}=A\oplus B$

$\qquad F_1=\overline{\overline{W\cdot \overline{WC}}\cdot \overline{C\cdot \overline{WC}}}=W\oplus C=A\oplus B\oplus C$

$\qquad F_2=\overline{\overline{C\cdot C}\cdot \overline{WC}}=\overline{C}+C\cdot \overline{WC}=\overline{C}+\overline{WC}=\overline{C}+\overline{W}=\overline{C}+\overline{A\oplus B}$

(e) $W=(B+\overline{C})(\overline{B}+C)=BC+\overline{B}\cdot \overline{C}$

$\qquad F=(A+\overline{W})(\overline{A}C+W)=AW+\overline{A}C\overline{W}$

$\qquad\quad =A(BC+\overline{B}\cdot \overline{C})+\overline{A}C(\overline{BC+B\overline{C}})=ABC+\overline{A}\overline{B}C+A\overline{B}C$

(f) $B_3=D_3$

$\qquad B_2=D_3\overline{D_2}+\overline{D_3}D_2=D_3\oplus D_2$

$\qquad B_1=D_2\overline{D_1}+\overline{D_2}D_1=D_2\oplus D_1$

$\qquad B_0=D_1\overline{D_0}+\overline{D_1}D_0=D_1\oplus D_0$

7-2 解:

因为 $F_3=(A+B)\cdot F_2$, $F_3=A$

所以 $A=(A+B)\cdot (A+\overline{B})$, $F_2=A+\overline{B}$

7-3

$$F(A,B,C)=\sum m(0,3,5,6,7)=AB+AC+BC+\overline{A}\,\overline{B}\overline{C}=\overline{\overline{AB}\cdot \overline{AC}\cdot \overline{BC}\cdot \overline{\overline{A}\,\overline{B}\overline{C}}}$$

7-4 解: 定义输出的二进制小数用 $F_0.F_{-1}F_{-2}$ 表示,列真值表如表 B-1 所示。

表 B-1 真值表

$AX_0X_{-1}X_{-2}$				$F_0.F_{-1}F_{-2}$		
0	0	0	0	0	1	0
0	0	0	1	0	1	0
0	0	1	0	0	1	0
0	0	1	1	0	1	0
0	1	0	0	0	1	0
0	1	0	1	0	1	0
0	1	1	0	0	1	0
0	1	1	1	0	1	0
1	0	0	0	0	0	0
1	0	0	1	0	0	1
1	0	1	0	1	1	0
1	0	1	1	0	1	1
1	1	0	0	1	1	1
1	1	0	1	1	1	0
1	1	1	0	1	0	1
1	1	1	1	1	0	0

代简如下,逻辑图如图 B-43 所示。

$F_0=AX_0$

$F_{-1}=\overline{A}+X_0\oplus X_{-1}$

$F_{-2}=A\cdot (\overline{X}_0X_{-2}+X_0\overline{X}_{-2})$

$\qquad =A\cdot (X_0\oplus X_{-2})$

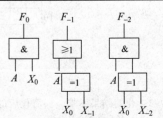

图 B-43 习题 7-4 用图

7-6 解: 定义二位乘法器的输出用四位二进制数 $F_3F_2F_1F_0$ 表示,列真值表如表 B-2 所示。

表 B-2　真值表

$A_1 A_0 B_1 B_0$	$F_3 F_2 F_1 F_0$
0 0 0 0	0 0 0 0
0 1	0 0 0 0
1 0	0 0 0 0
1 1	0 0 0 0
0 1 0 0	0 0 0 0
0 1	0 0 0 1
1 0	0 0 1 0
1 1	0 0 1 1
1 0 0 0	0 0 0 0
0 1	0 0 1 0
1 0	0 1 0 0
1 1	0 1 1 0
1 1 0 0	0 0 0 0
0 1	0 0 1 1
1 0	0 1 1 0
1 1	1 0 0 1

$F_3 = A_1 A_0 B_1 B_0$

$F_2 = A_1 \overline{A_0} B_1 + A_1 B_1 \overline{B_0} = A_1 B_1 \overline{A_0 B_0}$

$F_1 = \overline{A_1} A_0 B_1 + A_1 \overline{A_0} B_0 + A_1 A_0 (B_1 \oplus B_0)$

$F_0 = A_0 B_0$

7-7　**解**：

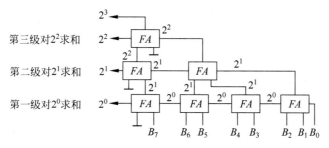

图 B-44　习题 7-7 用图

7-8　**解**：已知输入 $X = D_1 D_0$，定义

(1) $F = X^2$　输出用四位二进制数 $F_3 F_2 F_1 F_0$ 表示；

(2) $F = X^3$　输出用五位二进制数 $F_4 F_3 F_2 F_1 F_0$ 表示；列真值表化简得到各位逻辑函数如表 B-3 所示。

表　B-3

D_1	D_0	F_3	F_2	F_1	F_0
0	0	0	0	0	0
0	1	0	0	0	1
1	0	0	1	0	0
1	1	1	0	0	1

D_1	D_0		F_4	F_3	F_2	F_1	F_0
0	0		0	0	0	0	0
0	1		0	0	0	0	1
1	0		0	1	0	0	0
1	1		1	1	0	1	1

(1) $F_3 = D_1 D_0$

　$F_2 = D_1 \overline{D_0}$

　$F_1 = 0$

　$F_0 = D_0$

(2) $F_4 = F_1 = D_1 D_0$

　$F_3 = D_1$

　$F_2 = 0$

　$F_0 = D_0$

7-9　**解**：定义输出用 $F_1 F_0$ 表示，在算术运算中 $F_1 F_0$ 分别表示二进制数的高位和低位，在逻辑位运算中用 F_0 表示运算的结果。真值表如表 B-4 所示。

表 B-4　真值表

S_1	S_0	A	B		F_1	F_0
0	0	0	0		0	0
		0	1		0	1
		1	0		0	1
		1	1		1	0
0	1	0	0		0	0
		0	1		1	1
		1	0		0	1
		1	1		0	0
1	0	0	0			1
		0	1			1
		1	0			1
		1	1			0
1	1	0	0			0
		0	1			1
		1	0			1
		1	1			0

$F_1 = \overline{S_1} B \cdot (S_0 \oplus A)$

$F_0 = A \oplus B + S_1 \overline{S_0} \overline{A}$ 或 $F_0 = A \oplus B + S_1 \overline{S_0} \overline{B}$

7-10　**解**：(1)和(2)题直接表示在卡诺图中以便化简，如图 B-45 所示；(3)和(4)题需要先列真值表，如表 B-5 所示。(3)中用 $F_2 F_1 F_0$ 表示除法的整数输出，在(4)中用 $Y_1 Y_0$ 表示除法的余数输出。

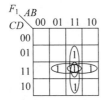 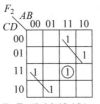

(a) $F_1 = \sum m(7,11,13,14,15)$　　　　(b) $F_2 = \sum m(3,6,9,12,15)$
　　　 $= ABD + ABC + ACD + BCD$　　　　　　 $= (A \oplus C)(B \oplus D) + ABCD$

图 B-45　习题 7-10(1)(2)用图

表 B-5　真值表

A_1	A_0	B_1	B_0	F_2	F_1	F_0	Y_1	Y_0
0	0	0	0	0	0	0	0	0
		0	1	0	0	0	0	1
		1	0	0	0	0	1	0
		1	1	0	0	1	0	0
0	1	0	0	0	0	1	0	1
		0	1	0	0	1	1	0
		1	0	0	1	0	0	0
		1	1	0	1	0	0	1
1	0	0	0	0	1	0	1	0
		0	1	0	1	1	0	0
		1	0	0	1	1	0	1
		1	1	0	1	1	1	0
1	1	0	0	1	0	0	0	0
		0	1	1	0	0	0	1
		1	0	1	0	0	1	0
		1	1	1	0	1	0	0

(3) 求整数

$$F_2(A,B,C,D) = \sum m(12-15) = AB$$

$$F_1(A,B,C,D) = \sum m(6-11) = \overline{A}BC + A\overline{B}$$

$$F_0(A,B,C,D) = \sum m(3,4,5,9,10,11,15)$$
$$= \overline{A}B\overline{C} + \overline{\overline{A}B} \cdot CD + A\overline{B}(C + D)$$

(4) 求余数

$$Y_1(A,B,C,D) = \sum m(2,5,8,11,14)$$
$$= \overline{B}\overline{D}(A \oplus C) + AC(B \oplus D) + \overline{A}B\overline{C}D$$

$$Y_0(A,B,C,D) = \sum m(1,4,7,10,13)$$
$$= \overline{A}\overline{C}(B \oplus D) + BD(A \oplus C) + A\overline{B}C\overline{D}$$

7-11　**解**：

(1) $F_1 = \overline{A}\overline{B}(C+D) + \overline{A}BC + A\overline{B}CD = \overline{A}C + \overline{A}\overline{B}D + \overline{B}CD$

(2) $F_2 = \overline{A}\overline{B}\overline{C} \cdot \overline{D} + \overline{A}B\overline{C}D + A\overline{B}\overline{C}D + ABCD$

(3) $F_0 = A\overline{B}\overline{C} + AB\overline{C} + \overline{A}B\overline{C} \cdot \overline{D} + ABC\overline{D}$

7-12　**解**：设计的逻辑图如图 B-46 所示。

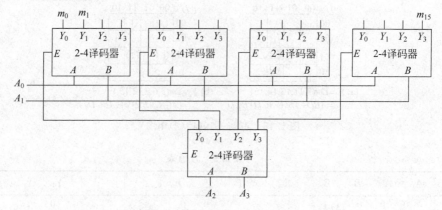

图 B-46　习题 7-12 用图

7-13　**解**：设计的逻辑图如图 B-47 所示。

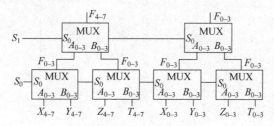

图 B-47　习题 7-13 用图

7-15　**解**：先写出用最小项表示的逻辑函数，逻辑图如图 B-48 所示。

(1) $F_1(X,Y,Z) = \overline{\overline{m_0} \cdot \overline{m_1} \cdot \overline{m_6}}$

(2) $F_2(A,B,C,D) = \overline{(\overline{m_0} \cdot \overline{m_3} + \overline{D})(\overline{m_2} \cdot \overline{m_4} + D) \cdot \overline{m_7}}$

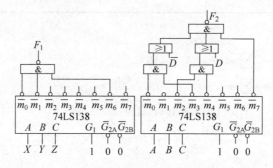

图 B-48　习题 7-15 用图

7-16　**解**：设计的逻辑图如图 B-49 所示。

(1) $F_1(A,B,C) = m_0 + m_1 + m_3 + m_4$

　　$D_0 - D_7 = 11011000$

(2) $F_2(A,B,C,D) = m_0 \overline{D} + m_2 \overline{D} + m_3 D + m_4 D + m_5 D$

　　$D_0 - D_7 = \overline{D} 0 \overline{D} D D D 00$

(3) $F_3(A,B,C,D) = m_0 + m_1 \overline{D} + m_2 + m_4 + m_5 \overline{D} + m_7$

　　$D_0 - D_7 = 1 \overline{D} 1 0 1 \overline{D} 0 \overline{D}$

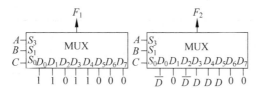

图 B-49　习题 7-16 用图

7-17　**解**：用卡诺图法判断，当卡诺圈之间有相切的面时将有险象。为消除险象可以再画一个卡诺圈（加冗余项）包含这个相切的面，也可以重新化简。所加冗余项表示在式子[ ]内。

(1) $F = A\overline{C} + B\overline{C} + \overline{A}CD + [\overline{A}BD]$

(2) $F = \overline{A} \cdot \overline{B} + AD + \overline{B} \cdot \overline{C} \cdot \overline{D} + [A\overline{B}C]$

(3) $F = \overline{A} \cdot \overline{C}D + AB\overline{C} + ACD + \overline{A}BC + [BD]$

(4) $F = (A+B+C)(A+\overline{B}+C)(\overline{A}+B+C)(\overline{A}+B+\overline{C})$

$\quad = AB + \overline{A}C$ 重新代简设计或

$\quad = (A+C)(\overline{A}+B)$

7-18　**解**：根据图 B-50 管脚图列出显示字符与发光二极管各段输入的关系表如表 B-6 所示。

字符 O 的段码是 3FH，字符 P 的段码是 73H，字符 E 的段码是 79H，字符 H 的段码是 76H。

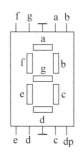

图 B-50　习题 7-18 用图

表 B-6　真值表

g f e d c b a	字形码	字形
0011　1111	3FH	O
0111　0011	73H	P
0111　1001	79H	E
0111　0110	76H	H

7-20　**解**：先列真值表，在表示在 ROM 中，如表 B-7 和图 B-51 所示。

表 B-7　真值表

$A_1 A_0 B_1 B_0$	F_3 $A<B$	F_2 $A=B$	F_1 $A>B$
0 0 0 0	0	1	0
0 1	1	0	0
1 0	1	0	0
1 1	1	0	0
0 1 0 0	0	0	1
0 1	0	1	0
1 0	1	0	0
1 1	1	0	0
1 0 0 0	0	0	1
0 1	0	0	1

$A_1 A_0 B_1 B_0$	F_3	F_2	F_1
	$A<B$	$A=B$	$A>B$
1 0	0	1	0
1 1	1	0	0
1 1 0 0	0	0	1
0 1	0	0	1
1 0	0	0	1
1 1	0	1	0

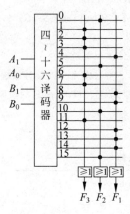

图 B-51　习题 7-20 用图

7-21　**解**：先列真值表、化简为与或式，然后再表示在 PLA 的与阵列和或阵列中，如表 B-8 所示。

表 B-8　真值表

8421 码 $A_3 A_2 A_1 A_0$	余三码 $B_3 B_2 B_1 B_0$
0 0 0 0	0 0 1 1
0 1	0 1 0 0
1 0	0 1 0 1
1 1	0 1 1 0
0 1 0 0	0 1 1 1
0 1	1 0 0 0
1 0	1 0 0 1
1 1	1 0 1 0
1 0 0 0	1 0 1 1
0 1	1 1 0 0

$$B_3 = A_3 + A_2 A_0 + A_2 A_1$$
$$B_2 = \overline{A_2} A_0 + \overline{A_2} A_1 + A_2 \overline{A_1}\,\overline{A_0}$$
$$B_1 = \overline{A_1}\,\overline{A_0} + A_1 A_0$$
$$B_0 = \overline{A_0}$$

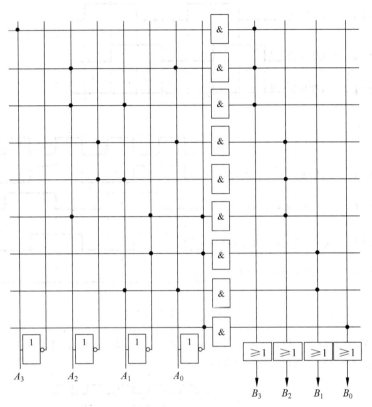

图 B-52　习题 7-21 用图

第 8 章

8-3　**解**：基本 RS 触发器的逻辑图以及波形图如图 B-53 所示。

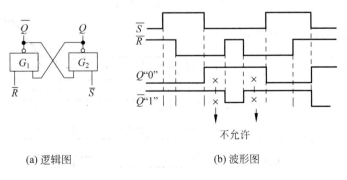

(a) 逻辑图　　　　　　　　　　(b) 波形图

图 B-53　习题 8-3 用图

8-4　**解**：各触发器输出端 Q 的波形图如图 B-54 所示。

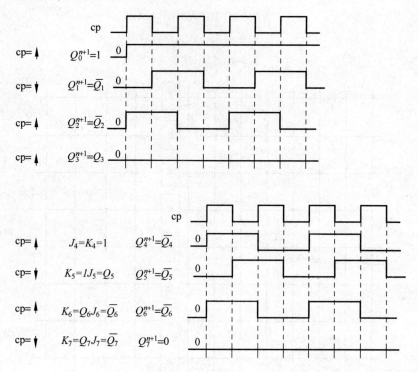

图 B-54　习题 8-4 用图

8-5　**解**：只要 $X=0$ 则 $Q_1=1$ 和 $Q_2=0$ 就维持不变；除非 $X=1$ 时 Q_1 和 Q_2 才会在下一个脉冲到来时按照状态方程变化。波形图如图 B-55 所示。

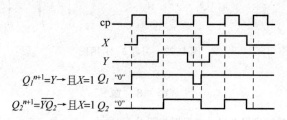

图 B-55　习题 8-5 用图

8-6　**解**：波形图如图 B-56 所示。

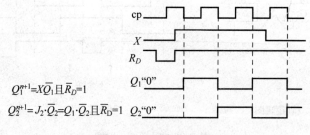

图 B-56　习题 8-6 用图

8-7 **解**：根据状态图列状态表、写出状态方程并选择合适触发器设计，如表 B-9 所示。

表 B-9 习题 8-7 的状态表

X Y Q	Q^{n+1}
0 0 0	0
0 0 1	1
0 1 0	0
0 1 1	1
1 0 0	0
1 0 1	0
1 1 0	1
1 1 1	1

状态方程 $\quad Q^{n+1} = XY + \overline{X}Q$

$$= XY(Q+\overline{Q}) + \overline{X}Q$$

$$= (Y+\overline{X})Q + XY\overline{Q} = \overline{\overline{X}\overline{Y}Q} + XY\overline{Q}$$

选用 JK 触发器时 $J = XY, K = X\overline{Y}$

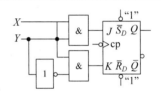

图 B-57 习题 8-7 的逻辑图

8-8 **解**：根据状态方程化简、列状态表并选择合适的触发器设计电路图。

$$Q^{n+1} = (X+\overline{Y})\overline{Q} + (X+Y)Q$$

$$= \overline{X}\overline{Y}\,\overline{Q} + (X+Y)Q$$

选用 JK 触发器时 $\qquad J = \overline{XY}, \quad K = \overline{X+Y}$

状态表如表 B-10 所示。

表 B-10 习题 8-8 的状态表

X Y Q	Q^{n+1}
0 0 0	1
0 0 1	0
0 1 0	1
0 1 1	1
1 0 0	1
1 0 1	1
1 1 0	0
1 1 1	1

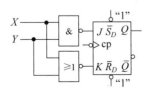

图 B-58 习题 8-8 的逻辑图

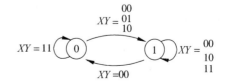

图 B-59 习题 8-8 的状态图

8-9 (1) 如图 B-60 所示,由状态图看,当 $X=0$ 时 $+1$ 计数; $X=1$ 时 -1 计数,故是二位可逆计数器。状态表如表 B-11 所示。

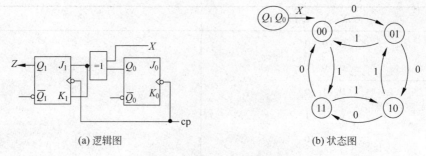

(a) 逻辑图   (b) 状态图

图 B-60 习题 8-9(1)用图电路 1

表 B-11 习题 8-9(1)的状态表

Q_1	Q_0	X		Q_1^{n+1}	Q_0^{n+1}
0	0	0		0	1
0	0	1		1	1
0	1	0		1	0
0	1	1		0	0
1	0	0		1	1
1	0	1		0	1
1	1	0		0	0
1	1	1		1	0

$$J_0 = K_0 = 1 \cdots \to Q_0^{n+1} = \bar{Q}_0$$
$$J_1 = K_1 = X \oplus Q_0$$
$$Q_1^{n+1} = X \oplus Q_0 \oplus Q_1$$

(2) 由图 B-61 状态图看,这是模五加 1 计数器,有自启动能力。

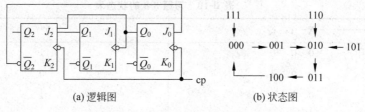

(a) 逻辑图   (b) 状态图

图 B-61 习题 8-9(2)用图电路 2

列方程

$$J_0 = \bar{Q}_2, K_0 = 1 \cdots \to cp_0 = cp, Q_0^{n+1} = \bar{Q}_2\bar{Q}_0$$
$$J_1 = K_1 = 1 \cdots \to cp_1 = Q_0 \text{ 下沿}, Q_1^{n+1} = \bar{Q}_1$$
$$J_2 = Q_1 Q_0, K_2 = 1, cp_2 = cp, Q_2^{n+1} = \bar{Q}_2 Q_1 Q_0$$

列状态表(如表 B-12 所示)及作状态图。

表 B-12 习题 8-9(2)的状态表

Q_2	Q_1	Q_0		cp_2	cp_1	cp_0		Q_2^{n+1}	Q_1^{n+1}	Q_0^{n+1}
0	0	0		↓	↑	↓		0	0	1
0	0	1		↓	↓	↓		0	1	0
0	1	0		↓	↑	↓		0	1	1
0	1	1		↓	↓	↓		1	0	0

Q_2	Q_1	Q_0	cp_2	cp_1	cp_0	Q_2^{n+1}	Q_1^{n+1}	Q_0^{n+1}
1	0	0	↓	— —	↓	0	0	0
1	0	1	↓	↓	↓	0	1	0
1	1	0	↓	— —	↓	0	1	0
1	1	1	↓	↓	↓	0	0	0

(3) 无自启动能力。电路如图 B-62 所示。

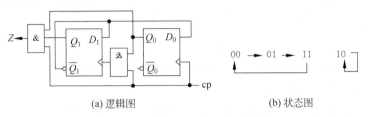

(a) 逻辑图   (b) 状态图

图 B-62 习题 8-9 用图(c)电路 3

列方程

$$D_0 = \bar{Q}_1, Q_0^{n+1} = \bar{Q}_1, \cdots \rightarrow cp_0 = cp$$
$$D_1 = \bar{Q}_1, Q_1^{n+1} = \bar{Q}_1 \cdots \rightarrow cp_1 = Q_0 cp$$
$$Z = Q_1 Q_0 \cdot cp$$

列状态表如表 B-13 所示及作状态图。

表 B-13 习题 8-9(3)的状态表

Q_1	Q_0	Q_1^{n+1}	Q_0^{n+1}	Z
0	0	0	1	0
0	1	1	1	0
1	0	1	0	0
1	1	0	0	cp

(4) 电路如图 B-63 所示。根据状态表判断这是移位寄存器。

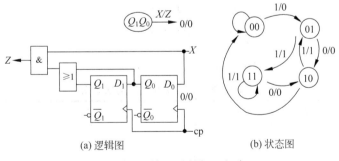

(a) 逻辑图   (b) 状态图

图 B-63 习题 8-9 用图(d)电路 4

列方程

$$Q_0^{n+1} = X$$
$$Q_1^{n+1} = Q_0$$
$$Z = (Q_1 + Q_0) \cdot X$$

列状态表如表 B-14 所示及作状态图。

表 B-14　习题 8-9(4)的状态表

Q_1	Q_0	X		Q_1^{n+1}	Q_0^{n+1}	Z
0	0	0		0	0	0
0	0	1		0	1	0
0	1	0		1	0	0
0	1	1		1	1	1
1	0	0		0	0	0
1	0	1		0	1	1
1	1	0		1	0	0
1	1	1		1	1	1

(5) 第一步,根据逻辑图列方程

第二步,列状态表和画状态图,由状态图看,有自启动能力,如图 B-64 所示。

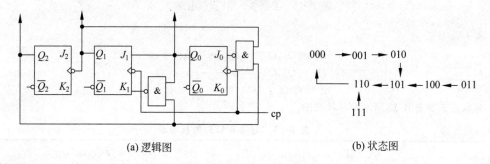

(a) 逻辑图　　　　　　　　　　(b) 状态图

图 B-64　习题 8-9(e)用图

列方程

$$J_0 = \overline{Q_2 Q_1}, K_0 = 1, cp_0 = cp$$

$$J_1 = Q_0, K_1 = \overline{Q_2 Q_0}, cp_1 = cp$$

$$J_2 = K_2 = 1, cp_2 = Q_1 \text{ 下沿}$$

$$Q_0^{n+1} = \overline{Q_2 Q_1} \cdot \overline{Q_0}$$

$$Q_1^{n+1} = \overline{Q_1} Q_0 + Q_2 Q_0$$

$$Q_2^{n+1} = \overline{Q_2}$$

列状态表及作状态图如表 B-15 和图 B-65 所示。

表 B-15　习题 8-9(5)的状态图

Q_2	Q_1	Q_0	cp_2	Q_2^{n+1}	Q_1^{n+1}	Q_0^{n+1}
0	0	0	----	0	0	1
0	0	1	↑	0	1	0
0	1	0	↓	1	0	1
0	1	1	↓	1	0	0
1	0	0	----	1	0	1
1	0	1	↑	1	1	0
1	1	0	↓	0	0	0
1	1	1	----	1	1	0

8-10　状态图如图 B-65 所示。

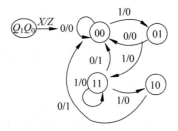

图 B-65　习题 8-10 用图

输出序列为 0209H,是一个检测器,当输入 110 时输出为 1。

8-11　**解**:列状态表(如表 B-16 所示)及状态方程为:

$$Q_2^{n+1} = (Q_2 + Q_1)\bar{Q}_0$$

$$Q_1^{n+1} = (Q_1 + Q_0)\bar{Q}_2$$

$$Q_0^{n+1} = (\bar{Q}_2 + \bar{Q}_0)\bar{Q}_1$$

$$Z = Q_1\bar{Q}_0$$

习题 8-11 用图如图 B-66 所示。

表 B-16　习题 8-11 的状态图

Q_2	Q_1	Q_0	Q_2^{n+1}	Q_1^{n+1}	Q_0^{n+1}	Z
0	0	0	0	0	1	0
0	0	1	0	1	1	0
0	1	1	0	1	0	0
0	1	0	1	1	0	1
1	1	0	1	0	0	1
1	0	0	1	0	1	0
1	0	1	0	0	0	0
1	1	1	×	×	×	×

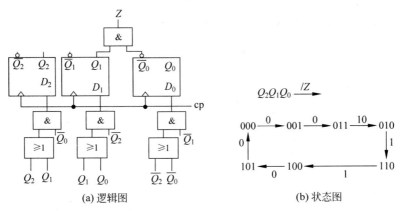

(a) 逻辑图　　　　　　　　　　(b) 状态图

图 B-66　习题 8-11 用图

8-12　**解**:

(a) 从初值 0000 开始＋1 计数,直到 1011 时装入初值,有自启动能力。

(b) 从初值 0010 开始＋1 计数,直到 1101 时装入初值,有自启动能力。

（c）当 $Q_2=0$ 时装入初值 $Q_3$100，有自启动能力。计数规律为

$$1001 \rightarrow 1100 \rightarrow 1101 \rightarrow 1110 \rightarrow 1111 \rightarrow 0000 \qquad 0001$$
$$1010 \qquad\qquad \uparrow \qquad\qquad\qquad\qquad\qquad \downarrow \qquad 0010$$
$$1011 \quad 1000 \leftarrow 0111 \leftarrow 0110 \leftarrow 0101 \leftarrow 0100 \leftarrow 0011$$

（d）当 $Q_1=0$ 时装入初值 $Q_3Q_2$10，有自启动能力。计数规律为

$$0001 \qquad\qquad\qquad 0101$$
$$\downarrow \qquad\qquad\qquad \downarrow$$
$$0000 \rightarrow 0010 \rightarrow 0011 \rightarrow 0100 \rightarrow 0110 \rightarrow 0111$$
$$\uparrow \qquad\qquad\qquad\qquad\qquad\qquad \downarrow$$
$$1111 \leftarrow 1110 \leftarrow 1100 \leftarrow 1011 \leftarrow 1010 \leftarrow 1000$$
$$\uparrow \qquad\qquad\qquad\qquad \uparrow$$
$$1101 \qquad\qquad\qquad 1001$$

8-13　解：只有低位计数器计数到 1010 时将装入初值 0000，同时高位计数器才开始＋1 计数；两个计数器计数到 24 时将全部清 0。逻辑图如图 B-67 所示。

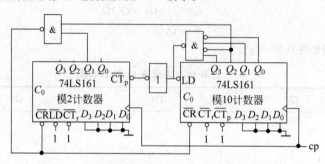

图 B-67　习题 8-13 用图

8-14　解：（1）这是单稳态触发器，器件外部电容并联的晶体管 T1 的功能是在输入低电平周期 T_i 内时为电容提供一条放电路径，一旦输入为高电平时 T1 截止电容就开始充电，进入暂态周期 T_p，克服了由于 $T_i>T_p$，电容不能及时放电的缺陷。

（2）这时多谐振荡器，两个二极管为电容的充放电提供不同路径，当 $R_1=R_2$ 时充电周期与放电周期相同，输出为方波。充电周期 $T_1=0.7R_1C$；放电周期 $T_2=0.7R_2C$。

附录 C 常用半导体器件的参数

半导体器件型号命名(国家标准 GB 249—74)

第 一 部 分		第 二 部 分		第 三 部 分		第 四 部 分
用数字表示 器件电极数目		用汉语拼音字母表 示器件材料和极性		用汉语拼音字母表示器件类型		用字母表示 器件序号
符号	意 义	符号	意 义	符号	意 义	
2	二极管	A	锗 N 型	P	普通管	
		B	锗 P 型	V	微波管	
		C	硅 N 型	W	稳压管	
		D	硅 P 型	Z	整流管	
				K	开关管	
3	三极管	A	锗 PNP 型	X	低频小功率管(截止频率<3MHz)	
		B	锗 NPN 型	G	高频小功率管(截止频率≥3MHz)	
		C	硅 PNP 型	D	低频大功率管(截止频率<3MHz)	
		D	硅 NPN 型	A	高频大功率管(截止频率≥3MHz)	
		E	化合物	T	晶闸管	
				Y	场效应管 CS、IRF、VN 系列等	
				FH	复合管	

示例:3DG6A 硅 NPN 型高频小功率晶体管,CS2B 场效应管 序号 2 规格号 B

1. 检波与整流二极管

型 号	最大整流电流 I_{CM}(mA)	最大整流电流时的正向压降 U_T(V)	反向峰值电压 U_{RM}(V)
2AP1	16		20
2AP4	16	≤1.2	50
2AP6	12		100
2CP13	100	≤1.5	150
2CP16			300
2CZ11A	1000	≤1	100
2CZ11C			300
2CZ12B	3000	≤0.3	100
2CZ12D			300

2. 稳压管

测试条件：工作电流等于稳定电流，环境温度－60～＋50℃

型　号	稳定电压 U_Z/V	稳定电流 I_Z/mA	耗散功率 P_Z/mW	最大稳定电流 I_{Zmax}/mA	动态电阻 r_o/Ω
2CW14	6～7.5	10	250	33	≤15
2CW15	7～8.5	5	250	29	≤15
2CW16	8～9.5	5	250	26	≤20
2DW7A	5.8～6.6	10	200	30	≤25
2DW7A	5.8～6.6	10	200	30	≤15
2DW7A	6.1～6.5	10	200	30	≤10

3. 晶体管

型　号	极　限　参　数			反向击穿电压			反向饱和电流		共射极电流放大倍数 β
	P_{CM}/mW	I_{CM}/mA	T_M/℃	U_{BRCB0}/V	U_{BRCE0}/V	U_{BREB0}/V	I_{CB0}/μA	I_{CE0}/μA	
3AX2	150	10	75	30	≥10	—	≤15	≤250	≥10
3AX24	100	30		≥30	≥12	≥12	≤12	≤550	30～150
3DX1	250	40	150	—	≥10	—	≤30	—	＞9
3DX2	500	100		≥30	≥15	—	≤5	≤25	10～30
3AD1～3AD5	10W	1.5A	—	45～70	—	—	≤400	—	20～60
3AD6A～3AD6C	10W	2A	90	50～70	18～30	20	≤300	—	＞12
3DD1A～3DD1E	10W	3A	150	＞35	＞15	—	＜15	—	12—35
3DD6A～3DD6E	50W	5A	175	—	30～100	≥4	≤500	—	≥10
								f_T/MHz	
3AG1	50	10		20	10	—	≤10	≥20	20～230
3AG4								≥80	
3AG29A	150	50		20	15	1	≤10	≥150	≥30
3AG29C									
3DG6A	100	20		30～45	15～30	≥4	＜0.1	100～250	≥150
3DG6D			175						
3DG12A	700	300		40～60	30～45	≥4	≤1	20～200	100～300
3DG12C									

4. 绝缘栅场效应管

型　号	P_{DM}/mW	I_{DSS}/mA	U_{GSOFF}/V	U_{GSON}/V	R_{GS}/Ω	g_m/μA/V	f_M/MHz	U_{BRDS}/V	U_{BRGS}/V
3DO1 开关管	100	≤15		−2～−8	≥10⁹	≥500	900	20	≥20
3DO2 高频管	100	≤25			≥10⁹	≥4000	≥1000	12	≥20
3DO4	100	≤15	1—91		≥10⁹	≥2000	≥300	20	≥20
3DO6 开关管	100	≤1		≤5	≥10⁹	≥2000		20	≥20

f_M：最高振荡频率

附录 D　集成逻辑电路管脚图

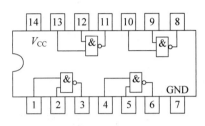

74LS00　4-二输入与非门

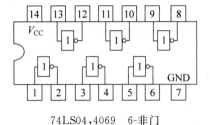

74LS04,4069　6-非门

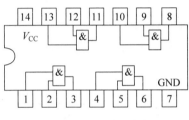

74LS08　4-二输入与门

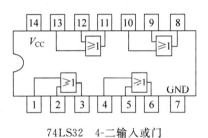

74LS32　4-二输入或门

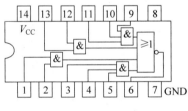

74LS 54　与或非门

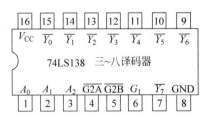

74LS138　三~八译码器

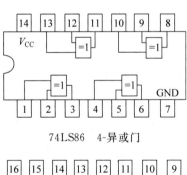

74LS86　4-异或门

74LS283　四位二进制全加器

$$S = \begin{cases} 0 & Y = A \\ 1 & Y = B \end{cases}$$

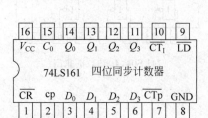

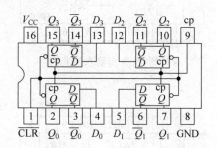

74LS175 4D触发器

74LS161 功能表

功能	输入									输出			
	/CR	/LD	/CTp	/CTr	CP	D_3	D_2	D_1	D_0	Q_3^{n+1}	Q_2^{n+1}	Q_1^{n+1}	Q_0^{n+1}
清零	0	×	×	×	×	×	×	×	×	0	0	0	0
置数	1	0	×	×	↑	D_3	D_2	D_1	D_0	D_3	D_2	D_1	D_0
计数	1	1	1	1	↑	×	×	×	×	计		数	
保持	1	1	0	×	×	×	×	×	×	保		持	
	1	1	×	0	×	×	×	×	×				

参 考 文 献

1 康华光. 电子技术基础(模拟部分、数字部分). 北京：高等教育出版社,1988.

2 清华大学电子教研室. 数字电子技术基础简明教程. 北京：高等教育出版社,1985.

3 王佩珠,张惠民. 模拟电路与数字电路. 北京：经济科学出版社,2000.

4 宁帆,张玉艳. 数字电路与逻辑设计. 北京：人民邮电出版社,2003.

5 Brian Holdsworth Clive Woods. 数字逻辑设计. 第 4 版. 李仁发,肖玲,吴强译. 北京：人民邮电出版社,2006.